U0682310

本书得到了法国开发署、法国全球环境基金的技术援助，以及"中法农村CDM开发试点与能力建设项目"的资助，不得视为反映了法国全球环境基金、法国开发署的观点。

This publication has been produced with the assistance of the French Global Environment Facility (FFEM) and French Development Agency (AFD). This book has been drafted with financial assistance from Rural Carbon Development and Capacity Building Project. The content of this publication can in no way be taken to reflect the official opinion of the FFEM or of the AFD.

Programmatic Clean Development Mechanism
Project Development and Market Mechanism in China

中国规划类清洁发展机制
项目开发与市场机制

郭日生 彭斯震 ◎主　编
常　影 秦　媛 ◎副主编

科学出版社
北　京

内 容 简 介

在"中法农村 CDM 开发试点与能力建设项目"支持下，项目组编写本书。本书介绍了规划类清洁发展机制（PCDM）的概念、特点、项目开发一般性流程、最新的国际规则和国内相关政策；重点阐述了户用沼气、节能灯、大中型沼气工程、太阳能利用等领域如何开发 PCDM 项目，并辅以翔实的案例分析；在此基础上，本书从市场的角度探讨了如何利用市场机制促进 PCDM 项目开发，及其未来发展的政策建议。

本书可供从事能源、气候变化、低碳发展等相关工作的政府、科研和项目开发人员参考使用。

图书在版编目（CIP）数据

中国规划类清洁发展机制项目开发与市场机制／郭日生，彭斯震主编.
—北京：科学出版社，2013.1
　ISBN　978-7-03-035990-2

Ⅰ.中…　Ⅱ.郭…彭…　Ⅲ.无污染工艺–研究–中国　Ⅳ.①X383

中国版本图书馆 CIP 数据核字（2012）第 265585 号

责任编辑：李　敏　刘　超／责任校对：张怡君
责任印制：徐晓晨／封面设计：王　浩

科 学 出 版 社 出版
北京东黄城根北街 16 号
邮政编码：100717
http://www.sciencep.com

北京九州迅驰传媒文化有限公司 印刷
科学出版社发行　各地新华书店经销

*

2013 年 1 月第 一 版　　开本：787×1092　1/16
2017 年 4 月第二次印刷　　印张：20 1/4
字数：470 000

定价：**128.00** 元
（如有印装质量问题，我社负责调换）

《中国规划类清洁发展机制项目开发与市场机制》

编辑委员会

主　　编　郭日生　彭斯震

副 主 编　常　影　秦　媛

编写人员（按照姓氏笔画排序）

王　勇　　王文强　　王文燕　　石晓琛

朱庆荣　　刘　淼　　孙高峰　　杨　晋

李　原　　李　鹏　　汪　瀛　　陈洪波

卓　岳　　周　斌　　郑喜鹏　　姜绍峰

秦　媛　　郭　伟　　郭日生　　唐　进

唐　艳　　唐人虎　　盛海文　　常　影

彭斯震　　储诚山　　谢　茜

Ariane Ducreux

前 言 Perface

　　全球气候变化是世界各国面临的巨大挑战，应对全球气候变化挑战，转变经济发展方式是各国面临的重大抉择，在此形势下，低碳经济已经成为世界各国共同的发展方向。随着世界进入低碳时代，碳交易市场正成为国际经济体系中重要的组成部分，欧盟以及美国、澳大利亚等国家和组织在国际碳市场发展过程中积累了许多经验。碳交易等创新的商业模式，有助于促进可再生能源的发展和提高能源效率，并将从某种层面上促进发展中国家的经济转型。我国政府已经提出碳减排强度指标，面对巨大的减排成本，通过市场手段培育一个包括多元化市场参与者、高效率交易平台和多层次金融服务的体系，达到促进节能减排、实现低碳发展的根本目标具有很重要的现实意义。

　　在这个背景下，由法国全球环境基金、法国开发署资助，中国 21 世纪议程管理中心组织实施了"中法农村清洁发展机制开发试点与能力建设项目"(Rural Carbon Development and Capacity Building Project)。项目总体目标是利用清洁发展机制 (Clean Development Mechanism，CDM) 和自愿减排机制，促进我国西南农村地区的碳减排和可持续发展建设。法国开发署、法国全球环境基金提供 100 万欧元的赠款，执行期为 2010 年 11 月 ~2013 年 11月，共 3 年。

　　在中法双方专家的指导下，项目组成员开展了云南农村户用沼气小型黄金标准项目开发、四川户用沼气规划类清洁发展机制 (Programmatic CDM，PCDM) 叠加黄金标准项目开发、云南竹造林熊猫标准方法学及项目开发，以及相关的能力建设等工作，取得了一定的成果。为了让更多利益相关方分享这些实践经验，中国 21 世纪议程管理中心将部分具有代表性、在国内推广潜力大的行业开发 PCDM 项目的经验和案例进行了总结，希望从实践层面上，对我国自愿碳减排项目开发起到一定借鉴作用，有助于推动建立国内碳交易市场。

　　本书共分为 10 章。第 1 章和第 2 章概要回顾了规划类清洁发展机制的概念、特点、开发现状和开发流程；第 3 章～第 8 章详细介绍了如何在户用沼气、节能灯、大中型沼气利用、太阳能利用和农村高效生物质炉等 5 个领域开发 PCDM 项目的技术流程和成功案例，简要介绍了分布式能源利用、建筑节能等领域的开发要点；第 9 章介绍了 PCDM 的商务模式；第 10 章展望了碳市场的前景，以及 PCDM 对于我国低碳发展和经济转型的推动作用等。

　　本书的编写得到了法国全球环境基金、法国开发署、中创碳投科技有限公司、中国社会科学院、清华大学、四川拓展清洁发展机制服务中心等机构的支持和协助，在此一并表示感谢。

　　书中不足和疏漏之处在所难免，欢迎读者批评指正。

编　者

2012 年 9 月

目 录 CONTENTS

目 录 CONTENTS

第 1 章

PCDM 的内涵、特点与发展状况

规划类清洁发展机制（Programmatic Clean Development Mechanism，简称 PCDM）是清洁发展机制（Clean Development Mechanism，简称 CDM）的一种特殊类型，是对常规 CDM 的补充和扩展，并逐渐发展成为 CDM 的一个重要组成部分。本章主要介绍 PCDM 产生的背景、概念、特点及项目开发现状。

1.1 背 景

清洁发展机制是《京都议定书》确立的 3 个灵活履约机制之一，是国际社会为应对全球气候变化而创立的重要的市场机制，其核心内容是允许《京都议定书》附件一缔约方（即发达国家）与非附件一缔约方（即发展中国家）合作，在发展中国家实施温室气体减排项目。只要项目满足 3 个基本条件，即具有明确的基准线、能产生真实的减排量、具有额外性。项目产生的减排量可以用于抵免附件一国家的定量减排义务。清洁发展机制的设立具有双重目的，即促进发展中国家的可持续发展，并协助附件一缔约方实现其在《京都议定书》下量化的温室气体减排义务。

CDM 在实际运行之后，其局限性越来越明显，尤其是在促进发展中国家可持续发展方面，没有达到最初的期望和目标。其主要原因在于：第一，CDM 是一种基于项目的市场机制，参与 CDM 项目投资和经核证的减排量（CERs）交易的主要是市场经济主体，其主要动机是获取适当的投资收益，这就导致 CDM 项目开发主要集中于那些边际成本低且能带来巨大的减排收益的大型项目上，而那些与国家可持续发展政策相符的项目往往由于实施难度大、收益小，无法提起开发商的兴趣；第二，虽然那些分散型小规模的减排项目的减排潜力巨大，且往往更有利于一个国家的可持续发展战略，但该类项目通常分布在发展中国家的相对落后区域，且受到 CDM 实施框架以及方法的限制，单个项目逐个注册，程序复杂，往往付出更高交易费用，使得这类项目在常规 CDM 框架下开发时并不具备优势；第三，从 CDM 实践来看，由于担心对额外性造成影响，一些国家暂缓或者直接取消了一些有利于减少温室气体排放或减少碳消耗的政策的推出，这与 CDM 项目的初衷是相违背的。于是，国际社会呼吁对 CDM 进行改革和完善，增加分散型的小规模项目的商业开发价值，同时促进发展中国家可持续发展战略和政策的实施。

在 2005 年 12 月召开的联合国气候变化公约缔约方第 11 次会议暨京都议定书缔约方第 1 次会议（COP/MOP，简称 CMP）形成的决议中规定：一个地区/区域/国家政策或标准不能作为一个 CDM 项目活动，但为推动政策或标准实施的某一规划方案（Programme of Activities，简称 PoA）下的所有项目活动可以注册为一个单独的 CDM 项目活动，只要其采用并符合经批准的基准线和监测方法学，能产生真实、可测量和可核查的减排量，而且具有额外性。这条规定为 PCDM 的出台奠定了法律基础，因此，CDM 改革也就朝着整体规划的方向展开。

2006 年 5 ~ 6 月，CDM 执行理事会（CDM Executive Board，简称 EB）开始着手公开征集 PoA 的定义，并讨论 PCDM 的注册程序等活动。在随后的一年多时间里，EB 经过几次会议（从第 25 次会议到第 32 次会议）的讨论，终于在 2007 年 6 月的第 32 次会议上，颁布了"将规划方案注册为单个 CDM 项目及其减排量签发程序"（第 01 版）。接着，在 2007 年 7 月的第 33 次会议上，EB 批准了规划方案设计文件格式、CDM 规划活动设计文件格式、小型规划方案设计文件格式和小型规划活动设计文件格式，这意味着 PCDM 的项目开发进入正式实施阶段。

1.2 PCDM 的概念及特殊规定

作为 CDM 的一种特殊类型，PCDM 也必须遵循 CDM 项目的基本规定，包括采用经批准的基准线和监测方法学，确定适当的项目边界，避免重复计算，考虑泄漏，以确保项目产生真实的、可测量的、可核查的和额外于在没有项目活动时可能发生的温室气体减排量。但针对 PCDM，EB 还做出了一些特殊规定，衍生出一些有别于常规 CDM 的新概念，下面对这些新概念分别进行解释。

（1）PoA（Programme of Activities）

按照英文直译，就是囊括一系列活动的规划，或称规划方案，有时也直接指代整个 PCDM 项目。在最新版本的"将规划方案注册成为单个 CDM 项目活动及其减排量签发程序"中，对规划方案的概念表述如下："规划方案是由私人或公共机构发起的自愿协调行动，该机构协调和执行某一政策/措施或既定目标（如激励方案和自愿规划），通过不限数量的 CDM 规划活动，使得温室气体的人为排放量减少或人为碳汇量增加，并额外于任何在没有规划方案时将要发生的情况。"（EB 第 55 次会议，附件 38，第 4 段）。

该定义包含以下几层含义：首先，开发 PCDM 项目要有一个规划方案，该规划可以是公共机构（官方）发起并组织实施的正式规划，也可以是私人（民间）机构发起并组织实施的非正式规划，规划的目的是推动某一项政策、措施、标准或既定目标的落实。规划必须对项目活动的目标、性质、内容、边界等界定清楚。其次，为保证 PCDM 项目具有额外性，规划的发起和实施必须是自愿行动，而非强制性行为。这里有两层含义，第一，强制性政策、标准或目标本身不能作为 PCDM 项目活动，但如果强制性政策、标准或目标没能得到有效实施，通过规划方案，推动其实施，这种活动可以视为自愿活动；第二，虽然强制性政策、标准或目标得到有效实施，但通过规划方案，使强制性政策、标准和目标实施得更好，那么超出强制性政策、标准或目标的部分，也可视为自愿行动。此外，所有推动非强制性政策、标准或目标实施的活动都是自愿行动。再次，规划方案下的项目活动能够产生真实的、可测量的、可核查的温室气体减排量或碳汇的增加量。

（2）CPA（CDM Programme Activity，或 Component Project Activity）

CPA 指规划方案下的具体项目活动。在"将规划方案注册成为单个 CDM 项目活动及其减排量签发程序"（EB 第 55 会议，附件 38）中对 CPA 是这样定义的："规划活动是规划方案下的项目活动。规划活动是单一的或一组内在相关的措施，目的是在基准线方法学界定的指定范围内使得温室气体排放减少或人为温室气体汇增加。"

PoA 由一系列 CPA 组成，CPA 的预期减排量可大可小，当 CPA 的规模相当于常规 CDM 项目的小规模项目时，在开发 PCDM 项目时，可以应用相对应的小规模方法学；当 CPA 的规模超过小规模项目时，可应用一般方法学。从理论上讲，CPA 的规模可以无限大，PoA 包含的 CPA 也可以无限多。但 PCDM 规则设立的初衷是促进分散的、小型的项目开发，规模过大的 CPA 不宜包含在 PoA 之下，可以直接申请注册常规的 CDM。此外，在申请注册时，一个 PoA 至少要包含一个 CPA，其他 CPA 可以在 PoA 有效期内的任何时候按规定添加。

（3）协调管理机构（Coordinating and Managing Entity，简称 CME）

由于一个 PoA 可以包含很多项目活动，这些项目活动可能属于不同的主体，在众多参与方同时存在的情况下，就需要有一个机构代表所有的参与方来负责规划、项目设计、申报注册及注册后组织项目实施等，这就是 PCDM 项目独有的协调管理机构。按照"将规划方案注册成为单个 CDM 项目活动及其减排量签发程序"（EB 第 55 会议，附件 38）的规定，协调管理机构可以是一个公共机构，也可以是一个私营实体，但协调管理机构不可或缺。协调管理机构必须代表项目参与方负责整个规划方案的注册，以及规划方案下众多规划活动及其实施方的管理和协调，也作为联络人（Focal Point）负责与 EB 进行通信，并在项目成功实施后接受 EB 关于减排量的签发和减排量的分配。协调管理机构需要与 PoA 的各参与方确定固定联系形式、CER 的分配以及项目参与人变更等。协调管理机构和项目参与方可以是 PoA 之下一个 CPA 的执行者，也可以不是。

（4）PoA 的地理边界

EB 对一个 PoA 的地理范围没有限定，但在设计一个 PoA 时，必须明确界定地理边界。一个 PoA 可以是跨地区的，也可以是跨国的。如果 PoA 是跨国的，项目参与方来自不同的国家，那么 PoA 必须获得所有参与国的批准函。

（5）重复计算

协调管理机构必须采取相关措施确保 PoA 中所有 CPA 既不能被注册为单个 CDM 项目，也不能包括在其他已经注册的 PoA 之中，一个 CPA 只能隶属于一个 PoA。DOE 负责核查。

（6）PoA 的有效期

一个 PoA 有效期最长可以达到 28 年（林业碳汇项目为 60 年）。在 PoA 的有效期内，协调管理机构可以随时添加 CPA。CPA 的单个减排计入期为 7 年（林业碳汇项目为 20 年），可以更新两次；或者单个 CPA 的计入期为 10 年（林业碳汇项目为 30 年），不可更新。但是，任何一个 CPA 的计入期不能超过

PoA 的有效期。

1.3 PCDM 项目的特点、优势和开发难点

（1）特点

PCDM 规则与常规 CDM 有明显的区别，即便与 PCDM 相类似的捆绑项目相比，PCDM 也有着自己的特点。下面通过捆绑小项目与 PCDM 的比较，说明 PCDM 的特点，见表 1-1。

表 1-1　捆绑项目与 PCDM 项目的比较

	捆绑项目	PCDM 项目
定义	将几个小规模 CDM 项目集成为一个 CDM 项目，而不改变每个项目的特征；在一个捆绑项目中还可以继续分为多个子捆绑项目	是指为执行政府政策/措施或者实现规定的目标，由私人或者公共实体自愿参与协调并执行的活动
地点	事前能够准确识别	项目类型和温室气体（GHG）减排量能够事前估计，但确切地点可能无法事前确定
项目参与方	单个 CDM 项目活动执行单位	只有协调管理机构代表 CDM 项目参与方
	CDM 项目参与方和项目减排活动方是同一个	协调管理机构可以不必执行具体的减排活动，但可以推动其他参与方执行减排活动
项目活动	每个项目活动在捆绑项目中都是一个单独项目活动	规划下的所有项目活动构成一个 PCDM 项目
	项目构成不随着时间而改变，注册之后不能追加新的项目	项目活动目标预先定义，但具体的项目活动物理位置没有确定。在 PoA 注册之后可以追加新的 CPA
	捆绑项目中的所有项目同时提交。有同样的减排计入期、相同的开始日期和结束日期	PCDM 提交时只确定了 PoA 活动目标，实际的减排活动需要在核查阶段确定。不同的 CPA 可以有不同的计入期、不同的开始日期和结束日期
使用方法学	一个项目中可以使用多个已批准方法学（一些现有项目同时采用两三个已批准方法学并且包含不同技术）	在 PCDM 中的 CPA 中，如果其规模不超过小型项目的上限，那么可以采用小规模方法学，每个 PCDM 项目可以应用一种基准方法学和监测方法学，也可以采用多个已批准方法学的组合
项目寿命期	最长 21 年	最长 28 年

（2）优势

总体看来，与常规 CDM 相比，PCDM 具有一些独特的优势，主要有以下几个方面：

第一，简化了程序。一方面，由于 CPA 纳入标准已将方法学中的额外性论证要求融入并转化成有针对性的要求，其所应用的方法学得到简化；另一方面，PoA 注册后 CPA 经过 DOE 认证即可纳入，省去了常规 CDM 的注册流程，注册程序得到简化。

第二，节约了交易费用。一是在 PoA 注册时，EB 只按第一个 CPA 的规模收取注册费，后续添加的 CPA 免收注册费，从而直接节约了注册费用；二是由于后续添加的 CPA 都是同一类型的标准化格式，在项目设计文件的编写和项目审定过程中，有一定的规模优势，工作相对简化，与 CPA 作为单个 CDM 项目逐个申报相比，可节省部分项目设计文件的编写费用和审定费用。

第三，提升了小微项目的市场开发价值。PCDM 开发模式使分散的、单个减排规模小的、在常规 CDM 规则和程序下难以开发的项目获得了市场开发价值，尤其是具有以下特征的项目活动：①同类减排项目活动数量众多但分散；②项目活动不是同时发生；③项目活动的类型和减排规模可以事前确认或者估算。

具体分析，与常规 CDM 项目相比，PCDM 具备的优势总结为表 1-2。

表 1-2　PCDM 的优势

项目	PCDM 的优势
开发成本	PoA 开发成本高，但在 PoA 注册后，后续申请进入 PoA 的 CPA 开发成本比单个 CDM 项目开发低
收益分析	由于对可纳入规划的项目数量不限，整体可得收益会比单个 CDM 项目高很多，当然每个项目的减排量收益不变
地理边界	常规 CDM 局限在一个点或较小区域，而 PCDM 项目可以包含一个国家多个地区甚至是不同国家的项目（根据 PoA 对范围的定义），覆盖范围更广
业主参与	常规 CDM 项目一般只有一个业主，而在 PCDM 项目开发模式下，理论上可以有无限多个业主共同参与

（3）开发难点

为了确保 PCDM 的项目活动能够产生额外的、真实的、可测量的、可核查的温室气体减排量或碳汇的增加量，EB 对 PCDM 项目的注册给予严格的规定，同时也由于多数 PCDM 项目主要集中于小型分散的项目，PCDM 项目在具体实施过程中也存在诸多难点，主要表现在以下几个方面：

第一，基准线难以确定。以户用沼气项目为例，由于涉及千家万户，情况十分复杂，如实施主体规模大小不一、替代的能源多种多样、家庭收入水平参差不齐、能源需求不同、农户知识水平参差不齐、问卷调查结果难以采信等原因，所以不管是在 PoA 层面还是 CPA 层面，都难以确定统一的基准线，甚至制定一个统一的基准线方法都困难重重。

第二，监测难度大，成本高。依然以户用沼气项目为例，要么安装监测设备进行监测，但由于单个用户减排量小，安装监测设备成本太高，并且监测结果仍然不可靠；要么采取抽样调查方法，虽然成本相对较低，但抽样调查工作量大，让农户日常记录，将给农户增加很大负担，难以保证如实记录。

第三，协调管理任务繁重。一个 PoA 一般涉及众多的参与方，协调管理机构要吸引各个实施主体参与项目活动，并且使每个实施主体按照项目计划实施，还要对减排收益在各个参与方之间进行公平合理的分配，需要做一系列深入细致的工作，工作量大，难度也大。

第四，DOE 承担较大的责任与风险。相对于常规 CDM 来说，EB 给 DOE 在 PCDM 项目的注册、CPA 添加、减排量签发等多个环节赋予了更大的权限，同时，也要求 DOE 承担更大的责任，如若发现某个 CPA 错误签发，相关 DOE 负责赔偿已经签发给该 CPA 的减排量，从而使 DOE 承担了更大的风险，一定程度上影响了 DOE 审定 PCDM 项目的积极性。

第五，项目实施过程中的风险较高。其风险主要体现在 CPA 的添加上，当某个 CPA 存疑，或方法学变更，将影响整个 PoA 的实施。根据规定，如果相关 DNA 或者 EB 成员发现某个 PoA 下的一个 CPA 存在疑问，EB 将暂停该 PoA 下新 CPA 的添加以及 CERs 的签发，并由另一 DOE 对所有 CPA 进行审查。审查结果决定是否将该 CPA 从 PoA 中删除，被删除的 CPA 将不能用于任何 CDM 活动。并且，该 PoA 中的其他 CPA 也将被抽样检查，只有所有审查工作结束后，其他的 CPA 才可以继续加入，从而影响整个 PoA 的实施。此外还规定，一个 PoA 注册之后，如果所应用的方法学发生更新、整合，此后添加的 CPA 须按更新、整合的方法学进行添加；如果方法学被废除，则不能再添加 CPA。这些规定，使已注册的 PoA 在实施过程中面临较高的风险。

1.4 PCDM 项目开发现状

PCDM 规则出台之初，由于其过于严苛，也缺乏清晰的具体操作规定，加上小微项目开发难度较大，使 PCDM 项目与常规 CDM 相比，缺乏竞争力，项目开发进展非常缓慢。2011 年以后，随着 EB 对 PCDM 相关规则的不断修订完善，PCDM 项目开发的可操作性逐步增强，同时由于减排量大、宜开发的常规 CDM 项目越来越少，使 PCDM 项目开发呈快速上升趋势，PCDM 项目已经成为发展最快的项目类型。

1.4.1 注册项目

截至 2012 年 7 月 31 日，全球在 EB 注册的 PCDM 项目总共 28 个，其中 2009 年 2 个，2010 年 3 个，2011 年增加到 11 个，2012 年目前有 12 个，项目注册进程逐步加快。从项目东道国的分布来看，PCDM 项目相对都比较分散，各个国家注册的项目都不超过 3 个。中国作为 CDM 项目开发的第一大国仅有 3 个 PCDM 项目注册，而一些发展中国家也有 PCDM 项目注册，较好地体现了促进发展中国家 CDM 项目开发的目的。表 1-3 中列出了全球在 EB 成功注册的所有 PCDM 项目。

表 1-3 已注册的 PCDM 项目（截至 2012 年 7 月 31 日）

注册日期	项目名称	东道国	买方所属国	方法学	已添加 CPA 减排量 （t CO_2e）	编号
2012.06.15	江苏省节能灯分发规划项目	中国	—	AMS-II. J. ver. 4	29 970	5 272
2012.06.12	太阳能水净化	坦桑尼亚	瑞典	AMS-III. AV.	5 184	2 900
2012.05.15	泰国小型可再生能源规划方案	泰国	瑞士	AMS-I. D. ver. 17	7 918	6 222

注册日期	项目名称	东道国	买方所属国	方法学	已添加 CPA 减排量（t CO₂e）	编号
2012.05.10	菲律宾地产银行（LBP）碳融资支持中心下利用动物粪便管理系统进行加完回收和燃烧产生可再生能源	菲律宾	西班牙	AMS-III. D. ver. 17	23 105	5 979
2012.05.02	印度尼西亚可持续小水电规划方案	印度尼西亚	瑞士	AMS-I. D. ver. 17	5 321	5 616
2012.04.27	墨西哥小水电项目	墨西哥	英国	AMS-I. D. ver. 17	4 811	5 931
2012.04.24	南非标准银行低压太阳能热水器项目	南非	英国	AMS-I. C. ver. 19	39 266	5 997
2012.04.20	INTRACO 管理的 Than Thien 小水电规划方案	越南	荷兰	AMS-I. D. ver. 17	3 386	5 324
2012.04.11	四川农村中低收入户用沼气池开发项目	中国	英国	AMS-I. C. ver. 19 AMS-III. R. ver. 2	1 493 717	2 898
2012.05.28	SENES 咨询公司开发的印度首个太阳能规划方案	印度	—	AMS-I. D. ver. 16	22 762	5 588
2012.05.21	肯尼亚高效炊事炉灶规划项目	肯尼亚	英国	AMS-II. G. ver. 3	50 761	5 336
2012.01.01	尼日利亚改进炊事炉规划方案	尼日利亚	—	AMS-II. G. ver. 3	8 912	5 067
2011.11.23	马来西亚沼气项目	马来西亚	英国	AMS-III. H. ver. 15	38 139	5 034
2011.11.22	印尼堆肥和联合堆肥规划方案	印度尼西亚	瑞典	AMS-III. F. ver. 8	22 416	5 104
2011.10.25	萨尔瓦多"Turbococinas"农村炊事炉替代项目	萨尔瓦多	瑞士	AMS-II. G. ver. 3	46 584	5 092
2011.10.19	在当地推广节能照明的规划	韩国	—	AMS-II. C. ver. 13	51	5 019
2011.07.19	孟加拉国改良炊事炉项目	孟加拉国	英国	AMS-II. G. ver. 3	50 233	4 791
2011.05.13	孟加拉国高效照明活动	孟加拉国	丹麦	AMS-II. J. ver. 4	17 540	4 793
2011.05.11	埃及车辆报废和回收利用项目	埃及	丹麦	AMS-III. C. ver. 11	20	2 897
2011.04.13	突尼斯太阳能热水器项目	突尼斯	法国	AMS-I. C. ver. 17	7 242	4 659
2011.03.12	SASSA 低压太阳能热水器项目	南非	英国	AMS-I. C. ver. 17	76 945	4 302
2011.02.12	国家电网公司配电变压器替换 CDM 规划项目	中国	西班牙	AMS-II. A. ver. 10	4 079	2 896
2011.01.12	印度生物质产热系统促进项目	印度	英国	AMS-I. C. ver. 16	400 000	4 041

注册日期	项目名称	东道国	买方所属国	方法学	已添加 CPA 减排量 (t CO₂e)	编号
2010. 8. 21	Masca 小型水电规划	洪都拉斯	荷兰	AMS-I. D. ver. 13	4 395	3 562
2010. 04. 29	CFL 照明方案——"Bachat Lamp Yojana"	印度	—	AMS-II. J. ver. 3	34 892	3 223
2010. 04. 12	乌干达城市废物堆肥项目	乌干达	—	AMS-III. F. ver. 6	83 700	2 956
2009. 10. 29	萨迪亚学院 3S 项目农场动物粪便管理系统中的甲烷捕集和燃烧	巴西	英国	AMS-III. D. ver. 13	591 418	2 767
2009. 07. 31	CUIDEMOS 墨西哥——墨西哥能源智能利用项目	墨西哥	瑞士英国	AMS-II. C. ver. 9	520 365	2 535

资料来源：http：//cdm. unfccc. int/ProgrammeOfActivities/registered. html

1.4.2 公示项目

从联合国 CDM 网站的统计数据来看，截至 2012 年 7 月 31 日，全球已在联合国 CDM 网站上公示的 PCDM 项目达到 380 个：其中 2007 年 1 个，2008 年 6 个，2009 年 32 个，2010 年 32 个，2011 年 136 个，2012 年目前已有 173 个。各年公示的项目数如图 1-1 所示。

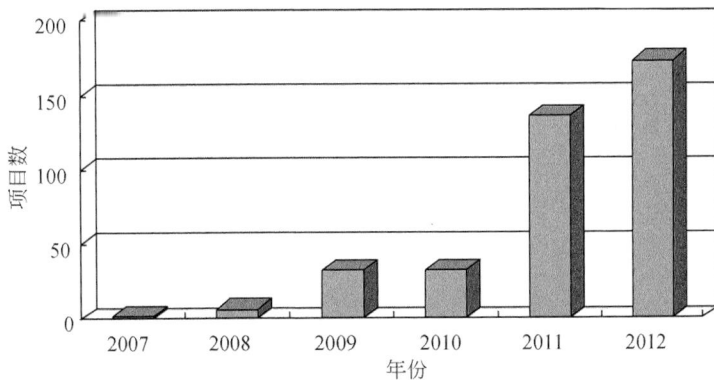

图 1-1 2007～2012 年全球在联合国 CDM 网站公示的 PCDM 项目数

从上面的图表可以看出，PCDM发展历程可分3个阶段：第一阶段（2007年和2008年）是PCDM的起步阶段，规则要求非常苛刻，且缺乏可操作的详细规定，项目买家、业主和项目开发技术人员对PCDM规则不够了解，同时也由于减排量大、易开发的常规CDM项目很多等等，在这些因素共同影响下，PCDM项目没有得到市场的充分重视，PCDM项目开发数量很少；第二阶段（2009年和2010年）是稳步推进阶段，由于PCDM规则和操作细则有所改进，市场相关各方对PCDM规则逐步了解，PCDM项目开发数量逐渐增多，但总数仍然不多；第三阶段（2011年至今）是PCDM快速发展阶段，市场对PCDM的热情空前高涨，各类PCDM项目大量涌现，项目总数迅猛增长，PCDM进入高速发展阶段。其原因是：第一，PCDM规则及操作细节趋于完善，开发难度有所降低；第二，易开发的常规CDM项目越来越少，市场需要寻求新的项目类型；第三，欧盟规定在2012年12月31日之前注册的项目可以在2012年之后继续在EU ETS交易，由于PoA注册之后可以添加CPA，利用好PCDM规则，相对于延迟了欧盟划定的最后期限，因而市场各方非常注重PCDM项目的开发。

中国是全球最早从事PCDM研究和项目开发的国家，但与常规CDM项目相比，中国PCDM项目开发明显滞后，除了前述原因之外，也由于中国国内政策出台较晚，在一定程度上影响了PCDM项目开发。2010年，国内政策出台之后，PCDM项目开发明显加快。截至2012年7月31日，在所有公示的PCDM项目中，中国（或涉及中国）的项目有60个，其中2011年底前29个，2012年已达31个（中国已公示的PCDM项目详见表1-4），占全球目前总公示项目数的15.8%。

表1-4 中国已在EB公示的PCDM项目（截至2012年7月31日）

序号	项目名称	方法学	已添加CPA减排量	公示期
1	浙江液压油泵灌溉和家庭供水项目	AMS-I.B. ver. 10	1 000	2009.06.09–2009.07.08
2	湖南户用沼气池规划	AMS-I.C. ver. 15	400 000	2009.11.24–2009.12.23
3	国家电网公司配电变压器替换CDM规划项目	AMS-II.A. ver. 10	3 933	2009.11.24–2009.12.23

序号	项目名称	方法学	已添加 CPA 减排量	公示期
4	河南省商丘市农村户用沼气开发项目（2008—2012）	AMS-I. C. ver. 16	4 135	2009. 12. 30– 2010. 01. 28
5	河南省周口市农村户用沼气开发项目（2007—2010）	AMS-I. C. ver. 16	1 925	2009. 12. 30– 2010. 01. 28
6	重庆农村家庭沼气池促进项目	AMS-III. R.	2 828	2010. 01. 01– 2010. 01. 30
7	四川农村中低收入户用沼气开发项目	AMS-I. C. ver. 18 AMS-III. R. ver. 2	2 004	2010. 10. 28– 2010. 11. 26
8	江西省采用自镇流荧光灯（CFL）替代白炽灯（ICL）规划项目	AMS-II. J. ver. 4	35 783	2011. 01. 18– 2011. 02. 16
9	江苏省 CFL 分发规划项目	AMS-II. J. ver. 4	31 965	2011. 01. 19– 2011. 02. 17
10	中国煤矿通风气甲烷氧化项目	ACM0008 ver. 7	410 527	2011. 01. 28– 2011. 02. 26
11	河南省新建和现有建筑可在再生利用项目	AMS-I. C. ver. 18 AMS-II. C. ver. 13	3 873	2011. 03. 24– 2011. 04. 22
12	河北动物粪便管理系统温室气体减排项目	AMS-III. D. ver. 17 AMS-I. C. ver. 18 AMS-I. F.	17 522	2011. 05. 11– 2011. 06. 09
13	长江上游地区微型水电促进规划项目	AMS-I. E. ver. 4	924	2011. 05. 25– 2011. 06. 23
14	安徽省 CFL 分发规划项目	AMS-II. J. ver. 4	27 449	2011. 07. 16– 2011. 08. 14
15	四川省 CFL 分发规划项目	AMS-II. J. ver. 4	35 266	2011. 07. 27– 2011. 08. 25
16	国际水纯化项目	AMS-III. AV.	12 488	2011. 07. 29– 2011. 08. 27
17	湖北省动物粪便处理规划	AMS-I. C. ver. 19 AMS-III. D. ver. 17	3 946	2011. 09. 02– 2011. 10. 01
18	四川省七市州农村户用沼气规划项目	AMS-III. R. ver. 2 AMS-I. I. ver. 2	7 394	2011. 09. 07– 2011. 10. 06

第 1 章　PCDM 的内涵、特点与发展状况

序号	项目名称	方法学	已添加CPA减排量	公示期
19	甘肃省户用/小农场沼气开发规划项目	AMS-Ⅲ. R. ver. 2 AMS-Ⅰ. I. ver. 2	8 082	2011.09.14－2011.10.13
20	甘肃省动物粪便处理规划	AMS-Ⅰ. F. ver. 2 AMS-Ⅲ. D. ver. 17	1 899	2011.09.14－2011.10.13
21	山西省动物粪便处理规划	AMS-Ⅰ. C. ver. 19 AMS-Ⅲ. D. ver. 17	4 773	2011.09.21－2011.10.20
22	湖北省户用沼气开发规划	AMS-Ⅲ. R. ver. 2 AMS-Ⅰ. I. ver. 2	5 280	2011.11.05－2011.12.04
23	河北省 CFL 分发规划项目	AMS-Ⅱ. J. ver. 4	36 123	2011.11.11－2011.12.10
24	煤矿通风气甲烷氧化项目	ACM0008 ver. 7	250 708	2011.11.24－2011.12.23
25	河南省和陕西省动物粪便处理规划	AMS-Ⅲ. D. ver. 18 AMS-Ⅰ. C. ver. 19 AMS-Ⅰ. F. ver. 2 AMS-Ⅰ. D. ver. 17	6 336	2011.11.24－2011.12.23
26	中国农村地区小水电开发促进项目	AMS-Ⅰ. D. ver. 17	9 229	2011.11.25－2011.12.24
27	ZEG 燃煤电厂低效蒸汽轮机替代 CDM 规划项目	AM0062 ver. 2	55 624	2011.12.15－2012.01.13
28	CarbonSoft 开放资源规划项目，LED 灯分发：新兴市场	AMS-Ⅲ. AR. ver. 2	29 321	2011.12.23－2012.01.21
29	山西省、贵州省和内蒙古自治区的动物粪便处理规划	AMS-Ⅲ. D. ver. 18 AMS-Ⅰ. C. ver. 19 AMS-Ⅰ. F. ver. 2 AMS-Ⅰ. D. ver. 17	6 040	2011.12.31－2012.01.29
30	江西省牲畜养殖场甲烷工程项目	AMS-Ⅲ. D. ver. 18 AMS-Ⅰ. C. ver. 19	1 636	2012.01.10－2012.02.08
31	城市固体废物焚烧发电项目	AM0025 ver. 13	146 776	2012.01.19－2012.02.17

序号	项目名称	方法学	已添加CPA减排量	公示期
32	煤层气联网发电项目	ACM0008 ver. 7	78 277	2012.01.22 – 2012.02.20
33	中国垃圾回收发电规划项目	ACM0001 ver. 12	24 649	2012.01.24 – 2012.02.22
34	Uniufa-3F 规划——通过可控厌氧消化回收甲烷	AMS-III. AO.	418 855	2012.02.11 – 2012.03.11
35	辽宁法库经济开发区陶瓷窑能效项目	AMS-II. D. ver. 12	19 502	2012.02.21 – 2012.03.21
36	四川牲畜养殖场温室气体消除项目	AMS-III. D. ver. 18	5 474	2012.03.01 – 2012.03.30
37	小型太阳能光伏发电联网规划项目	AMS-I. D. ver. 17	14 449	2012.03.30 – 2012.04.28
38	四川省农村高效生物质炉灶规划项目	AMS-II. G. ver. 3	9 716	2012.04.03 – 2012.05.02
39	太阳能光伏发电联网项目	ACM0002 ver. 12	13 111	2012.04.14 – 2012.05.13
40	中国新建建筑节能	AMS-II. E. ver. 10	64	2012.04.27 – 2012.05.26
41	中国垃圾填埋气回收发电规划项目	AMS-III. G. ver. 7 AMS-I. D. ver. 17	31 925	2012.04.27 – 2012.05.26
42	中盈长江小水电规划项目	AMS-I. D. ver. 17	22 001	2012.04.27 – 2012.05.26
43	华琦牲畜养殖场甲烷工程规划项目	AMS-III. D. ver. 18 AMS-I. C. ver. 19 AMS-I. F. ver. 2	5 345	2012.04.28 – 2012.05.27
44	青海省太阳能光伏发电规划	ACM0002 ver. 13	27 718	2012.05.19 – 2012.06.17
45	山东省太阳能光伏电力开发项目	AMS-I. F. ver. 2 AMS-I. D. ver. 17	8 938	2012.05.31 – 2012.06.29
46	基于太阳能和余热回收的热能生产	AMS-III. Q. ver. 4 AMS-I. J.	3 750	2012.06.06 – 2012.07.05

第1章 PCDM的内涵、特点与发展状况

中国规划类清洁发展机制 项目开发与市场机制

序号	项目名称	方法学	已添加 CPA 减排量	公示期
47	农村地区小水电厂规划	AMS-I. D. ver. 17	18 228	2012.06.11- 2012.07.10
48	小水电厂联网发电促进温室气体减排项目	AMS-I. D. ver. 17	18 842	2012.06.11- 2012.07.10
49	安徽省、江苏省和云南省动物粪便处理规划	AMS-III. D. ver. 18 AMS-I. C. ver. 19 AMS-I. F. ver. 2 AMS-I. D. ver. 17	4 090	2012.06.14- 2012.07.13
50	发动机系统能效提高项目	AMS-II. D. ver. 12	7 852	2012.06.30- 2012.07.29
51	贵州省节能灯分发规划	AMS-II. J. ver. 4	38 087	2012.07.23- 2012.08.21
52	黑龙江省节能灯分发规划	AMS-II. J. ver. 4	39 246	2012.07.23- 2012.08.21
53	湖南省节能灯分发规划	AMS-II. J. ver. 4	30 973	2012.07.23- 2012.08.21
54	江西省节能灯分发规划	AMS-II. J. ver. 4	30 818	2012.07.23- 2012.08.21
55	广西壮族自治区节能灯分发规划	AMS-II. J. ver. 4	28 125	2012.07.23- 2012.08.21
56	辽宁省节能灯分发规划	AMS-II. J. ver. 4	34 257	2012.07.23- 2012.08.21
57	河南省节能灯分发规划	AMS-II. J. ver. 4	29 544	2012.07.23- 2012.08.21
58	内蒙古自治区节能灯分发规划	AMS-II. J. ver. 4	37 438	2012.07.24- 2012.08.22
59	陕西省节能灯分发规划	AMS-II. J. ver. 4	38 713	2012.07.24- 2012.08.22
60	山西省节能灯分发规划	AMS-II. J. ver. 4	43 014	2012.07.24- 2012.08.22

资料来源：http：//cdm. unfccc. int/index. html

中国目前公示的项目中，主要项目类型是沼气和节能灯发放项目，其中沼气项目有18个，占30%；节能灯发放项目有16个，占26.7%；此外水电和太阳能项目，各有5个；另外还有一些煤矿瓦斯、能效提高、建筑节能等其他类型项目。项目类型分布如图1-2所示。

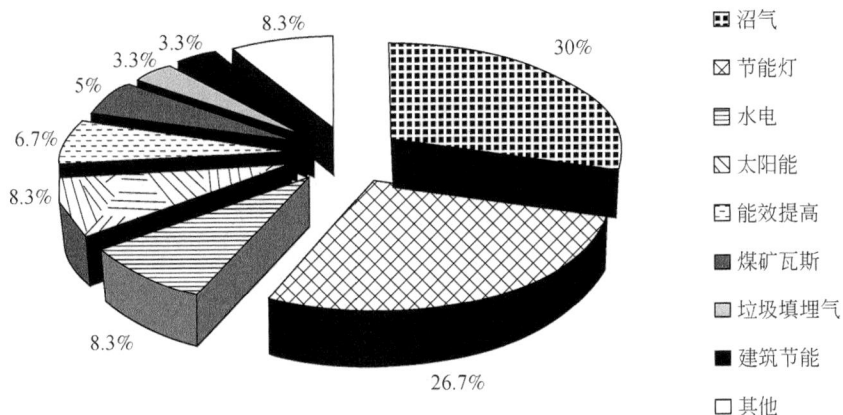

图1-2 中国已在联合国CDM网站公示的PCDM项目类型分布情况

中国PCDM的项目分布，从类型来看，项目开发最多的是沼气类项目，其中包括养殖场沼气工程项目和户用沼气池项目，分别为11个和7个。主要原因有两个：一是我国最早研究沼气类PCDM开发，为后续项目开发起到了示范带动作用；二是我国政府高度重视沼气利用，对户用沼气和大中型沼气工程都给予财政补贴支持，各级政府都建立了沼气推广机构，因而，PCDM项目的协调管理机构较容易确定。其次是节能灯发放项目，由于大多以省为单位，在多个不同省份实施，因此该类项目总数量达到了16个。然后是水电和太阳能项目，分别为5个，这类项目方法学较为简单，开发难度较小，并且项目开发潜力巨大。而其他类型的项目要么是方法学复杂，难以实施，要么是潜在的协调管理机构不易确定，目前开发的项目较少。

从项目地区分布来看，一方面，全国性或跨省区的项目较少，主要是跨省区的项目协调管理难度较大，除非有强有力的协调管理机构，如国家电网，否则难以实施。另一方面，中西部省份PCDM项目较多，东部发达地区较少，这主要与项目类型的地区分布有关，沼气、水电、太阳能等项目在中西部省份潜力较大，东部的开发潜力较小。

第 2 章

Chapter 2

PCDM 相关规则与项目开发流程

本章主要介绍 PCDM 的发展历程、最新的 PCDM 国际规则、国内申报审批政策以及 PCDM 的详细开发流程。

2.1 PCDM 规则的修订过程

2005 年 12 月 CMP 第 1 次会议提出了 PCDM 概念，2007 年 6 月 EB 第 32 次会议颁布了"将规划方案注册为单个 CDM 项目及其减排量签发程序"（第 01 版），2007 年 7 月 EB 第 33 次颁布了规划方案设计文件格式、针对常规和小型非土地利用与土地利用变化的 PCDM 项目活动的 PoA-DD 和 CPA-DD 文件模板，并决定对可应用于 PCDM 项目的现有小规模项目方法学进行修正，同时设定了对 PCDM 之下的项目拆分的判别标准。这标志着 PCDM 首套完整的规则正式发布，但由于这套规则存在很多弊端，难以实施，相关研究机构和市场从业人员相继提出很多批评和建议，EB 在后续的会议上逐步进行了修订和完善。

在 2007 年 11 月 EB 第 36 次会议上，通过了造林/再造林和小型造林/再造林规划方案设计文件表格和规划活动设计文件表格，正式将造林/再造林项目纳入 PCDM 项目开发范围。

在 2009 年 5 月召开的 EB 第 47 次会议上，通过了 PoA 注册与减排量签发程序第 03 版、存疑 CPA 的审查程序，以及在 PoA 中应用多种方法学的批准程序。这是对 PCDM 规则的一次重大修订，修改了颇受诟病的一个 PoA 只能应用一种方法学的规定，增强了 PCDM 项目开发的灵活性，扩大了应用范围。

此后，在 2010 年 7 月 EB 第 55 次会议上，再次对 PoA 注册与减排量签发程序进行了修改，形成 4.01 版，对 PoA 开发做了更加明确的规定。

在 2011 年 4 月 EB 第 60 次会议上，应利益相关方的要求，EB 对 PoA 注册与减排量签发程序的相关细则进行了澄清，并对 PCDM 未来法规框架的优先领域进行了说明。此举表明 EB 将在随后制定更多具体有效的规则，对 PCDM 规则进行比较全面的修订和完善。

2011 年 9 月 EB 第 63 次会议通过了 PoA 关于额外论证、CPA 纳入 PoA 的纳入准则开发、多种方法学应用 3 个标准文件。在随后的 2011 年 11 月 EB 第 65 次会议上，EB 将上述 3 个标准文件整合成了"规划方案的额外性论证、纳入准则开发和多种方法学应用标准"（简称 PoA 标准）。另外，会上还通过了对 PoA 的抽样调查在操作上具有重要指导作用的新版"CDM 项目活动和规划方案抽样调查标准"（简称抽样调查标准）。

在 2012 年 3 月 EB 第 66 次会议上，通过了 PCDM 项目设计文件编写指南，新版的项目设计文件模版也随之生效。然后在 2012 年 5 月 EB 第 67 次会议上，EB 更新了项目设计文件编写指南，并出台了"关于样本量和可靠性计算的最佳实践范例"。

2.2　PCDM 规则的详细解读

CDM 规则体系按照决策等级高低可以分为公约/议定书缔约方会议决议、标准、程序、指南、澄清、支持文件等几个等级，PCDM 的规则体系也是一样。图 2-1 详细显示了 CDM（包括 PCDM）的规则体系构成情况。

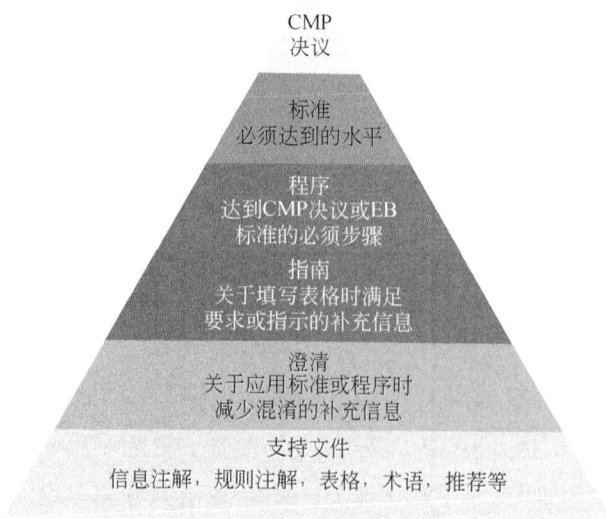

图 2-1　CDM 规则体系构成

在该规则体系中，CMP 会议每年只召开一次，其会议决议通常是由公约/议定书缔约方讨论确定的大的原则性规定。标准是由 EB 通过其会议确定的需要强制性达到的规则水平；而下面的程序、指南、澄清等各种文件文档则是由 EB 在其各次会议中批准生效后用于对项目开发和实施进行规范、指导、参考和说明。

在最新的 PCDM 规则中，除了适用于包含 PCDM 的所有 CDM 的项目标准（Project Standard）、项目开发程序（Project Cycle Procedure）、审定和核查标准（Validation and Verification Standard）、抽样调查标准以及所有经批准可用于 CDM 项目开发的方法学等普遍适用的标准和程序外，还有两个非常重要的专门针对 PCDM 项目开发的标准和程序，即"PoA 标准"（第 01 版）和"将规划方案注册成为单个 CDM 项目及其减排量签发程序"（即 PoA 程序）（第 04.1 版）。在本节中，将对 PoA 标准和抽样调查标准进行详细介绍，在下一节 PCDM 开发流程中将对 PoA 程序进行针对性说明。

2.2.1　PoA 标准

在 CMP 第 6 次会议决议 3 中，缔约方要求 EB 重新评价现有 PCDM 有关规则，以便进一步澄清现有关于 PoA 额外性论证和 PoA 下 CPA 纳入准则界定的规则应用，在确保环境完整性达到《京都议定书》和 CMP 决议要求的程度下，简化规划下的项目活动多种方法和技术的应用。

EB 第 63 次会议采用了 3 个 PoA 相关的标准，并要求秘书处将这 3 个标准整合为一个 PoA 标准（63 次报告 72 段）。在 EB 第 65 次会议中，EB 整合并通过了"规划方案的额外性论证、纳入准则开发和多种方法学应用标准"（即 PoA 标准）。该标准同时也用于替代 EB 第 47 次会议附件 31 的"规划方案中应用多种方法学批准程序"文件。

该 PoA 标准适用于协调管理机构（CME）：①进行规划方案的额外性论证；②开发/更新将 CPA 纳入 PoA 中的纳入准则；③在一个规划方案中应用多种技术/措施和（或）经批准的方法学。同样，它也适用于 DOE 对上述项目活动的审定和核查。

2.2.1.1　额外性论证

（1）额外性论证的原则

在没有 CDM 的情况下，所有 CPA 均不会得到执行。根据项目类型大小，由一个或多个微型项目作为 CPA 组成的 PoA，按照"微型项目活动额外性论证指南"的要求建立纳入准则；由一个或多个小型项目作为 CPA 组成的 PoA，按照附录 B "小型 CDM 项目活动简化模式和程序" 附件 A 的要求建立资格准则；由一个或多个大型项目作为 CPA 组成的 PoA，按照大型方法学有关的额外性要求建立资格准则。

（2）协调管理机构的论证要求

确保满足各适用的额外性指南、工具或方法学的要求，需要满足规划方案设计文件中建立的关于额外性的资格准则。对于涉及多种技术/措施和（或）方法学组合的规划方案，应当为构成该组合的每个技术/措施和（或）方法学分别建立关于额外性的资格准则。

2.2.1.2 资格准则开发和更新

（1）资格准则开发

协调管理机构应当开发将 CPA 纳入 PoA 的资格准则，并写入 PoA-DD 中，而且还要在 CPA-DD 中论证它们适用于 CPA 的添加。

资格准则至少应当涵盖以下方面：

1）CPA 地理边界包括时间上可能引起的边界变化符合 PoA 设立的地理边界；

2）避免重复计算减排量的条件，如产品和终端用户位置的唯一确认信息（如规划项目的标志）；

3）技术/措施规范，包括服务水平和类型；绩效规范，包括与测试/认证的一致性；

4）通过文件证据检查 CPA 开始日期的条件；

5）确保 CPAs 应用的单一或多种方法学的适用性和其他要求得到满足的条件；

6）确保 CPA 满足上一章节有关额外性论证要求的条件；

7）协调管理机构为规划方案规定的特定要求，包括关于开展当地利益相关方咨询和环境影响分析的所有条件；

8）进行如下确认的条件：如果有来自附件一国家的资金，不会导致官方发展援助的偏移；

9）如果适用，目标群体（如家庭/商业/工业，农村/城市，电网连接/无电网连接）及分配机制（如直接安装）；

10）如果适用，有关规划方案抽样要求的条件，抽样要求要符合 EB 关于抽样调查的已批准的指南/标准；

11）如果适用，确保每个 CPA 总量满足小型项目或微型项目上限的条件，并保持在整个 CPA 计入期内满足这些上限；

12）如果适用，在 CPA 属于小型或微型项目类别的情况下，关于拆分检查的要求。

将 CPA 纳入 PoA 的资格准则应当可验证，并由 DOE 审定资格准则是否足够客观和广泛。

协调管理机构应当有能力检查潜在 CPA 的特征以确保每个 CPA 在添加到注册的 PoA 前满足所有要求和资格准则。协调管理机构应当开发和执行一个管理体系，包含以下信息，以便 DOE 在审定 PoA 或添加 CPA 时对其进行评估：

1）清晰定义在添加 CPA 过程中有关人员的角色和责任及其能力审查；

2）人员培训和能力开发计划的记录；

3）添加 CPA 的技术审查程序；

4）避免重复计算的程序（如避免将一个已经注册的 CDM 项目活动或另外的规划方案的规划活动作为新的 CPA 添加）；

5）规划方案下每个 CPA 的记录和文档控制过程；

6）持续改进规划方案管理体系的措施；

7）其他相关要素。

当 DOE 确认 CPA 资格准则后，CPA 就可以添加到 PoA 中；根据情况，可以不检验所有 CPA，而是按照相应的抽样指南/标准来进行抽样检查。

对于包含多种技术/措施和（或）方法学组合的规划方案，应当对每个组合部分开发清晰的资格准则。

（2）资格准则更新

如果规划方案应用的方法学版本修改或替换，随后被暂停（placed on hold），协调管理机构应当根据立即生效的修改版或新方法学要求来更新资格准则。包含了更新后的资格准则的新版本规划方案设计文件（如第 1.1 版）和一般性规划活动设计文件应当由 DOE 审定后提交给 EB 批准。

1）一旦 EB 批准了修改，所有新添加的 CPA 应当以在一般性规划活动设计文件中更新后的资格准则为基础；

2）在方法学被暂停前添加的 CPA 只需在计入期更新时采用修改版的一般性规划活动设计文件。

如果规划方案应用的方法学被修改但没被暂停或出于方法学整合的目的而被撤销，则无需修改资格准则，除非 EB 会议报告又另外指出批准了新的方法学。

如果规划方案在注册后边界地理范围扩大或引入了额外的一个或多个东道国，协调管理机构应当更新资格准则来反映随后的变更。包含了更新后的资格准则的新版本规划方案设计文件（如第 1.2 版）和一般性规划活动设计文件应当由 DOE 审定后提交给 EB 批准。

1）一旦 EB 批准了修改，所有新的 CPA 的添加就应当以应用新的于一般性规划活动设计文件中更新的资格准则为基础；

2）在 PoA 边界修改之前添加的 CPA 只在计入期更新时采用修改后的资格准则。

如果环境完整性问题得到确认，注册 PoA 的资格准则版本可以在 PoA 有效期内的任何时候由 EB 根据以下规定决定初始版本：

1）如果 EB 要求修改 PoA 的资格准则，协调管理机构应当更新资格准则来反应之后的变化。新版本的规划方案设计文件（如第 1.3 版）和一般性规划活动设计文件应当经 DOE 审定后发送给 EB 批准。

2）一旦 EB 批准了修改，所有新 CPA 的添加就应当以应用于新的一般性规划活动设计文件中更新的资格准则为基础。

3）在资格准则修改之前添加的 CPA 只在计入期更新时采用修改后的资格准则。

在 PoA 计入期更新时（第一个 CPA 更新时），协调管理机构应当根据最新可用的方法学更新资格准则。新版本的规划方案设计文件（如第 1.4 版）和一般性规划活动设计文件应当经 DOE 审定后发送给 EB 批准。

1）一旦 EB 批准了修改，所有新 CPA 的添加应当以修改后的资格准则为基础；

2）后续 CPA 请求计入期更新应当采用修改版的一般性规划活动设计

文件。

2.2.1.3 多种方法学应用

规划方案中多种方法学应用的有关内容详见下一节。

2.2.2 方法学选择

2.2.2.1 方法学概况

CDM 方法学是 CDM 项目开发的重要技术方法依据，每个 CDM 方法学都有严格的适用范围和适用条件。EB 一直没有停止审核和批准新的 CDM 项目方法学，虽然有些方法学会被撤销或整合，但方法学总数在不断增加。CDM 方法学按项目减排原理可分为减排和碳汇（主要是造林和再造林）两大类，按项目规模可分为大型项目方法学（常规方法学）和小型项目方法学，对于有些行业技术类型相同的项目，又形成了整合方法学。目前 CDM 项目方法学情况统计如表 2-1 所示。

表 2-1　CDM 方法学统计表（截至 2012 年 7 月 31 日）

方法学类别	减排			造林和再造林		
规模	整合	常规	小型	整合	常规	小型
数量	20	84	80	2	10	7

理论上讲，所有经过 EB 批准生效的 CDM 项目方法学都可以应用于 PCDM 项目开发，但是对于大项目方法学要求则较为严格。MP 基于评估的 20 个方法学，建议 EB 将大项目方法学分三类处理：第一类，MP 推荐可以用于 PoA 开发，但需要额外的方法学指南；第二类，纳入标准对能源价格、技术发展和市场环境高度敏感，MP 建议 EB 考虑针对这类方法学强制提高纳入标准的更新频率；第三类，方法学的部分参数高度依项目而定，MP 建议 EB 禁止这样的方法学用于 PoA 开发；理由是无法将方法学的额外性要求转化并制定统一明确的纳入标准。EB 虽未立即采纳，但支持在大项目方法学里给出用于开发 PoA 的具体指南；并指出对于没有给出具体指南的大项目方法学，则要求 DOE 在审定时确定项目设计的纳入标准是否客观和全面，足以用于评估 CPA 的纳入。

对于应用多个大型项目方法学的规划方案，EB 指出只有方法学明确写明可以组合使用才不需要再经过批准。否则，协调管理机构应当通过以下寻求 EB 的澄清：由 DOE 向方法学小组提交遵循最新版本的"关于提交经批准的方法学和方法学工具应用征询程序"。另外根据中国国家发展和改革委员会公告，目前中国国内暂不接受大方法学的规划方案申请。

对小型项目方法学技术/措施和（或）方法学的组合应用要求则相对宽松，只要能论证在采用的技术/措施之间没有交叉影响（cross effects 或 interactive measures）即可。如果存在交叉影响，协调管理机构应当采用"向 EB 申请经批准的方法学偏离程序"来提出考虑交叉影响的方法以确保减排量计算是准确的。

2.2.2.2 规划方案中多种方法学应用

EB 最初规定 PCDM 项目只能采用同一种技术措施，也只能采用一种方法学。但是该规定限制了多种技术措施的综合应用，于是 EB 在第 47 次会议上修改了该规定，出台了一个规划方案下应用多种方法学的批准程序，同意在 PCDM 项目中采用组合方法学，但应用方法学组合必须得到 EB 的批准。EB 第 63 次会议上又出台了 PCDM 项目多种方法学应用标准，对 PCDM 项目采用多种技术/措施或多种方法学组合进行了明确规定。EB 第 65 次会议通过了 PCDM 项目标准，将多种方法学应用作为主要内容之一整合到该标准中。

（1）基本要求

协调管理机构应当在 PoA-DD 和一般性 CPA-DD 中列出规划方案中实施的不同技术/措施和（或）经批准方法学的各种组合。

协调管理机构需要开发纳入 CPA 的资格准则，并尽可能为每种组合开发抽样计划，抽样计划要遵循技术组合的要求和抽样调查标准的规定。如果 CPA 使用了多个方法学的技术/措施，资格准则应当涉及这些技术/措施并在用于审定的 PoA-DD 中进行描述，CPA 也应当符合所有这些资格准则。

（2）多种小型 CDM 项目方法学应用

在一个规划方案中应用技术/措施和（或）方法学的组合并不是没有限制

的，必须考虑是否能论证在采用的技术/措施之间没有交叉影响。如果存在交叉影响，协调管理机构应当采用"向 EB 申请经批准的方法学偏离程序"来提出考虑交叉影响的方法以确保减排量计算是准确的。

EB 特别规定可以在下列情形中应用技术/措施和（或）方法学组合：

1）对 PoA 下的每一个 CPA 始终应用相同方法学组合下的相同技术/措施组合。例如，方法学 AMS-Ⅲ.D. 下使用厌氧沼气池处理动物粪便管理系统产生甲烷，应该采用方法学 AMS-Ⅱ.C. 来产生热量。

2）对 PoA 下的每一个 CPA 始终应用单一方法学但使用多种技术/措施。例如，只应用方法学 AMS-Ⅲ.H.，该规划方案下可以针对不同的 CPA 采用不同的废水处理技术。

3）对采用多种方法学组合的每一个 CPA 只应用一种原则性（principle）技术/措施。例如，废水处理项目对回收的甲烷采用不同利用方式（AMS-Ⅰ.C. 产热，AMS-Ⅰ.D. 和 AMS-Ⅰ.F. 发电，或两者均用），生物质/沼气项目中燃料替代的不同方式（AMS-Ⅰ.C. 和 AMS-Ⅰ.Ⅰ. 替代化石燃料，AMS-Ⅰ.E. 替代不可再生生物质，或两者均用）。

4）对 PoA 下不同 CPA 采用不同的技术/措施和方法学组合，即政策或目标只能采用多种不同的方法来实现。在这种情形下协调管理机构应当论证开展的活动需要通过所设计的规划来整合。这可以包括，不同行业的一系列活动，比如：能源生产（AMS-Ⅰ.D. 用于风电，AMS-Ⅰ.J. 用于太阳能热水器），能源效率（AMS-Ⅱ.J. 用于节能照明，AMS-Ⅲ.AE. 用于建筑能效，AMS-Ⅱ.L. 用于街道照明节能），水管理（节能灌溉），废物管理（AMS-Ⅲ.G. 用于垃圾填埋气回收，AMS-Ⅲ.F. 用于堆肥，AMS-Ⅲ.AJ. 用于固体废物的循环再生），交通运输（采用 AMS-Ⅲ.C.），以及农业（AMS-Ⅲ.D. 用于粪便管理）。

协调管理机构可以选择性使用"提交和考虑经批准的小型项目方法学申请澄清程序"（见 EB 第 34 次会议报告附件 6）来寻求在拟议组合上关于交叉效应的澄清，在一并提交的规划方案设计文件和规划活动设计文件中应当完成详细技术描述的相应章节。顺利的话，这些申请将在"快速处理程序"下处理（见 EB 第 34 次会议报告附件 6），并在四周内给出答复。

另外，CPA 应当遵循"小型 CDM 项目方法学一般指南"满足小型项目减排量上限的要求，即必须保证 CPA 是小型项目。

（3）多种大型 CDM 项目方法学的应用

对于应用多个大型项目方法学的规划方案，只有在方法学中明确许可的组合才能不需要事先经过批准就采用。否则，协调管理机构应当通过由 DOE 向方法学小组提交遵循最新版本的"关于提交经批准的方法学和方法学工具应用征询程序"来寻求 EB 关于该问题的澄清。

（4）大型项目方法学和小型项目方法学的组合应用

如果在规划方案中进行了大型项目方法学和小型项目方法学的组合应用，则采用与多种大方法学组合应用相同的程序。

2.2.3　CDM 项目活动和规划方案抽样调查标准

PCDM 项目中可能涉及大量的目标群体，比如分散的建筑物、某个区域内的农户家庭、大量的街道路灯等。要完全掌握这些群体中每一个个体的数据信息不现实。因此，数学统计方法被引入 CDM 项目活动中，通过抽选一个具有代表性的样本并测量这个样本的数据信息，来估算和确定整个目标群体的数据特征。

关于抽样调查方面的规则，EB 第 50 次会议通过了"小型 CDM 项目活动抽样调查一般指南"（即抽样指南），该指南规定了抽样原理和常见方法，但对一些具体做法和要求缺乏更明确的规定和说明。EB 第 60 次会议同意开发一套通用抽样指南和最佳实践范例，涵盖大型和小型项目以及规划方案，并同意指南范围应包含 DOE 如何审查 PDD 中的抽样调查设计以及如何在审定与核查工作中对抽样进行应用。EB 第 65 次会议通过了最新的"CDM 项目活动和规划方案抽样调查标准"（简称"抽样标准"），对有关抽样调查问题做了比较清晰完整的规定。

该抽样标准适用于 CDM 项目参与方、PCDM 的协调管理机构以及 DOE。同时该标准也适用于大型项目、小型项目和规划方案等所有的项目类型。

2.2.3.1　抽样要求

抽样的目的是获取无偏差的和可靠的参数平均估算值，并用于计算项目温室气体减排量。当 CDM 项目或 PCDM 项目要采用抽样方法来确定减排量计算参数时，需要在项目设计文件 PDD/PoA-DD 中包含抽样计划，并对抽样方法、重要假设、方法选择进行阐述说明。

方法学中规定了具体抽样要求，优先考虑方法学的要求，否则遵循抽样标准的要求。在抽样标准中，对于小型项目，置信度和精度值要求为 90% 和 10%，记作 90/10，对于大项目来说，置信度和精度要求为 95/10。

该标准中 10% 的精度要求，即 ±10% 的解释是：当参数是一个比例或百分比时的相对单位。例如：±10% 的相对单位意味着比例为 70% 的区间为 63% ~ 77%，或 ±10% 的相对术语意味着均值为 4 的区间为 3.6 ~ 4.4。

在设计监测计划时，项目方应当计算达到可靠性水平所需的样本量。样本量可以手动确定或采用适当的统计软件。计算取决于置信度和精度的目标水平（小项目 90/10 或大项目 95/10），以及如下条件：

1）参数类型，是平均值还是比例值；

2）目标值，即参数的期望值，它由项目计划者的知识和经验来确定；

3）样本测量的期望偏差（或标准差），基于类似研究的结果、试验研究或项目计划者自身的知识。

对需要由抽样确定的各类变量，有些 CDM 方法学为其规定了最低的精度和置信度要求。样本选择应当满足或高于这些最低水平。项目方可以在方法学中请求修改这些要求，或者为现有方法学申请偏离，但要符合有关程序并提供充分的合理性解释来说明为什么选择更低的水平是合适的。

如果实际样本估算没有达到最低精度水平的目标，项目方应当进行额外的数据补充收集或新的抽样来达到精度水平要求。

进行抽样时，除非采用的方法学另有规定，应当使用样本的均值（或百分比）来进行减排量计算，而不是使用精度要求下的最高或最低数值。

抽样标准对于规划方案有如下特定要求：

对于 PoA 中的每个 CPA，通过抽样来估算参数值时应当分别而独立地满足所采用的方法学要求，除非抽样计划在涉及一组 CPAs 的时候采用的是 95/10 的置信度/精度来计算样本量。

2.2.3.2 项目活动及规划方案的审定与核查

DOE 应当审定拟议的抽样计划，确定其是否将以无偏差和可靠的方式提供估计参数值，包括确定：①是否拟议的样本量和抽样方法足以达到最小的置信度/精度要求；②是否拟议的抽样计划能确保样本是随机抽取并具有代表性。

DOE 应当核查项目方是否根据审定的抽样计划执行了抽样和调查。核查要确定：①是否满足置信度/精度要求；②抽取的样本是否具有代表性。

作为一种审定/核查方法，当参与方在满足本标准中明确给出的准确性水平下没有采用抽样方法，DOE 可以选择采用一种抽样方法。在一个多地点的 CDM 项目活动或采用了小型或大型方法学的 CDM 规划方案中就有这样的情况。

DOE 应当通过下述验收抽样来审定/核查项目活动，使其满足前文所述的审定和核查要求：①在 PP 样本记录中随机抽取样本，②运用自身的专业判断来检验 PP 样本记录中每个记录数据的可接受性，③根据记录数据判断 PP 样本记录是否满足置信度/精度要求。

为了确定现场检验的样本量，DOE 应当运用自身专业判断来事先指定：①可接受的质量水平或保证水平，即 PP 记录和 DOE 记录的可接受的差异比例，如 1%；②PP 记录和 DOE 记录的不可接受的差异比例，如 10%。

上述的最大误差应当维持在以下的水平：①5% 的机会 DOE 会错误地不接受 PP 的记录（即不接受一组质量合格的记录）；②5% 的机会 DOE 会错误地接受 PP 的记录（即接受一组不合格的记录）。

使用上述的条件时，DOE 应当确定：n，样本量；c，验收数量。

如果 DOE 在样本中观察到大于 c 的差异记录，那么 PP 的这组记录不可接受；如果差异记录的数量等于或小于 c，则 PP 的这组记录是可接受的。

2.2.3.3 抽样方法的常见类型

抽样标准里提供了一些最常见类型的抽样方法及其适用的典型情形。

（1）简单随机抽样（Simple Random Sampling）

简单随机样本是从样本总群（例如村庄、人群、建筑物、设备）中随机选择的一个子集，其中每个成员（或单元）具有被选中的同等可能性。基于抽样得到的估值（均值或比例）是样本总群参数的一个无偏差估值。

简单随机抽样在概念上容易理解并易于执行，只需明确总群所有成员的抽样框架。其简明的特点使得对收集的数据进行分析也相对容易，在数据收集前只有少量有关信息也是可行的。

简单随机抽样适合总群特征一致的情况。很多例子中，总群的巨大数量和分散特性可能导致特征不一致，但有些情况下这些因素对特征一致性的影响相对比较低（例如分布在不同纬度和气候区域的大量沼气池就不太有助于采用简单随机抽样来确定每个沼气池的年均沼气产量，然而在同等社会、经济环境下连接相同电网的广阔地理范围内的大量照明灯泡的使用小时数则具有足够的特征一致性来采用简单随机抽样）。如果总群数量很大且地理分散的话，简单随机抽样的数据收集成本可能会比其他抽样方法高。

（2）分层随机抽样（Stratified Random Sampling）

当研究的总群特征不一致但由几个不同的子群组成，那么最好是分别从每个子群进行简单随机抽样，这就是分层随机抽样。这些子群被称为层。在考虑分层随机抽样时，要特别注意在确定层的时候，不能排除任何总群成员，每个成员必须指配给一个层。例如，一个商业照明计划中的总群可以根据建筑类型来分类（如餐馆、食品店、办公楼）。

分层随机抽样最适合于这样的情况：总群成员有明显的组群特征，这些特征在组群内相似但与其他组群不太相似（例如所有餐馆在照明使用上相似，但与办公楼或食品店相比则不太相似）。抽样框架下的组群变量对所有成员应当是已知的。例如，抽样框架需要得到总群中建筑类型下每个实例的信息以便通过这种特征来分组。

分层有助于确保总群特征的估值是精确的，特别是在层之间存在较大差异的时候。例如，如果办公楼里的平均照明时间低于食品店，那么在估计总体平均运行时间时就可以将该信息考虑进去。同样的，如果每个层里的实例比组间的特征更一致，那么估计的运行小时数会比通过简单随机抽样确定的样本量来抽样更精确。

（3）系统抽样（Systematic Sampling）

系统抽样是从一个有序抽样框架中进行成员选择的统计方法。系统抽样最常见的形式是同等概率方法，在该方法下框架中每第 k 个元素被选中，k 是抽样间隔（有时称为跨度），由下面的公式计算：k = 总群大小（N）/样本量（n）。

要采用系统抽样程序，总群里的每个成员都应当是已知的而且被选择的概率相等。项目参与方应当确保所选择的抽样间隔内不会隐藏样品。每个样品都是随机的，也必须选择一个随机开始点。系统抽样只能适用于给定的总群是逻辑上特征一致的，因为系统抽样单元在总群里要均匀分布。

系统抽样适用于很多情形。如果总群有一个自然序列或目标流，例如生产过程中的砖产量，那么每 k 个产品进行抽样来检验质量就明显非常简单。在所有情况下，目标清单或过程是自然随机的这点很重要，这就是说不在乎次序先后。

（4）整群抽样（Cluster Sampling）

整群抽样是指将总群分成若干子群（cluster），对子群进行自由选取（抽样），而不是对要研究的个体成员进行选取。对抽选子群中的所有个体成员进行数据收集。整群抽样用于总群的分层非常明显的情况，比如村庄和村庄内的农户，或建筑物和建筑物内的设施。例如，假定一个项目在新的建筑单元安装高效电机，每个建筑内安装一些有代表性的电机。为了估计电机的运行小时数，可以抽选建筑物样本而不是电机的样本，并测量所选建筑物内的所有电机。

与分组抽样中将设备分成特征一致而且成员数量相对较少的组群不同，整群抽样中有很多电机子群（建筑单元），但每个建筑物内的这些高效电机的特征与整个总群内的电机的特征没有差别。

整群抽样在下面的情况下适用：在最低层级水平没有抽样框架但在子群水平是有的，比如上述案例中所有电机的安装清单不可得，但所有新建建筑单元清单是可得的。

在很多监测高效设备的应用中，单元自然出现在组群中，每个组群有不同数量的成员。例如一个建筑或工厂的地点组成一个自然组群，每个地点含有不同数量的设备。

整群抽样方法具有成本优势。举个例子，如果数据收集成本的一个重要部分是穿梭在建筑之间的时间消耗，那么在建筑物样本内对所有单元进行数据收集比在所有单元基础上进行简单随机抽样要节省成本得多。然而，通常需要测量更多批次的设备（抽取更多的子群）来达到简单随机抽样所要求的同等精度，不过减少的成本和其他效益或许完全能补偿在工作量上的增加。

（5）多级抽样（Multi-Stage Sampling）

多级抽样是一种比整群抽样更为复杂的形式。测量选取的子群内的所有成员可能过于昂贵，或者不是那么必要。在多级抽样中，子群单元通常是指初级抽样单元和子群内次级抽样单元的成员。对比来看，在分组抽样中所有的次级单元都需要监测，但在多级抽样中只需要对次级单元的一个样本进行数据收集。

举例来说，在调查节能照明时，如果在任意建筑物内的电机运行小时数被认为与所有电机是类似的，那么特别是如果测量它们的成本相对较高，就没必要测量所有电机得到那么多数据。抽取一个建筑物样本可能会更好，那样只需在每个选取的建筑物内测量这些电机的一个样本。当然，如果一个技术人员在现场测量一次并不昂贵，监测所有这些设施更能说得过去。

多级抽样可以进一步延伸到三级或者四级，比如可以将总群分级成建筑物综合体，然后是建筑物，最后是设施。

目前，上述大多数方法都是基于简单随机抽样的。另一个办法是根据概率与样品数量大小的比例来抽样，这种办法有时会运用到分组抽样（当组群具有不同样品数量大小时）或多级抽样中。

因此多级抽样的方法存在许多变化。如果在抽样范围内每个初级单元中的次级单元数量不知道，那么一个方法是随机抽取一个初级单元样本，计算每个选取的初级单元中次级单元的数量，然后在次级单元中抽取一个样本进行具体测量。另一个办法是根据概率和样品数量大小的比例来抽取初级单元，并在选取的初级单元中抽取一个随机样本。这些替代方法的绩效取决于总群特征、数据收集成本和样本范围内初级和次级单元的信息可得性。

2.2.3.4 抽样计划开发

抽样标准推荐了开发抽样计划的提纲，对于抽样计划，应当包含以下有关信息：①抽样设计；②所要收集的数据；③执行计划。

（1）抽样设计

1）目标和可靠性要求：描述抽样工作的目标、时间框架以及估算参数值。明确抽样要求（采用的 CDM 方法学或抽样标准）和所要满足的置信度/精度。比如，目标是确定参数 X 在计入期内的每月平均值，以 90/10 为置信度/精度。

2）目标总群：定义目标总群，描述任何与之相关的特征。

3）抽样方法：选择和描述抽样方法，比如简单随机抽样、分组抽样、整群抽样。如果不采用简单随机抽样，应当清晰确定分组或子群。

4）样本量：讨论和估算所要研究的单元（成套设备、太阳灶、建筑物、电机、记录册等）的目标数量（此即样本量）。合理论证有关参数、期望取值，估算数据方差以及置信度和精度（如果参数是比例和百分数，则无需估算方差）。

5）样本范围：确定或描述所要使用的抽样范围。它应当与上面描述的目标总群和抽样设计一致。例如，如果要采用整群抽样研究大量建筑物里的设备，那么其范围应当是要选取的样本中列出的建筑物清单。

（2）数据

1）现场测量：确定所要测量的所有变量和确定合适的测量时间及频率。当测量只在限定时间期限内进行并依次推算到整年的话，论证有关参数不受季节波动的影响或者所选的时间期限是保守的或者采取必要修正，测量方法也应当正确描述。

2）质量保证/质量控制：描述如何达到良好的数据质量，例如，描述进行数据收集的程序和（或）现场测量包括现场人员培训，最大化反馈率的条件，记录不在群体内的情况，拒绝或者其他无反馈原因，以及有关问题。应当在计划中写明总体质量控制和保证策略，包括定义越界以及在何种情况下越界数据/测量应当被排除和（或）替换。

3）分析：描述如何使用数据。

（3）执行

执行计划：定义执行抽样工作的日程并确定数据收集和分析要求的技能和资源。

2.3　国内相关政策

为切实做好相关工作，帮助企业按照 EB 相关规则和国内管理办法有关规定规范开发 PCDM 项目，国家发展和改革委员会气候司于 2012 年 3 月 23 日发布《关于澄清规划类 CDM 项目申报有关问题的公告》（以下简称《公告》），对 PCDM 项目申报和开发进行规范。该公告着重强调了以下问题：

（1）方法学的应用

尽管 EB 不限制 PCDM 项目开发中应用大项目方法学，但国家发展和改革委员会《公告》明确规定，我国暂不受理采用大项目方法学开发的 PCDM 项目，只受理采用小项目方法学申报的 PCDM 项目。

（2）申报材料

根据中国现行《清洁发展机制项目运行管理办法（修订)》的规定，项目实施机构向国家发展和改革委员会或项目所在地省级发展和改革委员会提出清洁发展机制项目申请时，必须提交工程项目可行性研究报告批复（或核准文件，或备案证明）复印件以及环境影响评价报告（或登记表）批复复印件。考虑到 PCDM 项目的特殊性，它不一定具有项目可行性研究报告，但是相关部门一定具有相应的规划文件，因此，PCDM 项目申报时应提供具有相关审批权限的部门出具的规划文件。对于须通过地方初审的跨省（区、市）的 PCDM 项目，应提供规划项目涉及的所有省（区、市）发改委出具的 PCDM 项目认可函。而对于须通过地方初审的项目，业主向项目所在地省（区、市）发展和改革委员会申报。

（3）参与方利益保障

由于 PCDM 可能涉及众多的参与方，特别是有些项目的参与方是大量农户，为了保障小微参与方的利益，我国 CDM 审核理事会决定，涉及广大农户的 PCDM 项目，如农村沼气项目，在国内申报时，需附上项目农户名单，和确保农户收益的合同协议（原则上要求农户收益不低于减排量转让收益的 50%），以及通过第三方（当地银行）进行转账支付的合同协议等有关文件材料。

（4）协调管理机构

根据 EB 规定，无论公共机构还是私营机构都可以成为协调管理机构。但我国《清洁发展机制项目运行管理办法（修订）》中对项目业主的规定是："中国境内的中资、中资控股企业作为项目实施机构，可以依法对外开展清洁发展机制项目合作。"也就是说，中国目前不允许政府部门和事业单位作为项目实施机构，因此，我国 PCDM 项目的协调管理机构也是企业性质，政府主管部门可以在项目实施过程中提供支持，但不能作为 PCDM 的协调管理机构。

2.4 项目开发流程

PCDM 项目开发基本流程和常规 CDM 类似，也包括项目识别与设计、DOE 审定、项目注册、实施、监测与报告、项目核查、减排量签发等主要阶段，然而由于 PCDM 项目是在 PoA 和 CPA 两个层面上实施的，因此也具有与 CDM 不同的地方。PCDM 项目开发流程如图 2-2 所示。

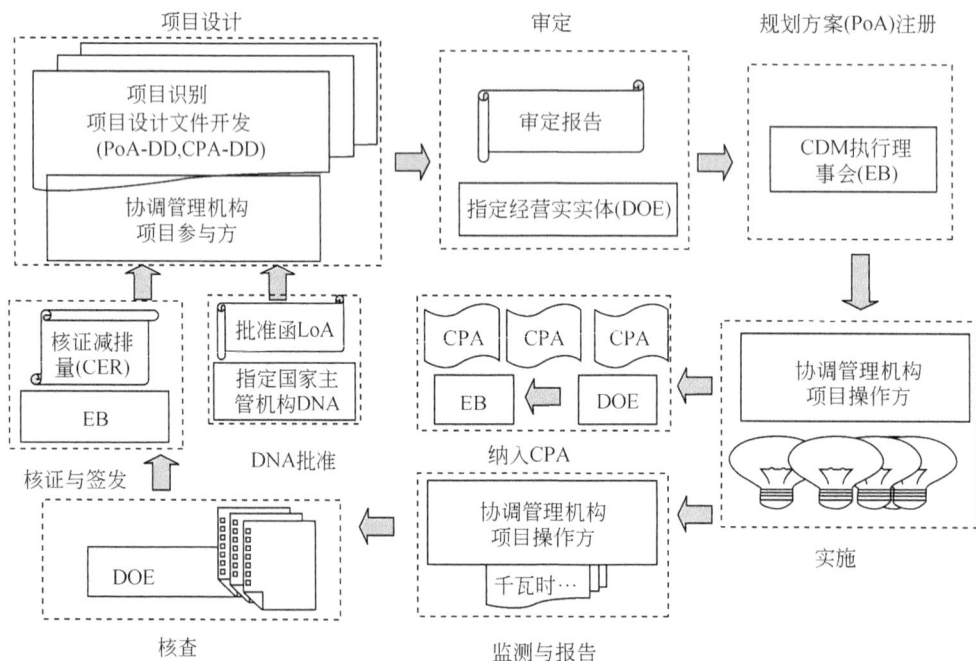

图 2-2 PCDM 项目开发流程

从上图可以看出，PCDM 项目的主要执行主体是协调管理机构（CME），而 CDM 不需要协调管理机构。在项目设计文件开发方面，必须编写规划方案设计文件（CDM-PoA-DD）、一般性规划活动设计文件以及规划活动设计文件（CDM-CPA-DD）实例这三个项目设计文件，而 CDM 仅仅只需要提交一个 PDD。PCDM 的注册需要先将规划方案和第一个规划活动实例进行注册，而后续的规划活动则可以在规划方案注册成功之后根据项目开发进度情况不定期进行添加。同样，CPA 的审定、实施和核查也根据不同 CPA 的开发进度而不同。

2.4.1 项目识别

一个项目要开发成为 PCDM 项目或者说是规划方案（PoA），必须符合 PCDM 规则和相关程序，因此首先须进行项目识别。

要识别一个有效的 PCDM 项目并对其进行开发，至少应当满足以下 3 个方面的要求：①在技术开发上可行，即必须符合 PCDM 规则，具有可操作的方法体系和程序；②在经济上要具有可行性，能够到达一定的成本收益，否则进行项目开发就没有意义；③项目的发起主体，主要是协调管理机构，要能识别和承担项目开发可能带来的任何风险。

（1）考察技术可行性

在进行技术识别的时候，主要需要考虑三点，包括符合要求的规划及规划执行机构、适用于规划方案的方法学以及规划方案和规划活动的额外性。

PCDM 项目活动要求规划方案必须用于协调和执行一个"政策/措施或既定目标"。这个"政策/措施或既定目标"，通常指的是"激励政策"或"自愿措施"，也就是说规划方案是一个基于协调管理机构的自愿行动，原则上不能把强制性的政策或法规下的活动开发成为 PCDM 项目，除非该强制的法规政策在当地没有得以广泛执行，否则不符合 CDM 的基本精神。

从缔约方大会提出 PCDM 的设想来看，总体原则是规划方案必须能够产生真实的、额外的和可测量的减排量。对于真实和可测量的减排量，需要参考的就是 CDM 的方法学体系，其中包含了 15 个领域内约 200 个具体的项目方法学。要进行 PCDM 开发必须考察该项目活动内容是否满足特定的方法学或方法学组合的所有要求，否则该项目在技术上不可行，除非项目开发方自己申请提出新的方法学并得到 EB 批准。

对于 PCDM 项目的额外性，要求 PoA 和每一个 CPA 都具有额外性，即：如果 PoA 和每个 CPA 不注册成为 CDM 项目，将无法得到执行，或不能执行到通过 CDM 项目活动所能达到的程度。

在评价规划方案的额外性时，协调管理机构必须论证：在没有 CDM 的情况下，①拟议的自愿措施无法得到执行，或②强制的法规/政策在该国家/地区没有系统性生效因而广泛地不满足法规政策要求，或③规划方案将导致现有强制性政策/法规在更高水平上执行。以上将组成规划方案整体上的额外性论证。

额外性也必须在单独的 CPA 层面进行论证。在论证每个 CPA 额外性时，必须在规划方案设计文件（PoA-DD）中列出 CPA 满足额外性的准则，并在规划活动设计文件（CPA-DD）中论证该 CPA 如何满足额外性准则。

（2）衡量经济可行性

此处所述的经济可行性不是指工程项目本身，而是针对项目提出方（主要是协调管理机构）而言的，即协调管理机构进行 PCDM 项目设计和开发，最终能否获得预期收益。

由于 CDM 项目本身必须具有额外性，很多项目是没有直接经济收益的，只能依靠项目成功实施后获得的核证减排量（CER）转让收益来补偿项目的前期开发成本。而基于 PCDM 项目自身的特点，比如边界范围广、项目活动分散、时间跨度长、涉及的利益相关方众多等，其前期开发成本往往是非常巨大的。进行 PCDM 项目开发，能否为协调管理机构及项目实施方带来切实的经济收益或者其他的效益，需要在项目识别的时候就进行总体衡量，否则一个没有预期收益的项目，即使能够注册，也很难保证项目按计划实施下去，对于协调管理机构来说，就没有开发价值。

（3）评估项目风险

PCDM 项目风险涉及的风险主要有 4 类：①政策风险，如国际气候谈判导致的国际气候制度的变化、EB 规则的改变、某个具体 PCDM 项目涉及的国内政策的变化等；②技术风险，如 CDM 方法学的变更、具体 PCDM 项目应用的减排技术的可行性及变化趋势；③市场风险，如国际 CER 市场价格变化趋势、项目开发成本等；④协调管理风险，由于 PCDM 涉及的项目参与方众多，协调管理机构自身的协调能力和管理经验、协调管理机构与参与方的合同设计等都影响项目能否按计划实施。在识别项目过程中，应当充分认清 PCDM 开发的特点，对各种可能的风险进行综合评估，协调管理机构要衡量是否具有足够的实力承担一切潜在风险的后果。

2.4.2　组织管理结构设计

严格来说，组织结构设计并不是审定 PCDM 项目合格性的一个必要步骤，由于 PCDM 项目的特殊性，需要在 PoA 和 CPA 两个层面执行，为保证项目得到顺利实施，有必要开发一个有效的管理体系来对整个规划方案的实施进行规范和管理，因此，组织管理体系设计对 PCDM 开发来说至关重要。

2.4.2.1　协调管理机构的责任与义务

协调管理机构是参与执行规划方案的实体，是 PoA 的唯一项目参与方，需要在 PoA 设计文件（PoA-DD）中指明。协调管理机构与 PoA 一起注册，但无需包含在该规划方案下的每个规划活动中。多数参与执行单个规划活动的机构不是 PoA 的项目参与方，但规划活动设计文件（CPA-DD）中需要说明负责该规划活动的机构。按照 EB 规定，协调管理机构（CME）和任何其他项目参与方自行确定他们之间的关系，项目参与方根据最新版的"项目参与方与 CDM 执行理事会通信程式"文件与协调管理机构就与 EB 通信和 CERs 的分配进行协商（EB 第 55 次会议，附件 38，第 11 段）。

协调管理机构具有一系列义务，包括：开发规划方案设计文件（PoA-DD）和规划活动设计文件（CPA-DD）；取得执行规划方案的所有东道国批准函及参与规划方案的附件一国家批准函；从东道国获取其协调规划方案的授权函；提交上述设计文件给 DOE；在规划方案有效期内，根据规划方案设计文件中概述的记录保存系统来保存全部 CPAs 的所有检测报告；在核查时，提供 DOE 要求的所有监测报告；根据参与方之间一致达成的通信程式（MoC）提交所签发 CER 的转付申请。

另外，在 EB 第 65 次会议上通过的"规划方案的额外性论证，在规划方案下添加规划活动的资格准则开发以及多种方法学应用标准"规定，协调管理机构负责开发在 PoA 下添加 CPA 的资格准则，将资格准则写入 PoA 设计文件中，并进一步论证开发的资格准则适合用来评价 CPA 的添加。

PoA 注册后，如果协调管理机构发生变更，则 DOE 在添加下一个 CPA 的时候应当提交：各东道国分别出具的新授权函，说明协调管理机构变更；新的协调管理机构将根据 PoA 设计文件中当初确定的相同框架来开发和执行 PoA 的确认文件；DOE 关于新的协调管理机构及其为执行 PoA 建立的操作和管理计划的审定意见。

2.4.2.2 项目管理体系

设计项目管理体系应该考虑两个层面：一是规划方案总体计划和实施的组织人员结构和各自的角色任务；二是规划活动规范管理的技术体系要求。

在规划方案组织结构设计层面，主要是对各有关参与方进行角色定位，明确各自在整个规划项目开发中的任务和职责，分工协作，相互配合，共同完成规划方案下的具体项目活动内容。

在设计规划方案下的规划活动管理体系时，主要应当按照管理体系设计的有关规则和要求，做好以下几方面工作：

1）清晰界定 CPA 纳入过程中有关人员的角色和责任，以及对他们的能力进行评估；

2）精心安排对项目人员进行培训和能力开发；

3）开发纳入 CPA 的技术评审程序；

4）避免重复计算，即不能将已注册的 CDM 项目活动或其他规划方案下的规划活动纳入该规划方案下；

5）对 PoA 下的每一个 CPA 进行记录和文档管理的过程；

6）持续改进 PoA 管理体系的措施。

2.4.3 项目设计文件开发

项目设计文件是体现 CDM 项目内容和具体情况的最重要和最直接的书面

文件。对于 PCDM 项目，协调管理机构需要开发整个规划方案的设计文件，以及该规划方案下每个规划活动的设计文件，用于进行项目公示、审定和申请注册。

（1）规划方案设计文件开发

规划方案设计文件相当于 PCDM 项目的基本框架文件，协调管理机构应当在该文件中设立执行规划方案（PoA）的框架并对规划方案下的规划活动（CPA）进行清晰定义。

在规划方案设计文件开发中应当包含如下信息：

1）确定协调管理机构、东道国以及规划方案参与方。

2）依据地理区域（例如国内城市或地区、国家或多个国家）界定规划方案的边界，规划方案下的所有规划活动将在该边界内得到执行，并在确定基准线时体现出对边界内所有适用的国家和（或）行业政策与法规的考虑。

3）描述规划方案致力达到的政策/措施或既定目标。

4）确认拟议的规划方案是协调管理机构的自愿行动。

5）论证在没有 CDM 的情况下，要么：①拟议的自愿措施不会被执行；或②强制性政策/法规没有系统性执行，不遵守有关要求的情况在该国家/地区广泛存在；③该规划方案能够导致现有强制性政策/法规得到更大程度的执行。本部分呈交的信息将组成规划方案整体上的额外性论证。

6）要添加到 PoA 中的典型 CPA 描述，包含将采用的技术或措施，经批准的基准线和监测方法学（或经批准的方法学组合）选择的合理性，所选方法学的应用。

7）界定将 CPA 添加到 PoA 中的资格准则，合适的话，这些资格准则应包括 CPA 额外性论证准则、信息类型和（或）范围（如准则、指标、变量、参数或测量值），每个 CPA 中应提供这些信息，以确保其符合资格。

8）开始日期及规划方案的有效期不能超过 28 年（造林再造林项目不超过 60 年）。

9）描述协调管理机构为执行规划方案建立的操作和管理计划，包括：PoA 下每个 CPA 的记录保存系统，避免重复计算的系统/程序即避免将已经注册的 CDM 项目活动或其他规划方案下的规划活动作为新的 CPA 添加的情况，确保根据规划方案约定的 CPA 操作方知晓并同意执行有关活动的条款。

10）描述根据经批准的监测方法学所开发的 CPA 监测计划，确定 CPA 需要采用/监测的监测规定和数据参数。

11）如果协调管理机构不希望核查所有 CPA，描述在 DOE 核证规划方案下的规划活动产生的人为温室气体减排量时，所要采用的统计学上合理的抽样方法/程序。

12）根据 CDM 模式和程序的要求进行规划方案的环境分析。如果该分析不在 PoA 层面开展而是在 CPA 层面开展，应当在规划方案设计文件和规划活动设计文件中进行表述和反映出来。

13）如果是根据总体规划方案邀请当地利益相关方进行评论，合适的话，提供如下信息：如何邀请当地利益相关方的信息、收到的评论概要以及如何对这些评论进行考虑。如果是在规划活动层面寻求利益相关方评论，则应当在规划方案设计文件和规划活动设计文件中进行表述和反映出来。

14）如果是使用了公共资金的情况，应确认官方发展援助资金没有转移到规划方案的执行上。

（2）规划活动设计文件开发

规划活动设计文件是规划方案下的具体项目活动的应用。规划活动设计文件必须满足规划方案设计文件中的基本要求，并根据规划活动实际情况对以下信息具体化：

1）地理参照或其他确认方法，负责 CPA 操作的机构/个人姓名/联系信息。

2）东道国。

3）开始日期，类型（固定的或可更新的）以及 CPA 计入周期，注意 CPA 计入期的开始日期应当是其纳入已注册的 PoA 的日期或此后的任意日期，并且计入周期不得超过 PoA 的终止日期。

4）确认所有 CPA 开始日期没有或不会早于规划方案开始公示的日期，即规划项目设计文件初次进行全球公示的日期。

5）规划方案中规定用于论证每一个 CPA 如何满足以下要求的信息：

ⅰ）履行规划方案设计文件中指定的资格准则，包含 CPA 的额外性论证资格准则；

ii）温室气体基准线排放量和估算减排量计算。

6）根据 CDM 模式与程序开展环境分析，除非规划方案设计文件中说明可以在整个规划方案层面开展环境分析。

7）提供有关信息：如何邀请当地利益相关方，利益相关方意见概要，以及对意见的处理。利益相关方意见征求需在 CPA 层面完成，除非规划方案设计文件中说明可以在整个规划方案层面完成。

8）确认 CPA 既未注册成为一个 CDM 项目活动，也不包含在其他注册的规划方案内。

2.4.4　项目审定

项目审定是对项目的合格性进行第三方认证。项目协调管理机构在请求 DOE 进行审定时应当向 DOE 提供如下文件：①完整的规划方案设计文件；②一般性规划活动设计文件，该文件指定了将要包含在规划方案下所有规划活动的基本信息；③完整的实例规划活动设计文件，该文件是基于规划方案应用的一个具体案例。DOE 应当根据最新的"CDM 项目活动公示过程和报告程序"在联合国 CDM 网站公示上述文件。

除 CDM 模式与程序提出的审定要求之外，DOE 还应当审定如下内容：①规划方案的额外性；②在注册的规划方案下添加拟议 CPA 的资格准则，包括用于论证 CPA 额外性准则；③协调管理机构为执行规划方案建立的操作和管理计划，包括但不限于规划方案设计文件中的有关信息；④规划方案设计文件和用于添加 CPA 的一般性规划活动设计文件的一致性；⑤如果每个 CPA 采用不止一个方法学，要确认多种方法学的应用符合"规划类项目多种方法学应用批准程序"。

2.4.5　规划方案申请注册

如果 DOE 认为规划方案满足审定要求，应当完成规划方案注册申请表格（F-CDM-POA-REG），并连同审定报告和有关支持文件一起，向 EB 提交拟议规划方案申请注册。注意，在对规划方案进行注册时，应当一并提交至少一个规划活动（CPA）一起注册。

规划项目注册应当采用 CMP 第 1 次会议决议 3 第 40 段 CDM 项目活动注册程序以及决议 4 附件Ⅲ中包含的审查程序。如果 EB 采纳了 CMP 第 5 次会议决议 2 第 37 段的程序，则应当采用这些新的程序替代上述程序。

CMP 第 5 次会议决议 2 第 37 段表述如下："还请执行理事会尽快通过并在此基础上临时适用修订的登记、发放和审查程序，从而能够对第 3/CMP.1 号决定附件第 41 和 65 段与第 4/CMP.1 号决定附件二第 24 段所界定事项适用备选时间表。"

2.4.6　CPA 添加或计入期更新

2.4.6.1　CPA 添加

（1）添加

PoA 注册后，在 PoA 有效期内的任何时候都可以向 PoA 中添加 CPA。要在已注册的 PoA 中添加另外的 CPA，协调管理机构应当在已经确保 CPA 和具体 CPA-DD 满足 PoA 及一般 CPA-DD 确定的要求后，将完整的实例 CPA-DD 发送给 DOE。协调管理机构可以一次发送多个实例 CPA-DD。

DOE 应当对照最新版的 PoA 仔细检查 CPA 和实例 CPA-DD。如果 DOE 确认 CPA 满足 PoA 要求，应当通过联合国 CDM 网站指定的界面上传实例 CPA-DD 给 EB，从而在已注册的 PoA 中添加 CPA。上传应分组完成且频率不得超过每月一次。

DOE 上传的具体 CPA-DD 将自动添加到已注册的 PoA 中并显示在 PoA 查看页面上。系统将会自动把 PoA 的状态变化告知 DOE、协调管理机构和指定国家主管机构（DNA）。

（2）错误添加的识别和后续处理

如果涉及规划方案的 DNA 或 EB 成员认为添加到 PoA 中的 CPA 不符合要求，或其计入期更新不符合要求，应当依据"错误添加 CPA 复查程序"，并在以下两者最晚的时间内通知 EB 秘书处：在 CPA 添加到已注册的 PoA 后或 CPA 计入期更新后的一年内，或者在该 CPA 第一次签发 CER 后的 6 个月内。复查请求应当包含 CPA 是否符合规划方案设计文件中规定的资格准则的有关问题。

EB 应当根据"错误添加 CPA 复查程序"考虑复查请求。

2.4.6.2　CPA 计入期更新

（1）确定规划方案的计入期更新条件

规划方案应当采用最新版的"已注册的 CDM 项目活动计入期更新程序"，自计入期开始日期起每 7 年（造林/再造林项目为每 20 年）进行更新，以确定新版本的规划方案设计文件和一般性规划活动设计文件，除非：协调管理机构重新开发 PoA-DD 及 CPA-DD；或者由于因采用的方法学暂停或撤销使得最新版本的设计文件批准后不足 7 年（造林/再造林项目为 20 年）。

（2）CPA 的计入期更新

要更新一个 CPA 的计入期，协调管理机构应当在确保该 CPA 满足所有要求后，向 DOE 发送一份完成的最新版一般性规划活动设计文件。

DOE 应当对照最新版的规划方案和文件要求仔细检查 CPA-DD 中的信息，如果一致性/完整性得到确认，应当通过联合国 CDM 网站指定的界面上传 CPA-DD 给 EB，从而更新现有 CPA 的计入期。上传应分组完成且频率不得超过每月一次。

DOE 上传 CPA-DD 后将自动更新计入期并显示在 PoA 查看页面上。系统将会自动把 PoA 的状态变化告知 DOE、协调管理机构和 DNA。

2.4.7　项目核证与签发

PCDM 项目核证与签发遵循最新版本的规划方案开发程序和要求文件的有关规定。

除非以下各条款有特殊规定，核查、核证和请求签发核证减排量（CERs）的程序应当遵循 CMP1 决议 3 第 62、63、64 段中所提及的程序来执行，CERs 签发请求复查的程序应当遵循 CMP.1 决议 4 附件Ⅳ所包含的，以及执行理事会随后的相关决议来执行。

协调管理机构应当：根据规划方案设计文件中确定的纪录保存系统（record keeping system），保存全部 CPA 的所有检测报告；以及向 DOE 提供进行核查所需的所有监测报告。

DOE 在为规划方案进行审定/添加/更新计入期时应当：①根据规划方案设计文件中确定的用于核查 CPA 实现的温室气体减排量的方法/程序，确定其所要考虑核查的那些 CPA；②考虑到规划方案可能存在不同版本，需要在其抽样方法中考虑这点，以确保所核查的来自所有 PoA 版本的 CPA 样本都符合统计学；③将从协调管理机构那里获得的所有监测报告，立即在联合国 CDM 网站上公开；④系统地核查和核证纪录保存系统是否正确实施和运行。

DOE 核查应当在核查报告中阐述如何对注册的 PoA-DD 中规定的核查方法/程序进行应用，并记述开展现场核查的情况和合理性说明。

DOE 在为规划方案申请 CER 签发时，应当通过联合国网站上的专用界面提交"CDM 项目核查核证报告和规划方案签发申请表格"（F-CDM-POA-REQCERS）。申请中应当包含在特定的监测周期内添加到 PoA 中的所有 CPA 的 CER，且监测周期应当是连续的。减排量申请间隔不得短于三个月。

东道国或三个及以上 EB 成员要求复查的周期应当在从接受签发申请日起的六周内。

协调管理机构应当根据通信程式表格文件（MoC）中确定的信息来提交请求，要求转发已签发的 CER。

第 3 章

户用沼气 PCDM 项目开发与案例分析

3.1 背 景

中国是人口大国和农业大国，农村能源发展对于国家能源结构优化调整和节约能源、减少温室气体排放具有非常重要的意义。沼气作为一种清洁可再生能源，建池技术成熟，原料丰富，使用清洁无污染，深受广大农村用户欢迎。发展农村沼气得到国家长期以来的大力鼓励和支持，"十一五"期间，在各级政府大力支持下，农村沼气得到了快速稳步发展，中央总共投入农业沼气建设资金212亿。2009年年底，全国户用沼气池保有量约3500万户，占适宜农户数的25%。

2012年1月13日，国务院发布了《全国现代农业发展规划（2011—2015年)》，明确指出要继续实施农村沼气工程，大力推进农村清洁工程建设，清洁水源、田园和家园。规划将农村沼气工程作为重大工程之一，要求加快户用沼气、养殖小区和联户沼气、大中型沼气工程建设，完善沼气服务和科技支撑体系。

在农业部《关于进一步加强农业和农村节能减排工作的意见》中将目标任务确定为农村沼气用户达到5500万户，年用沼气216亿m³，形成年开发3400万tce的能力；把大力开展农村沼气建设作为重点工作之一，要求充分发挥农村沼气处理利用人畜粪便、生产清洁能源和优质肥料方面的作用，在适宜地区加大户用沼气建设力度，推广"四位一体"和"猪-沼-果"等能源生态模式。

另外，在《农业科技发展"十二五"规划》中，也把实现全国沼气用户达到适宜农户的50%以上列为一项具体发展目标，将农村沼气建设工程作为农业科技推广的重点工程之一。

在国家及有关部委的政策规划下，作为农村能源发展和农村环境保护的重要内容和重大实施工程，农村户用沼气发展面临着广阔的发展前景和新的发展机遇，应当好好把握，为加强农业资源利用和生态环境保护做出应有贡献。

虽然沼气建设逐年发展，国家财政每年也都有专项资金支持农村户用沼气建设，但仍有相当广泛地区的大量适宜农户没有建设沼气池，这是由于政府资金补助仍旧不足，以及相应技术服务跟不上，导致沼气池建成运行时限不长、效率不高。为此，不少开发机构将清洁发展机制和碳交易引入沼气发展中来，为沼气池建设和稳定运行提供碳减排收益补偿，克服沼气池建设运行中的障碍。进行 PCDM 开发，是促进农村沼气发展的一条有效途径。

农村户用沼气项目不属于常规工程建设项目，我国现行的项目审批与核准制度没有要求沼气池建设项目编写可行性报告，环境影响评价法规也没有对沼气池建设提出环评要求。为了满足《清洁发展机制项目运行管理办法（修订)》中规定的项目申报文件要求，简化农村户用沼气项目的申报程序，国家发展和改革委员会办公厅和农业部办公厅于 2011 年 9 月 13 日联合发布了《关于调整农村户用沼气清洁发展机制项目申报工作的通知》（"发改办气候〔2011〕2202 号"文件），对农村户用沼气项目进行 CDM 申报的要求做出澄清和说明。

为鼓励农村户用沼气利用申报清洁发展机制项目，经国家清洁发展机制项目审核理事会第 86 次会议审核同意，对农村户用沼气清洁发展机制项目的申报要求进行了如下四点调整：

一是阐明了对于农村户用沼气项目关于可研和环评文件的要求，通知规定如下："鉴于农村户用沼气利用项目在实际操作中都未进行项目核准和环评，国家也没有明确要求，决定将核准批复改由项目所在地政府或发展和改革委员会与农业部门出具的农村户用沼气池建设方案或下达计划代替；环评批复改由项目所在地环保部门出具的项目免于环境影响评价的证明代替。"

二是简化项目的可操作性和保障农民利益。通知对于项目操作和利益分配方面进行了以下规定："考虑到农村户用沼气利用涉及农户数量众多，由农民本人签字委托项目业主申报清洁发展机制项目难度很大，签字的真实性也难以核实，因此，决定改由项目业主向项目所在省、自治区、直辖市、新疆生产建设兵团农村能源办公室提供项目涉及所有沼气池户主农民名单，由农村能源办公室负责核实，并代表农民与项目业主签订清洁发展机制项目合作协议，委托项目业主申报清洁发展机制项目，明确减排量转让收入分配比例。农村能源办公室与当地银行签署协议，保证在收到减排量转让收入后，通过银行将农民应得的收入直接发放到农民个人账户。农民获得的收入比例应高于减排量转让收入 50%，项目业主获得的收入比例不高于 40%。各地农村能源办公室开展上述工作的相关费用从项目减排量转让收入中支出，比例不高于 10%。"

三是明确了项目申报要求。通知要求代表农民申报清洁发展机制合作的项目业主携项目所在省、自治区、直辖市、新疆生产建设兵团农村能源办公室出具的农民名单核实证明、与农村能源办公室签订的项目合作协议以及其他申报清洁发展机制项目需要的材料，按照《清洁发展机制项目运行管理办法（修订）》规定的程序，向项目所在省、自治区、直辖市、新疆生产建设兵团发展和改革委员会进行申报。

四是强调了地方审核部门的责任，要求各省、自治区、直辖市、新疆生产建设兵团发展和改革委员会和农业（农牧、农村经济）厅（局、委）要高度重视此项工作，加强协作、认真负责为农民做好服务，公正、公开、公平办理申报项目的相关事宜，坚决杜绝违法、违规及损害和侵占农民利益行为的发生。

该通知的出台，遵循农村户用沼气项目本身的特点，简化了农村户用沼气项目进行 CDM 申报的文件材料，规范了项目的实施操作方法，切实保障了农民利益，为此类项目的规范化操作提供了法规依据。

3.2 农村户用沼气项目方法学

3.2.1 户用沼气项目方法学概况

农村户用沼气项目主要包含两个方面的内容，一是将传统用于存积人畜动物粪便的粪坑改造成家庭户用沼气池，避免甲烷直接排放，二是使用沼气池产生的沼气作为生活能源，替代农村对化石能源如煤炭、液化石油气等以及薪柴的使用和消耗，从而减少二氧化碳排放。按照农村户用沼气项目自身内容和 EB 对 CDM 项目类型领域划分，农村户用沼气项目属于能源（可再生资源）和农业这两个领域。

由于农村户用沼气池建设规模一般为 6～12m^3，牲畜饲养平均为 3～6 头，单个家庭沼气池产生的减排量非常有限，往往是将一个或多个行政区域内的户用沼气一起进行开发，并采用相应的小型项目方法学，使开发流程相对简单。

由于目前中国国内暂不接受大方法学的规划方案申请，规划类 CDM 开发一般均选择小型项目方法学。适合农村户用沼气项目的小型方法学主要有以下几个：AMS-Ⅰ.C.，AMS-Ⅰ.I.，AMS-Ⅲ.D.，AMS-Ⅲ.R.。这几个方法学的基本适用条件和要求如表3-1所示。

表 3-1　可用于农村户用沼气项目的主要 CDM 方法学

方法学	主要适用条件
AMS-Ⅰ.C.	使用可再生能源，包括生物质联产（热/电）生产热能。也适用于现有可再生能源生产的设施改造或替换。电/热供给自备使用和（或）其他设施。电可以输送到电网；如果采用固体生物质，必须论证只采用可再生生物质。如果采用木炭或生物质燃料，必须考虑来自于燃料生产的所有项目排放和泄漏（释放甲烷）
AMS-Ⅰ.I.	利用可再生生物质或沼气产生热能在住宅、商业、机构内使用（如供给家庭、小农场、学校使用等）。这些技术包含替代化石燃料的例子包括但不限于沼气炊事炉、生物质炊事炉、小型烤焙或烘干系统、热水器、空间供热系统等。每个单元（沼气灶、热水器）的额定热能不能超过150kW
AMS-Ⅲ.D.	牲畜饲养农场中现有厌氧粪便管理系统替代或改进，或将多个农场的粪便收集到一个中央处理厂进行处理，以达到进行甲烷回收和销毁（火炬/燃烧）。 处理后得到的粪便或液体不能排入天然水体（如河流江湖）；基准线情景下粪便废物厌氧停留时间大于1个月，基准线是厌氧塘的话深度不小于1米；最终污泥必须好氧处理；从动物圈舍移除的粪便到进入厌氧消化池的存留时间（含运输时间）不能超过45天，除非能论证粪便干基超过20%
AMS-Ⅲ.R.	农业活动中在现有甲烷排放源上安装甲烷回收和燃烧系统或改变有机废物或原料的管理方式，通过安装甲烷回收和燃烧系统来达到可控厌氧消化。 限于单个家庭或小农场（安装户用沼气池）；污泥必须好氧处理；只能与AMS-Ⅰ.C.和（或）AMS-Ⅰ.I.和（或）AMS-Ⅰ.E.组合使用

在以上几个方法学中，AMS-Ⅰ.C.生效很早，基本是以前利用沼气产生能源类项目开发的主要选择。方法学AMS-Ⅰ.I.出台之后，由于专门是针对沼气和生物质的，适用性强，减排量计算等也相对明确，因此越来越被此类项目采用。另外对于改进粪便管理方式避免甲烷排放的方法学AMS-Ⅲ.R.，也一直得到户用沼气项目采用。在实际项目开发中，农村户用沼气项目的方法学通常选用AMS-Ⅰ.C.+AMS-Ⅲ.R.组合或者AMS-Ⅰ.I.+AMS-Ⅲ.R.组合，采用后者的情况越来越多。

下面对农村户用沼气项目目前普遍采用的小型方法学AMS-Ⅰ.I.和AMS-

Ⅲ.R. 进行详细解读。

3.2.2　农户/小用户的沼气/生物质热利用（AMS-Ⅰ.Ⅰ.）

AMS-Ⅰ.Ⅰ. "农户/小用户的沼气/生物质热利用"，其第一版于 2011 年 2 月 18 日开始生效，目前的版本是第三版，于 2012 年 3 月 16 日开始生效。

（1）适用条件

该方法学的适用条件如下：

1）利用可再生生物质或沼气产生热能在住宅、商业、机构内使用（如供给家庭、小农场、学校使用等）。这些技术包含替代化石燃料的例子包括但不限于沼气炊事炉、生物质炊事炉、小型烤焙或烘干系统、热水器、空间供热系统等。

2）项目设备总的安装/额定热能生产容量等于或小于 45MW。

3）每个单元（沼气灶、热水器）的额定热能不能超过 150kW。项目单元超过 150kW 的，可以应用 AMS-Ⅰ.C. 发电或不发电的热能生产。

4）对于生物质残留物加工成特定的燃料（生物质块、木片），应当论证：

a）单由可再生生物质生产（可以是不止一种不同的生物质）。用于生物质加工的能源可以视为等同于所替代的化石燃料的上游生产的能源而无需考虑。

b）应当遵循"生物质项目活动泄漏的一般指南"（4/CMP.1 附件 Ⅱ 附录 B 的附件 C）。

c）项目参与方能够通过满足置信度/精度为 90/10 的抽样来监测加工得到的生物质燃料的数量、水分和净热值（NCV）。

d）如果项目参与方不是可再生燃料的生产方，项目参与方与可再生燃料的生产方应当通过合同绑定在一起，以便项目参与方能够监测可再生生物质的来源并考虑与生物质生产相关的任何排放。该合同也应当确保减排量没有重复计入。

（2）项目边界

该方法学的项目边界是计入期内产生热能的设备的物理和地理位置。

（3）基准线和减排量计算

该方法学的基准线是使用的或在没有项目活动情况下所使用的热利用设施的燃料消耗乘以所替代的燃料的排放因子。

项目活动的减排量有两种计算方法：

方法 1：基于避免的化石能源消耗量

该方法的减排量计算公示如下：

$$ER_y = BE_y - PE_y - LE_y$$

其中，基准线排放量 BE_y 通过下式计算：

$$BE_y = \sum_k \sum_j N_{k,0} * n_{k,y} * FC_{BL,k,j} * NCV_j * EF_{FF,j}$$

年消耗的基准线化石燃料数量（$FC_{BL,k,j}$）可以通过方法（a）和（b）之一来确定：

（a）基准线化石燃料消耗（$FC_{BL,k,j}$）可以采用如下选项之一：

选项（i）：

在项目设施安装前对目标用户进行至少 90 天的代表性样本测量。选择的测量周期应当考虑季节性变化对燃料消耗的影响。如果户用使用的是标准规格的化石燃料，可以通过测量其数量和规格参数来确定。

选项（ii）：

在项目设施安装前通过代表性的样本抽样调查来确定一年里化石燃料平均消耗量。该年基准线消耗量的数据应当有农户提供的购买票据来交叉验证。考虑到不确定性，获得的值要乘以 0.89，该方法只能用于民居家庭。

抽样调查应当选择 90% 的置信度和 10% 的误差范围。应当考虑抽样总群的可能层面（平均收入水平、家庭就业、炊事和用能习惯、气候/温度区域、燃料可得性及其价格和类型等）。燃料消耗量将直接由每次消耗的数量确定。

（b）建立不使用项目设施的基准线测验组。建立和考虑项目区域内相关影响的参数（如平均收入水平、家庭就业、炊事和用能习惯、气候/温度区域、燃料可得性及其价格和类型等）采用 90/10 的抽样要求在整个计入期内对化石燃料消耗测验组进行监测。

来自任何继续使用化石燃料 j 产生的项目排放量，计算如下：

$$PE_y = \sum_m \sum_j N_{m,y} * FC_{m,j} * NCV_j * EF_{FF,j}$$

方法 2：基于所产生的热量

方法 2 不需要分别计算基准线排放量和项目排放量，而是直接计算减排量，计算公式如下：

$$ER_{FF,y} = \sum_k N_{k,0} * n_{k,y} * BS_{k,y} * EF * \eta_{PJ/BL} * NCV_{biomass} - LE_y$$

$$EF = \sum_j x_j * EF_{FF,j}$$

式中，k 为项目使用的热利用设施类型索引（即沼气灶）；j 为基准线消耗的化石燃料类型索引（即 Coal 或 LPG）；$N_{k,0}$ 为热利用设施 k 的安装数量；$n_{k,y}$ 为 y 年 $N_{k,0}$ 中保持运行的百分数；$EF_{FF,j}$ 为化石燃料类型 j 的 CO_2 排放因子（t CO_2/GJ）；x_j 为沼气替代的基准线热设施中使用的化石燃料类型 j 的百分数；$BS_{k,y}$ 为 y 年热利用设施 k 消耗的沼气的净量（m^3）；$\eta_{PJ/BL}$ 为项目设施与基准线设施（燃煤灶或液化气灶）效率之比，按照国家或国际标准，在审定前采用同样的检测程序（如实验室检测）进行测定，官方数据或科学文献用于交叉检验；$NCV_{biomass}$ 为生物质净热值（GJ/m^3）。对于沼气，使用默认值 $0.0215GJ/m^3$（假定甲烷的净热值为 $0.0359\ GJ/m^3$，沼气中甲烷默认含量为 60%）。

（4）泄漏

如果产生热能的设备是从项目边界外引入的，则应当考虑泄漏。

在沼气池项目未采用第三类小型项目方法学的情况下：

1）应当参照 AMS-Ⅲ.D."动物分别管理系统中的甲烷回收"所提供的方法，考虑由于粪便管理做法引起的所有泄漏。

2）应当根据 AMS-Ⅲ.D."动物分别管理系统中的甲烷回收"所给定的方法，考虑沼气的物理泄漏。

（5）监测

在安装时所有项目活动的系统都应当进行检查和验收，使其符合规格正确运行。应当记录每个系统的安装日期。

减排量只适用于那些正常运行并符合厂家要求的维护程序的系统，在计入期内至少每两年监测一次。要进行合理的抽样设计来进行监测，如果是每两年一次，必须选择的置信度/精度为 95/10，如果是每年一次，可以选择 90/10。

项目参与方应当按照方法学中列出的参数和要求来进行监测。主要监测参数如下：

- 安装的热设施数量；
- 在第 y 年保持运行的热设施比例；
- 基准线和项目情景下的化石燃料年消耗量；
- 第 y 年里热设施消耗的可再生生物质或沼气的净数量；
- 生物质类型的净热值。

3.2.3 家庭/小农场农业活动中的甲烷回收（AMS-Ⅲ.R.）

AMS-Ⅲ.R."家庭/小农场农业活动中的甲烷回收"，第一版生效于 2007 年 10 月 19 日，目前的第二版于 2011 年 3 月 4 日起生效。

（1）适用条件

该方法学下的技术/措施描述：

1）该项目类别包含农业活动中的粪便和废物产生的甲烷的回收和摧毁，在没有项目情况下，这些粪便和废物将在厌氧条件下腐败并向大气排放甲烷。可以通过以下两种方式阻止甲烷排放：在现有甲烷排放源上安装甲烷回收和燃烧系统；改变有机废物或原料的管理做法，安装收集和燃烧系统来控制厌氧消化产生的甲烷。

2）该方法学在组合使用时只能和 AMS-Ⅰ.C./AMS-Ⅰ.I./AMS-Ⅰ.E. 组合。

3）项目活动应当满足如下条件：

- 污泥必须好氧处置。如果最终污泥施用于土壤，必须要有正确的条件和程序保证不会导致产生甲烷排放。
- 采取措施（点天灯或在沼气炉中燃烧用于炊事目的）来确保收集系统回收的甲烷被完全摧毁。
- 包含的所有系统的总减排量应当小于或等于 6 万 t。

（2）项目边界

项目活动的边界是甲烷回收和燃烧系统的物理、地理位置。

（3）基准线

基准线情景是在没有项目活动情况下，生物质和其他有机物质在项目边界内被遗弃和厌氧腐烂并向大气排放甲烷。基准线排放采用最新 IPCC 层级 2 的方法，使用在没有项目活动的情况下将要厌氧腐烂的废物或原料的数量来进行事前计算。如果数据可得，应当采用国家/地区的特定值。应当采用 AMS-Ⅲ.D. 第 9 段（a）选项以及第 10 段的相应公式来计算基准线排放量。

在没有项目活动情况下将要厌氧腐烂的废物或原料的数据通过对农户/小农场样本群进行抽样调查来确定，取 90% 的置信水平和 10% 的误差范围。调查应当确定基准线采用的动物粪便管理做法。小型方法学只适用于调查得到的在没有项目活动情况下将要厌氧腐烂的那部分粪便。

（4）项目排放

项目排放包含系统运行时使用化石燃料或电能产生的 CO_2 排放以及回收系统产生的物理泄漏。

沼气池物理泄漏导致的项目排放使用方法学 AMS-Ⅲ.D. "动物粪便管理系统的甲烷回收" 第 13 段指明的两种方法之一来估算。

（5）泄漏

如果甲烷回收和燃烧的设备来自另外的项目活动或者现有设备转移到了另外的项目活动，则需要考虑泄漏。

（6）监测

项目活动中监测应当包含：
- 采用调查方法记录每年正常运行的系统数量；
- 采用调查方法估计每个系统年平均运行小时数；
- 采用调查方法确定年平均动物数量、废物/动物粪便产生的数量和进入沼气池系统的数量（应验证进池的粪便是否满足沼气池容积）；
- 在抽样基础上验证最终污泥恰当地进行土地利用（不导致甲烷排放）；
- DOE 应当随机检验上面监测的参数。

3.3 项目开发的技术难点和重点问题

PCDM 为农村户用沼气项目开展碳交易创造了一个能够获得预期效益，又能够降低成本和便于操作的新模式。然而户用沼气本身的项目特点以及 PCDM 的一些特殊性，也使得项目开发存在一些技术难点和需要重视的问题。

（1）方法学应用存缺陷

户用沼气 PCDM 项目的方法学，其早期版本一直存在缺陷，而且修改更新缓慢，导致在方法学选择和应用方面存在很多不确定的问题。比如：AMS-Ⅰ.I. 批准以前，通常是选择 AMS-Ⅲ.R. +AMS-Ⅰ.C. 的组合。AMS-Ⅲ.R. 的第一版没有对抽样作明确规定，第二版才明确抽样精度问题，再加上最新版抽样标准生效，才解决了确定样本量的困扰；而 AMS-Ⅰ.C. 特别是前期版本的基准线调查和监测方法始终不够明确，操作难度大。AMS-Ⅰ.I. 被 EB 批准后，该方法学比 AMS-Ⅰ.C. 更适合农村户用沼气项目，在确定基准线和计算减排量方面更简化和具有可操作性，被多数后来的项目采用。然而 AMS-Ⅰ.I. 两个版本始终存在数值错误和个别监测参数有误的问题等，只能等 EB 澄清和批准新版本方法学。方法学的不完善造成不同的开发方和 DOE 有不同的理解，这不仅会增加不必要的工作，而且可能在项目开发中误入歧途。因此在项目开发过程中，需要随时跟踪 EB 对方法学的澄清和修订并及时作出调整，才能保证项目开发能够成功。

（2）基准线数据收集与抽样麻烦

农村户用沼气项目通常采用两种方法学组合，需要获取基准线情景的信息数据来证明项目符合两种方法学的各自要求。需要调查获取的基准线信息包括农户在没有项目情况下使用的能源类型及年消耗数量、牲畜养猪情况及年存栏量、动物粪便处理方式如粪坑深度及粪便存积时间等。而且目标农户数量大，居住分散，进行调查的工作量大，成本也不低。因此，要获取这些信息和参数，需要精心设计抽样调查计划，选择合理的抽样方法，保证抽样调查能够以较低的成本收集到符合抽样可靠性和项目要求的数据信息。

（3）整体协调和各方利益平衡需考虑

农村户用沼气规划方案涉及的范围广，利益方众多，跨区域跨部门的协调沟通和各方利益平衡非常重要。规划方案下一个CPA往往涉及一个或多个县、几十上百个乡镇和大量的行政村，上万农户，各级机构部门和利益相关方众多，要协调和统一他们的思想认识，保证他们对项目的理解和执行能力，是一大挑战。因此必须对项目开发进行全盘计划，总体协调，平衡利益，并组建一个强有力的协调管理机构体系，层层宣传指导，才能保证项目顺利执行。

（4）项目开发管理设计要合理

农村户用沼气项目开发工作量繁多，前期工作就包括与各级部门建立联系、考察确定CPA、筛选并确定项目目标农户、召开利益相关方咨询会、开展地方培训和指导、进行基准线抽样调查等，加之涉及农村用户数量巨大，分布在不同的行政区域，整个项目开发需要各方大量投入，开发成本较高。另外，不同行政区域之间可能存在较大差异，即使在同一个CPA内大量项目农户情况也并非完全一致，由此可能导致一些不确定因素。因此在项目开发实施过程中，不仅要建立和规范项目管理程序，明确各机构部门的职责要求，还要加强各利益有关方的协调沟通，灵活处理项目开发中遇到的特殊问题。

3.4 户用沼气PCDM项目案例分析

3.4.1 四川沼气PCDM项目案例分析

3.4.1.1 背景

四川是地处中国西部的农业和畜牧业大省，然而由于农村基础设施落后，经济条件相对较差，农村生活用能仍然主要依靠煤和薪柴，农村环境污染问题也日渐凸显。而沼气属于清洁能源，发展户用沼气池建设能够有效解决农村生活用能问题，改善农民生活卫生条件，减轻对水体、大气和土壤的污染，因此一直得到国家和地方政府的重视和支持。

在四川省农业厅发布的《四川省农村能源发展"十二五"规划》中，大力发展农村户用沼气是其中一项重要内容。四川省 CDM 中心以 CDM 的专业视觉，认为建设沼气池可以避免甲烷厌氧排放到大气中，农民也可以利用沼气作为能源来替代传统用煤和薪柴作为燃料，从而减少温室气体排放，减缓全球变暖，项目符合规划类 CDM 项目的开发条件。

于是，四川省 CDM 中心与四川省农村能源办公室共同商讨开发四川省农村沼气建设项目规划类 CDM 项目，并确定自 2011 年起，在未来多年内，按照地域分布特点，在四川省所辖的德阳市、广元市、南充市、巴中市、雅安市、攀枝花市和凉山州 7 个地市州行政区划范围内，新建农村户用沼气 80 万户，每年平均新建沼气池约 13 万户。至此，四川省七市州农村户用沼气规划项目（下文简称"四川沼气规划项目"）进入筹划开发阶段。

3.4.1.2　组织机构及职能

要进行 PCDM 项目开发，确定相应的项目参与方并明确各机构的职责任务非常重要，是项目开发得以顺利进行的前提和保证。

在四川省，农村沼气建设的职能主管部门是四川省农村能源办公室及其下属的市县各级能源办公室。四川省农村能源办公室是具有行政职能的事业单位，主要负责制定全省农村能源建设方针、政策、法规以及农村能源科学技术管理、行业管理和技术队伍的培训，指导全省农村能源建设工作，组织实施国家农村能源项目和全省农村能源的开发与节约。

根据中国现行《清洁发展机制项目运行管理办法》，项目业主只能由中资企业承担，四川省农村能源办公室不具备成为项目业主和协调管理机构的资格，因此另外确定一个机构，作为该规划项目的协调管理机构，代表农户进行 PCDM 开发，并严格遵守农村户用沼气开发的有关国家规定，保证农户收益。

除了作为协调管理机构的项目公司和代表项目公司的四川省 CDM 中心外，参与项目实施的各方还包括四川省农村能源办公室及其下属的市县农村能源办公室、当地技术服务站以及拥有沼气池所有权的广大项目农户。

四川沼气规划项目各参与机构及利益方的角色定位和职责任务如表 3-2 所示。

表 3-2　四川沼气规划项目各参与机构的主要职责

角色	主要职责
项目公司（CME）	计划、运作和管理整个规划项目，包括界定一个新的 CPA 并将其纳入 PoA 中，与有关的 CDM 利益方通信，指导基准线和监测调查，管理和维护 CPAs 有关数据资料等
四川省农村能源办公室（SREO）	帮助协调管理机构协调和指导地方有关机构执行 CPAs 及相应活动，负责建池、完善服务体系、提供技术服务等的监督管理工作
市级农村能源办公室	为 CME 和 SREO 提供必要支持和帮助，并负责行政辖区内的项目执行和监督
县级农村能源办公室	负责沼气池建设与技术服务管理，开展基准线和监测调查等指定的项目工作
技术服务网点	提供检查、维护及其他所需的技术服务
农户	满足项目要求和自愿参与项目，保证沼气池的正常运行和沼气的合理利用，并遵守 PoA 及 CPA 的有关要求

3.4.1.3　增加黄金标准开发模式

由于农村户用沼气项目是利用可再生能源沼气替代化石燃料煤作为生活炊事能源，具有很好的环境效益和生态社会效益，而且能给当地老百姓节省开支，降低劳动强度，提升卫生条件，促进农村可持续发展，因此该项目除了能够大量减少温室气体排放，还能有效促进地方可持续发展，带来比常规 CDM 项目更优质的温室气体减排量。由此，项目开发方分析认为该项目符合黄金标准（Gold Standard，简称 GS）项目开发的基本原则和要求，决定在进行 PCDM 开发的同时，进行黄金标准开发，以期产生更优质的碳减排额度。

黄金标准项目开发，是基于 CDM 项目开发的，但它更强调项目对于促进可持续发展的贡献。CDM 属于强制减排的范畴，项目产生的减排是经 EB 签发的核证减排量（CER），而黄金标准属于自愿减排领域，项目产生的减排是自愿减排量指标（VER）。

黄金标准项目管理机构是黄金标准委员会，黄金标准开发有一套专门的流程，它没有 CDM 项目复杂，但仍有一些特定的程序，包括按照黄金标准要求召开黄金标准利益相关方咨询会并编写利益相关方咨询会议报告，编写黄金标准特有的 GS Passport 文件等。黄金标准项目开发和 CDM 项目开发可以一起进行，在 PoA+GS 进行项目开发时，不仅要遵循 CDM 开发的有关流程和要求，也要严格遵循黄金标准特定的开发要求，提交特定的项目文件并得到黄金标准委员会批准。黄金标准项目的方法学可以完全采用现有 CDM 方法学及有关工具文件。

该项目开发得到了中国科技部和法国开发署/法国全球环境管理基金合作实施的"中法农村 CDM 开发与能力建设项目"给予的能力建设和技术支持。

3.4.1.4 召开利益相关方咨询会

为了征询广大利益相关方对实施该规划项目的意见和看法，项目于 2010 年 12 月在成都召开了 PCDM 项目规划层面的利益相关方咨询会，该会议由项目开发方和四川省农村能源办公室组织召开，项目涉及的各市县农村能源办的负责人员受邀参加了此次会议。会议重点介绍了清洁发展机制和规划类清洁发展机制的开发流程，对项目进行 PCDM 开发的要求和职责分工，以及如何配合项目协调管理机构进行具体的项目开发和项目活动实施等。

会议上，项目方鼓励所有参会代表都畅所欲言，表达对项目的看法和提出意见与建议。利益相关方对有关 CDM 原理和减排量交易及其他关注的问题进行了问答。参会的利益相关方在会议上填写了问卷调查，以自由的方式表达对拟议规划项目的任何意见和评论。

为了征求地方农户对项目实施的看法和意见，项目协调管理机构对德阳、广元、巴中等有关市县的农村用户进行了走访，询问他们对开展项目及所涉及的各个方面的态度和看法。项目方还专门对巴中市南江县开展了项目培训和利益相关方咨询会，并发放调查问卷，征集当地利益相关方对项目实施的态度和意见。

此外，CME 还在网上公开征询利益相关方的看法，以求广泛获取利益相关方的意见。

调查问卷统计分析表明，农村能源办公室和项目农户完全认同项目多方面的正面效益，均表示支持本规划项目，项目能为农村家庭提供额外的收益和服务来克服目前在沼气池发展方面面临的技术障碍，让农户能更积极地参与和配合本规划项目的开展实施。

3.4.1.5 确定第一个规划活动

2010 年 11 月，项目公司在四川省能源办的协调和地方能源办的配合下，选择性地对项目所在的几个市县进行了基准线初步调查，有针对性地调查了解了农村用户的基本生活用能结构、畜禽饲养情况和粪便处理情况以及沼气池建设和服务基本状况等与 PCDM 项目开发相关的内容信息。

南江县地处四川省北部的巴中市，是一个农业县，沼气发展潜力较大。南江县农村家庭普遍使用煤作为生活炊事能源，也具有养猪的传统，人畜粪便都是通过粪坑进行厌氧条件下的自然发酵处理。在基准线初步调查的基础上，经过综合考虑，决定将南江县作为整个规划方案下的第一个规划活动（下文称"南江县 CPA"）。南江县 CPA 拟在该县 13 个乡镇 31 个村新建 3728 口池容为 $8m^3$ 的户用沼气池，普遍采用四川省农村能源办公室推荐的玻璃钢拱盖技术，计划在 2011 年内完成项目建设。

3.4.1.6 CPA 纳入 PoA 的资格准则开发

根据将 CPA 添加到 PoA 的资格准则开发标准，项目公司为在 PoA 下添加 CPA 开发了以下资格准则，如表 3-3 所示。

表 3-3 将 CPA 纳入 PoA 的资格准则

序号	CPA 纳入 PoA 的资格准则
1	必须在整个 PoA 边界之内，即在七个市州德阳市、广元市、巴中市、南充市、雅安市、凉山州和攀枝花市之一的行政辖区范围内
2	应当为 CPA 内每个沼气池系统设置可以表明规划项目标志的唯一识别标志来避免减排量的重复计算
3	每个沼气系统采用的技术工艺都应当满足四川省农能办采用的标准
4	CPA 开始日期不早于 PoA 公示日期，CPA 计入期不超过 PoA 计入期的结束日期
5	CPA 内的所有农户：有养猪和使用深的粪坑存积动物粪便的传统习惯；建池前使用煤或液化气作为主要炊事能源；每个沼气系统的甲烷减排量不超过 5 吨二氧化碳当量
6	CPA 应当在整个计入期内满足小型项目规模限制：该 CPA 下所有沼气系统的总安装/额定热功率不超过 45MW（AMS-Ⅰ.Ⅰ.），年减排量不超过 6 万吨二氧化碳当量（AMS-Ⅲ.R.）
7	CPA 应当满足小型项目额外性论证的有关要求
8	CPA 的实施应当根据相应的法规或要求开展当地利益相关方咨询和环境影响分析
9	CPA 内的沼气池应当在农村用户水平上建设和运行
10	CPA 实施方确认：每个 CPA 下新建的沼气池都不是其他 CDM 项目或者其他 PoA 下的 CPA 的拆分部分，沼气系统产生的 CERs 只属于代表农户的协调管理机构；CPA 实施方知晓并同意将 CPA 纳入拟议的 PoA
11	每一个单独的子系统（沼气池或沼气灶）不超过所采用小方法学最大限值的 1%，即安装的热设施不超过 450kW 热，甲烷回收的减排不超过 600t

3.4.1.7　额外性论证

(1) 额外性准则

由于项目采用的是小型规划方案设计文件表格，项目额外性论证可以采用小型项目额外性论证工具。根据《小型项目活动额外性论证指南》第09版[①]，属于"正面清单"（positive list）中的技术或项目类型的小型项目，被视为自动具有额外性，而无需书面论证项目障碍。该正面清单包含四条，其中第三条的表述如下：项目活动纯粹由独立单元组成，独立单元是指技术/措施的使用者为家庭用户或社区或中小企业（small and medium enterprises，SME），且每个独立单元不超过小型项目活动规定限值的5%。

小型项目活动限值根据不同类别有3种：对于类别一可再生能源，项目装机容量不超过15MW（发电），对于产热将该数值乘以3，即45MW；对于类别二能效项目，年节能量不超过60GWh（节电），换算成节热量需将该数值乘以3，即180GWh；对于类别三废物处理项目，年减排量不超过6万吨二氧化碳当量（$t\ CO_2e$）。

四川省七市州农村户用沼气规划项目的内容包括两个部分：一是在四川省内的项目农户家庭建设沼气池用于替代传统粪坑避免甲烷排放，属于类别三；二是利用沼气池厌氧产生的沼气作为农户炊事能源，是可再生能源产热，属于类别一。根据减排量计算，每个农户家庭避免甲烷排放产生的减排量约为 $2\ t\ CO_2e$，不可能超过6万 $t\ CO_2e$ 的5%（即300 $t\ CO_2e$）；另外每个农户家庭安装的沼气灶额定功率约为3.26kW（单灶），也不可能超过45MW的5%（即2250kW），因此该项目属于"正面清单"中的项目类型，自动具有额外性。

根据以上论证，总结出将CPA纳入拟议PoA时需要满足的额外性准则如下：

- 沼气池建设主体均为独立农户家庭；
- 农户建设沼气池避免甲烷排放产生的年减排量不超过300 $t\ CO_2e$；
- 农户安装沼气灶的功率不超过2250kW。

---

① *GUIDELINES ON THE DEMONSTRATION OF ADDITIONALITY OF SMALL-SCALE PROJECT ACTIVITIES* (*Version* 09.0)

（2） 论证 CPA 如何满足额外性准则

根据 CPA 实施记录，CPA 下的沼气池建设主体均为农户家庭，其建设的沼气池避免甲烷排放所产生的年减排量不超过 5 t CO_2e；其安装的沼气灶功率也远远不到 2250kW，因此该 CPA 满足额外性准则，项目具有额外性。

3.4.1.8 减排量计算

由于项目包括两方面的技术/措施，一是通过建设沼气池避免传统粪坑里动物粪便厌氧产生的甲烷排放，二是利用沼气作为炊事能源来替代化石能源的使用，因此项目的减排量也按照两个方法学的各自要求进行分别计算。

（1） AMS-I.I. 的减排量计算

采用方法学给定的方法 2，不需要分别计算基准线排放量和项目排放量，而是直接计算减排量。

1） 确定化石燃料的 CO_2 排放因子。

本项目的基准线化石燃料可能有两种，分别是原煤或液化气（LPG），它们的 CO_2 排放因子分别表示为 EF_{Coal} 和 EF_{LPG}，根据 IPCC 2006 可知：$EF_{Coal} = 94.6$ t CO_2/TJ；$EF_{LPG} = 63.1$ t CO_2/TJ。

2） 确定 $\eta_{PJ/BL}$。

方法学给出的方法是通过审定前的一次测试数据结果来计算。本项目在测试结果的基础上进行了保守处理。

燃煤灶：替代的燃煤炉灶的效率 η 取 20%。这样的取值符合此类煤灶测量效率的最高值。数据基于中国的烧水测试方法。

液化气灶：本规划项目按最保守的方式，取默认热效率 100%。

沼气灶：相应的中国国家标准《沼气灶具国家标准》GB_T 3606—2001要求沼气灶具的热效率应至少达到 55%。这里选择 55% 进行保守计算。

因此，燃煤灶的 $\eta_{PJ/BL}$ 为：55% / 20% = 2.75；液化气灶的 $\eta_{PJ/BL}$ 为：55% / 100% = 0.55。

3） 泄漏。

根据方法学，如果项目活动中产生能源的设备从项目边界外转移过来，需要考虑泄漏。如果项目不属于类别Ⅲ的范围，也要根据情况考虑泄漏。本项目不存在上述情况，因此无需考虑项目泄漏。

（2）AMS-Ⅲ.R.的减排量计算

1）基准线排放。

根据所选的方法学 AMS-Ⅲ.R. 第9段的基准线计算方法说明，应当引用 AMS-Ⅲ.D 第9段（a）及第10段的公式来计算，公式如下：

$$BE_{CH_4, k, y} = GWP_{CH_4} * D_{CH_4} * UF_b * \sum_{j, LT}$$
$$MCF_j * B_{0, LT} * N_{LT, y} * VS_{LT, y} * MS\%_{Bl, j}$$

式中，$BE_{CH_4,k,y}$ 为 y 年因避免甲烷排放的基准线排放量（t CO_2e）；GWP_{CH_4} 为 CH_4 的全球增温潜势值（21）；D_{CH_4} 为 CH_4 密度（0.000 67 t/m³）；LT 为牲畜类型索引（本项目只涉及一种家禽，即猪）；j 为动物粪便管理系统索引（即深坑厌氧）；MCF_j 为基准线动物粪便管理系统 j 每年甲烷转换因子；$B_{0,LT}$ 为牲畜类型（猪）粪便最大甲烷产生量（m³ CH_4/kg dm）；$N_{LT,y}$ 为 y 年牲畜（猪）的平均牲畜数量（头）；$VS_{LT,y}$ 为 y 年牲畜 LT 进入动物粪便管理系统的可挥发固体［以干物质重为基础，千克干物质/（头·年）］；$MS\%_{Bl,j}$ 为基准线动物粪便管理系统 j 的粪便处理分数；UF_b 为修正因子（0.94）。

2）项目排放。

沼气池系统的运行不需要任何化石能源和电力消耗，因此这方面的项目排放为0。

由于沼气池物理泄漏产生的项目排放采用方法学 AMS-Ⅲ.D. "动物粪便管理系统的甲烷回收"第13段的两个选项之一来确定。

根据 AMS-Ⅲ.D. 第13段：

选项（a）：项目排放为进入管理系统的粪便的最大甲烷产生潜在量的10%：

$$PE_{CH_4, k, y} = 0.10 * GWP_{CH_4} * D_{CH_4} * \sum_{i, LT}$$
$$B_{0, LT} * N_{LT, y} * VS_{LT, y} * MS\%_{i, y}$$

式中，$MS\%_{i,y}$ 为 y 年系统 i 中处理粪便的分数；$VS_{LT,y}$ 的值可用下面的公式计算：

$$VS_{LT, y} = VS_{(T)} * D_y$$

式中，$VS_{(T)}$ 为每天牲畜类型 T 排泄的可挥发固体 ［kg 干物质／（头・天）］；D_y 为一年中产生 VS 的天数（天/年）。

3）减排量。

项目的年减排量计算如下：

$$ER_{CH_4,\ y} = \sum_k N_k \cdot (BE_{CH_4,\ k,\ y} - PE_{CH_4,\ k,\ y})$$

式中，N_k 为 CPA 中在运行的沼气池数量。

本规划项目的第一个子项目活动 CPA 包含了南江县 3728 户农户，根据上述两个方法学的减排量计算方法和 CPA 的实际参数数据，计算得到项目的年预计减排量为 7236 t CO_2e。

3.4.1.9　监测计划

由于项目涉及大量的农村家庭沼气用户，需要进行抽样调查来获得有关参数数据，并据此估算项目的减排量。四川沼气规划项目的开发方根据监测方法学及有关文件要求和项目的实际情况，制定了如下监测计划。

（1）组织机构设置

四川省农村能源办公室协调地方农能办在协调管理机构的指导下开展监测调查的有关具体工作。数据收集汇总之后提交给协调管理机构完成 CPA 记录保存系统，并根据数据信息编写监测报告以备核查。

项目监测组织结构如图 3-1 所示。

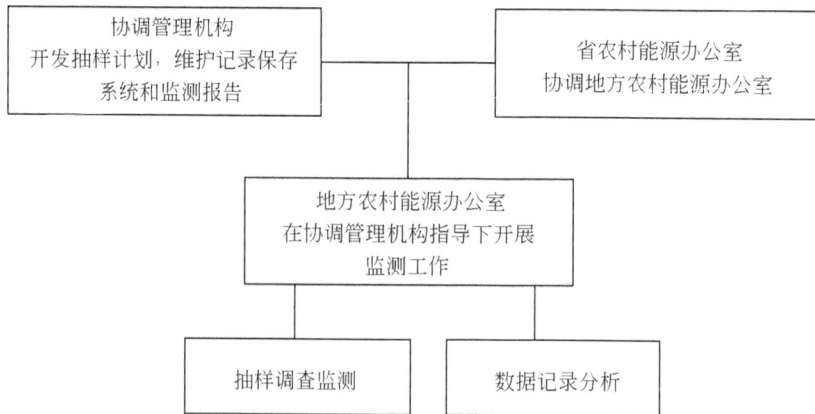

图 3-1　监测组织结构图

（2）监测参数

项目主要监测参数如表 3-4 所示。

表 3-4　项目主要监测参数表

参数	描述	监测
N_k	保持正常运行的系统数量	抽样记录，每年一次
D_y	每年沼气池运行天数	抽样调查
$N_{LT,y}$	农户年均养猪数量	每年抽样调查
$MS\%_{i,y}$	项目中动物粪便进入沼气池厌氧发酵的百分比	每年抽样调查
沼渣利用	沼气池底渣的最终使用情况，必须是好氧条件，以避免甲烷排放	抽样调查
$N_{k,0}$	安装的热设施（沼气灶）数量	项目建设验收时记录确定
$n_{k,y}$	保持正常运行的热设施比例	抽样调查，每年一次
$x_{FF,j}$	沼气替代的基准线情景下使用的化石燃料 j 的百分比	抽样调查，每年一次
$BS_{k,y}$	每年由热设施消耗的净沼气量	考虑季节性对产气量的影响，对每个类型的沼气池，至少选择 5 个沼气池装表连续监测至少 1 个月来确定沼气年产量，每年监测一次

（3）抽样调查

项目方根据方法学要求，开发了一个抽样计划，用于进行监测抽样调查。

（a）抽样设计

1）目标和可靠性要求。抽样的目标是确定参数 X（参数详见监测参数表）在计入期内的年平均值，抽样调查的可靠性要求是 90/10 的置信度和精度。

2）目标总群。抽样的目标总群是项目活动内的所有建池农户。

3）抽样方法。根据项目总群特点考虑，简单随机抽样被选择作为项目活动的抽样方法。

4）样本量。样本量（SS）应当根据方法学或最新抽样调查标准的置信度/精度要求来进行计算。农村户用沼气项目所采用的方法学 AMS-Ⅰ.I. 和 AMS-Ⅲ.R. 都给出了置信水平 90% 和置信区间 10% 的最低要求，因此项目方采用 90/10 的置信度/精度来计算样本量是符合要求的。

计算样本量的公式如下：

$$SS = \frac{Z^2 * (p) * (1 - p)}{c^2}$$

式中，Z 为 Z 值（90% 置信水平对应的 Z 值为 1.645）；p 为百分比，用小数表示（取 0.5）；c 为置信区间，用小数表示（精度 10%，该值为 0.10）。

对于给定的 90/10 的置信度/精度，通过公式计算得到的样本量为 68。68 是理论最小样本量，为了确保有效反馈数据不少于 68，在进行实际抽样调查时，所调查的样本量可以适当增加，比如实际抽样时随机抽取 80 个农户作为样本。

5）抽样范围。在项目活动内随机抽取事先确定的样本量数量的农户作为调查范围。

（b）数据

1）现场测量。根据项目设计文件中列出的各参数的测量时间和频率来进行参数测量。

2）QA/QC。

➢ 在抽样调查前开展调查员培训，保证调查过程合理；

➢ 在调查开始前通知调查农户在家等候；

➢ 考虑可能的意外因素，适当增加调查农户数量，保证满足样本量要求。

3）分析。调查的数据将进行汇总并计算出每个参数的平均值。

（c）执行计划

➢ 抽样对象：明确需要在调查中进行访问的农户；

➢ 执行日程安排：安排好调查的时间和路线；

➢ 调查员资格和经验：对调查员进行事先的专门培训。

（4）数据管理

地方农村能源办公室收集和汇总的数据应当发送给协调管理机构进行建档

备案，以备编写监测报告和提供给 DOE 核查核证之用。协调管理机构进行数据维护应当根据项目设计文件中确定的记录保存系统和核查方法/程序来进行。

每个单独的 CPA 应该建立如下的专门 CPA 信息记录表并填写完成该 CPA 的有关数据信息（表3-5）。

表3-5　CPA 信息记录表

项目	内容（备注）
CPA 名称	CPA-XX
CPA 地理位置	涉及的行政辖区
建设周期	指明 CPA 内最早建设日期和最晚验收日期
CPA 内的农户数量	
预计年减排量	
CPA 操作方联系人	
电话号码	
传真	
电子邮件	
地址	
邮编	
详细农户信息	详见具体 CPA 农户名册

3.4.1.10　项目进展情况

四川省七市州农村户用沼气规划项目是在 PCDM 国际、国内有关规则和要求从缺乏或不明确到逐渐制定、修改和完善的过程中进行摸索开发的，目前 PCDM 规则体系日趋完善，项目总体进展情况也比较顺利。

四川沼气规划项目于 2011 年 9 月在联合国 CDM 网站上进行公示，2011 年 11 月，规划方案和第一个规划活动接受了 DOE 现场审定。在国内申报方面，项目公司于 2012 年初将本规划项目报送到国家发展和改革委员会进行审核，并顺利通过了审批，项目于 2012 年 3 月取得了国家批准函。目前，项目开发方已经针对 DOE 审定后提出的修改意见进行了回复，等待 DOE 确认。项目最终修改完成后，DOE 就将准备审定报告，预计很快就可以提交联合国 EB 进行注册申请。

节能灯 PCDM 项目开发
与案例分析

政府将逐步淘汰白炽灯，鼓励各地居民使用节能灯，可以看到它在未来照明设备市场的前景广阔。作为 PCDM 开发的对象，节能灯又具备发放安装相对容易、节电量方便读取计算、适合将分散在各地方减排量收益小的项目逐个规划在一起等特点，这些都使节能灯 PCDM 项目的实施不但符合最初设置以该形式开发项目的初衷，也较其他类型 PCDM 项目的开发更易操作。

4.1 背 景

节能灯，又被称为省电灯泡、电子灯泡、紧凑型荧光灯或一体式荧光灯，是指将荧光灯与镇流器（安定器）组合成一个整体的照明设备。节能灯的正式名称是稀土三基色紧凑型荧光灯，20 世纪 70 年代诞生于荷兰的飞利浦公司，这种光源在达到同样光能输出的前提下，只需耗费普通白炽灯用电量的 1/5 至 1/4，光效 50 流明/瓦，从而可以节约大量的照明电能和费用，因此被称为节能灯。也可以说光效达 50 流明/瓦以上的都能称为节能灯，因此从广义上，节能灯可分为以下几类。

1）金属卤化物灯：显色指数达 80 以上，光效 75 流明/瓦以上，色温 6000K。优点是寿命长，光效高，显色性好，节电效果明显，是当今世界上第四代光源。

2）高压钠灯：光效达 90~100 流明/瓦，比汞灯和白炽灯的光效分别高 2 倍和 7 倍。显色指数 60，紫外线成分少，不诱虫，被照物体不褪色，色温只有 2100K。

3）自镇流荧光灯：光效在 60 流明/瓦以上，比普通白炽灯光效高 4 倍，寿命达 8000 小时以上。

4）双端荧光灯（细管径）：与双端荧光灯（粗管径）相比，寿命延长 20%，光效增加 22%，节能 10%，寿命可达 10 000 小时以上。

5）电子镇流器：40 瓦、20 瓦电子镇流器和电感镇流器相比，从功耗上分别节约 5 瓦、3 瓦，家庭用一只 20 瓦电子镇流器年节电 20 千瓦·时，一只 40 瓦电子镇流器年节电 60 度。

6）发光二极管（light emitting diode，LED）灯：显色指数达 90 以上，光效 110 流明/瓦，色温 4000~6000K。优点为寿命长（大于 50 000 小时），节能

80%，环保（无紫外线、无频闪、无重金属），显色性好。

众所周知，电力已经成为了人们生活永远不可或缺的一部分。但近年来，全国性用电紧张、用电荒以及能源利用效率低等问题日益突出，我国也早已成为继美国之后的世界第二大电力消费大国。环境的污染、电力的紧缺唤醒了人们的节能减排意识。2011 年，我国照明消耗占总电力约 12%，因此，推广绿色照明是推动节能减排和应对气候变化的必然选择，是照明电器行业发展的客观需要，也是改善照明质量和水平的现实要求。大力推广使用节能灯，也是我国建设节约型社会的有力举措之一。

我国于 1996 年正式启动绿色照明工程，该工程曾被列入我国"九五"、"十五"重点节能领域，并成为"十一五"十大重点节能工程之一。绿色照明工程主要采用紧凑型荧光灯和金属卤化物灯、高压钠灯等高效照明产品，替代在用的白炽灯和其他低效照明产品。紧凑型荧光灯具有光效高、寿命长等优点，是目前主推产品。此工程是一个逐步推进的过程：在"九五"期间，工程主要是加强基础能力建设，提高产品质量和安全性能等；在"十五"期间，工程主要是培育和规范节能产品市场，制定产品能效标准、节电指标等；在"十一五"期间，工程主要是探索市场推广机制，采用财政补贴方式推广节能灯等；在"十二五"期间，绿色照明的主要任务是逐步淘汰白炽灯，进一步加大节能灯推广力度。

为了推广节能灯，国家近年来相继出台了多个相关的节能灯补贴政策，并深化国际合作，加快淘汰低效照明产品。

2008 年年初，财政部、国家发展和改革委员会联合发布《高效照明产品推广财政补贴资金管理暂行办法》（财建〔2007〕1027 号），对城乡居民购买节能灯给予价格财政补贴，即类似"家电下乡"政策，居民购买国家补贴的节能灯享有国家提供的 50% 优惠，大宗客户购买享有国家节能灯补贴 30% 的优惠；补贴的节能灯种类主要包括 U 型灯、T8 三基色灯管、T5 灯具等。

2008 年 4 月 1 日起，新修订的《中华人民共和国节约能源法》正式实施，明确国家实行促进节能的财政、税收、价格、信贷和政府采购政策。2009 年，为推动半导体照明节能产业健康发展，六部委联合印发了《半导体照明节能产业发展意见》。

2009 年，国家发展和改革委员会和联合国开发计划署、全球环境基金共同开展"中国逐步淘汰白炽灯、加快推广节能灯"合作项目，全球环境基金赠款 1400 万美元。

2011 年 11 月 4 日，国家发展和改革委员会、商务部、海关总署、国家工商总局、国家质检总局等部门日前联合发布了《关于逐步禁止进口和销售普通照明白炽灯的公告》。这再次表明了我国大力推进节能减排、积极应对全球气候变化的坚强决心。

目前，节能灯在宾馆酒店、商业区、办公场所推广较好，普通百姓使用率偏低，城镇家庭用户中白炽灯的使用占 40% 左右，农村地区更是难以见到节能灯的身影。而且，多数企事业单位的承包商，并不会为企业考虑选择节能灯，他们考虑的是如何买到更便宜的灯具，从而赚取更大的利润。因此，让企事业单位愿意选购节能产品，除了生产厂家要努力降低产品价格外，还需要政府出台更强有力的激励和约束机制。

以清洁发展机制为代表的碳市场机制是推动节能灯推广的另一种有效途径。以 100 万只节能灯的发放项目为例，其每年可为当地节约用电超过 5 千万千瓦·时，累计二氧化碳减排量达 23 万吨，可为业主实现 2000 万元的收益。一个县可以发放 100 万只，一个省就可以发放几千万只，而相应创造出来的碳减排量也将超过千万吨。相比财政补贴来讲，CDM 收入相当可观。节能灯生产企业可以借助这笔资金扩大生产规模、迅速占领更多的市场。

规划类清洁发展机制作为对 CDM 的发展和完善，可将在 CDM 情景下作为单个 CDM 项目开发经济效益低、市场开发潜力小的节能灯技术以规划实施的形式，把实施主体由点（实施个体）扩展到面（规划实施的若干个体），形成规模效益，促进节能灯的推广和普及。因此国内节能灯生产或销售企业可以考虑充分利用该项规则，开发节能灯发放 PCDM 项目。

4.2　所涉及的方法学

截至目前，与节能灯应用相关联的 CDM 方法学共 6 个，包括 1 个大规模方法学 AM0046 和 5 个小规模方法学（表4-1）。

表 4-1　节能灯所涉及的方法学

方法学编号	方法学名称	方法学适用建筑类型
AM0046	住户高能效灯具的发放	家庭住户
AMS-Ⅱ.C.	需求方采用特定技术提高能效的小型方法学	各类区域
AMS-Ⅱ.J.	高效照明技术的需求侧应用活动	住宅类
AMS-Ⅱ.L.	需求侧活动户外及街道节能照明技术	公众或公用的街道照明系统
AMS-Ⅱ.N.	需求侧在建筑内安装节能灯及/或节能控制装置的能效提高方法学	非住宅类或多家庭的住宅楼
AMS-Ⅲ.AR.	LED/CFL 照明系统替代基于化石燃料照明的方法学	住宅类或非住宅类

4.2.1　AM0046（version 02）住户高能效灯具的发放

（1）适用性

该方法学适用于提高家庭照明设施能效的项目活动。项目由一个作为项目参与方的项目协调者实施。项目协调者以较低的价格向一个特定地区的住户销售或者捐赠紧凑型荧光灯（compact fluorescent lamp，CFL），从而替代能效较低的灯泡，而使用这些 CFL 的住户不是项目参与方。

参与项目的住户将以前使用的灯泡交给项目协调者。对于每一个交回的仍然可以使用的灯泡，住户可以从项目协调者那里获得一个新的 CFL，而且该 CFL 需要满足：比交回的灯泡节能；和交回的灯泡流明数相同或者流明数更高。

交回的灯泡的功率不能大于 100W，并且每个住户最多可获得 4 个灯泡。

灯泡通过如下方式销售或者发放：①直接在每个住户进行；②通过专门的发放和回收点进行，并且出具项目协调者向该住户发出的参加项目的邀请。项目协调者需要确保回收的灯泡被销毁。

（2）基准线识别

该方法学规定，基准线情景的识别和确定需要通过监测实现。在整个减排计入期内，对基准线样本组内住户的照明情况进行监测，得到的结果就是基准线情景。

（3）减排量计算

项目通过提高住户所用灯泡的照明效率，在提供相同的照明服务的情况下减少电力消耗，从而避免电力生产中带来的排放。减排量等于所节约的电力和相关电网的电力排放系数的乘积。所节约电力通过对比监测所得到的基准线样本组和项目样本组中用户的用电量得到。为了保证数据的质量，还需要对所得到的数据根据不确定性进行必要的调整，同时将监测得到的数据和对基准线交叉检查组和项目交叉检查组进行监测得到的数据进行对比。

（4）监测

该方法学要求对如下数据进行监测：事后确定电网的技术传输损失，事后收集电网平均电压数据以及所有类型灯泡的功率校正因子数据，事后计算电网排放因子所需数据，事后确定在项目开始到现场检查中间收到灯泡的住户的数目，所有计算相关住户电力消耗量所需的数据等。

（5）方法学应用情况

截至 2012 年，全球有三个应用此方法学的项目进入审定阶段，有一个项目目前注册成功。

以目前已经注册成功的"厄瓜多尔家用紧凑型日光灯大宗引入项目"[Massive Introduction of Compact Fluorescent Lamps（CFLs）to Households in Ecuador]为例，在该项目中，厄瓜多尔政府决定为生活在贫困线以下的家庭发放 600 万个紧凑型荧光灯，涉及 808 个城市地区和 109 个农村地区。每个家庭可以用目前正在使用的灯泡换取最多 4 个紧凑型荧光灯。为了避免被重复使用，所有被替换下的低效灯泡将现场销毁。所发放的紧凑型荧光灯的寿命最低 8000h，额定功率为 20W。

该项目通过投资分析和障碍分析论证项目的额外性，由于节能灯为免费发放，而且是该国首个这样的项目，故项目的额外性明显，项目预计年减排量为 44 万 t CO_2e。

该方法学非常复杂，要求的数据量非常大，工作量也非常大，减排量计算过程非常复杂。同时，方法学要求建立各种各样的样本组，并采取各种措施，来保证相关数据的可靠性。它将极大提高项目开发的成本，很多要求在实际中是否可行也值得进一步探讨。这些都将极大限制这一方法学的实际应用。

4.2.2 AMS-Ⅱ.C.（version 13）需求方采用特定技术提高能效的小型方法学

（1）适用性

该方法学适用于各类建筑内的需求方使用高能效的设备替代原有设备的项目活动，比如替换灯、冰箱、空调、电机等，达到减排 CO_2 的目的。被替代设备的产出或服务水准与基准线相差不超过 10%，项目可以是更换已有设施，也可以是在未有区域新安装设施。单个项目的节能上限是 6000 万千瓦·时/年。

（2）基准线识别

以替换前原有设备消耗的能量（平均功率与运行时间）作为基准线。

（3）减排量计算

减排量等于所节约的电力和相关电网的电力排放系数的乘积，详细计算示例见方法学应用情况。

（4）监测

需选择方法监测替代装置的运行时间和功率或者是能量消耗量。有两种监测方法备选：①测量功率和使用时间（根据铭牌数据或者是根据测定样本的功率和运行时间记录安装照明灯具的功率，并监测样本的使用时间）；②测量能源消耗量［选取一定的样本量，监测其消耗的能源总量。对于照明，其运行功率很稳定，监测的样本量可以较少（相对于空调等其他技术）］。

对于上述两种监测方法学，每年需增加对一个样本之外系统的检查，确保除样本之外的系统正常运行。如果有其他凭证能证明系统的运行，可以不用样本之外系统的检查。

（5）方法学应用情况

以目前利用方法学 AMS-Ⅱ.C. 成功注册的南非开普敦"KUYAZA 居住地节能改造"项目为例，该项目在南非开普敦 KUYAZA 居住区 2309 户低收入家庭中进行，对现有住房配套设备进行更换，主要目的是提高住房的热性能、提高照明及水加热的效率。项目涉及传统房屋的 3 个部分：房屋隔热，太阳能热水器的安装，安装节能灯。项目共使用了 3 个方法学，与户用节能方法学相关的措施是节能灯替换白炽灯。

在该项目中，每户家庭原来使用两盏 60W 的白炽灯，现替换为 11W 和 16W 的节能荧光灯，按每盏灯每天使用 6.8 小时计算，则有

基准线：$2 \times 60 \times 6.8 \times 365/1000 = 298$ 千瓦·时/年；

替换为节能灯后的耗电量：$(11+16) \times 6.8 \times 365/1000 = 67$ 千瓦·时/年

节能量：$(298-67) / (1-0.1) = 257$ 千瓦·时/（年·户）

监测方法：通过销售记录监测节能灯在 KUYASA 的销售数量；每季度检查 30 户家庭，记录运行中的节能灯数量。

该项目年减排量为：6580 t CO_2e。虽然这一类节能灯安装项目碳减排的贡献不大，但是可以考虑打捆至其他更大的项目，由此产生部分碳减排可节省照明成本。

4.2.3 AMS-Ⅱ.J.（version 04）高效照明技术的需求侧应用活动

（1）适用性

该方法学适用于自镇流紧凑型荧光灯替代白炽灯的节电项目，替代现有设备的新技术必须是新增设备而非从其他项目转移来的设备。高效照明设备的光强不得小于原有设备。为尽量增加减排量，鼓励选用符合条件的功率最低的设备。单个项目的节能上限是 6000 万千瓦·时/年。适用于住宅类建筑。

此外，必须选用按照国家/国际测试标准进行过额定寿命独立测试的高质量照明设备；项目中所选用的照明设备，除规格铭牌之外，应标以清晰独特的项目标志。PDD 中应解释高效设备的分发方式及销毁前白炽灯的回收、存放和

监测方式，取代残次品的措施，还应陈述如何避免减排量的重复计算。应确保被替代的设备被销毁，以低价、到户安装和每户限量的方式分发高效设备。计入期只有一期且不超过10年，只有在额定使用寿命（考虑破损率）范围内经核证的减排量可得。

（2）基准线识别

基准线情景即为用户使用白炽灯作为照明工具。

（3）减排量计算

减排量计算过程具体如下：

1）通过基准线调查确定所有照明技术的技术类型、铭牌和每日使用时数；
2）根据新老技术的额定功率和逐日运行时间计算总节电量；
3）通过考虑泄漏、灯的破损率和传输损失，计算净节电量；
4）净节电量与排放因子相乘即为减排量。

（4）监测

项目活动监测包括：基准线确定、新旧设备的相关参数及事后计算所需参数。

（5）方法学应用情况

作为我国首个在联合国注册的照明行业 CDM 项目，"强凌节能灯发放CDM 项目"应用的方法学就是 AMS-Ⅱ.J.。该项目于 2010 年 9 月 24 日在CDM 执行理事会成功注册。

该项目主要是通过向江苏省淮安市涟水县农村居民免费发放一百万只高质量强凌 TCP 节能灯，置换村民家中相同数量的居民用低效白炽灯，达到节能减排目的。百万只节能灯的使用，计入期内为地方节约用电量接近 3 亿度，相应产生大概 23 万吨的二氧化碳减排量指标，同时为当地农民节约 2500 万元的电费支出。目前，"江苏省节能灯发放规划类清洁发展机制（PCDM）项目"已经启动，节能灯发放规模将达 5000 万只，预计能减少二氧化碳排放上百万吨。

节能灯发放项目必须满足的条件是碳金融的支持与政府的配合，其中，政府的支持更是这种模式能够得以成功的关键。中国百姓对免费发放节能灯还是存在着一定的戒备心理，如果没有地方政府的配合，会产生很大的不确定性。

4.2.4 AMS-Ⅱ.L.（version 01）需求侧活动户外及街道节能照明技术

（1）适用性

该方法学是 EB 第 59 次会议上通过的方法学，如果项目活动是在公共的街道照明系统或高速公路复合照明系统中使用节能灯以及固定装置替代原有的低能效电灯或固定装置以提高电力使用效率，那么这个项目则可以通过应用 AMS-Ⅱ.L 申请成为 CDM 或 PCDM 项目。

（2）基准线识别

对于替换项目，基准线情景即为公共街道使用原有低能效电灯或固定装置。

对于新建项目，确定项目基准线的步骤主要如下：

1）为项目边界内所有道路和路口处的照明装置确定具有代表性的区域；

2）对于项目边界内的每个具有代表性的区域，选择一个项目边界以外的可比的区域，此位置需在项目地区内，并且安装有基准线照明技术；

3）从选定的单个基准线系统推断出整个项目的基准线照明系统。

（3）减排量计算

减排量等于所节约的电力和相关电网的电力排放系数的乘积。在计算项目节电量时，需要先计算出每种设备的预计年节电量，然后再考虑年均技术电网损耗（包括输电和配电过程），此损耗应不包括非技术性损失，如商业损失（盗窃/偷窃）。

（4）监测

重点需要监测的参数包括：灯具发生故障和更换灯具之间的平均时间、年度故障率、年均运行时间、项目设备平均功率、项目活动下的灯具数量。

（5）方法学应用情况

目前根据此方法学已有一个公示的规划类项目活动（Programme of Activities，PoA）项目，即"泰国各城市内用 LED 灯替换原有路灯"项目。该项目由泰国地方电业局下属的某公司协调管理，并由各地方政府人员配合换灯工作，第一个规划下子项目（Component Project Activity，CPA）预计年减排量为 1741 吨 CO_2e。这种由政府作为项目申请方并协调管理整个项目的模式有利于在各地方开展 CPA，唯一需要注意的是如果参与到项目的利益相关方多，尤其像 PCDM 类型的项目，那么在各方的利益分配上应事先协商确定，将各方的职能及利益明晰化，以防止事后不必要的纠纷。

4.2.5 AMS-Ⅱ.N.（version 01）需求侧在建筑内安装节能灯及/或节能控制装置的能效提高方法学

（1）适用性

该方法学在 EB 第 66 次会议上获得通过，方法学仅适用于非住宅类或多家庭的住宅建筑内的改造活动，包括：

1）以更高能效的灯具及相关装置改造现有电力照明装置；

2）永久去除电力照明装置；

3）安装照明控制系统。

计入期最长为 10 年。

（2）基准线识别

基准线情景即为建筑仍使用现有的电力照明装置及控制系统。

（3）减排量计算

项目减排来源包括：照明所需电力的减少以及受影响的建筑供暖系统、制冷系统所需化石燃料或电力的减少或增多。

应用该方法学的节能改造建筑项目，由于可能降低建筑空调冷却系统的制冷需求，或者可能增加建筑供暖系统的供热需求，因此，计算减排量的时候需要考虑建筑物中冷却或供热系统对项目减排的影响。

减排量等于所节约的电力和相关电网的电力排放系数的乘积。

（4）监测

主要需要监测的参数包括：原有以及被替换的灯具的运行小时、数量、功率等。

（5）方法学应用情况

由于该方法学于2012年3月2日才获得EB批准，因此暂无应用实例。

4.2.6 AMS-Ⅲ.AR.（version 02）LED/CFL 照明系统替代基于化石燃料照明的方法学

（1）适用性

小型项目方法学工作组在第32次会议报告中指出：小型项目方法学工作组结合最新的"点亮非洲质量保证测试方法"和相关专家及参与者对该方法学的意见，对AMS-Ⅲ.AR方法学进行自上而下的修改。小型项目方法学工作组注意到，在AMS-Ⅲ.AR的基础上，太阳能照明系统在发展中国家被广泛关注和大力发展。考虑到该方法学潜在用途的扩大，小型项目方法学工作组致力于修改方法学以提高该方法学的适用性。因此，小型项目方法学工作组考虑在34次会议上对该方法学提出修改。该方法学的第2版在EB第65次会议上通过，于2011年11月25日起实施。

该方法学目前适用于各类建筑内LED灯和小型CFL替代基于化石燃料的照明。

照明设备"Project Lamp"需要满足如下两个性能指标：

1）光能输出量不低于方法学给出的缺省值；

2）照明时间及电池容量不低于方法学给出的缺省值。

（2）基准线识别

基准线情景即为建筑内使用基于化石燃料的照明设施。

（3）减排量计算

方法学提供了一个默认的基准排放计算方式。减排量等于基准线排放减去项目排放，其中，基准线排放由基准线情景下的灯具排放因子、电网因子以及动态基准线因子决定。在计算减排量时，还需要考虑分发到最终用户的百分比。

（4）监测

需要监测的包括：项目中灯具分布数据的记录；在某些情况下，事后的监测调查，用以确定项目活动中灯具分发到最终用户的百分比以及在第 y 年的运行情况。

（5）方法学应用情况

截至目前，只有马达加斯加的一个项目应用了该方法学的第 1 版，于 2011 年 10 月 25 日至 2011 年 11 月 23 日在联合国气候变化框架公约（United Nations Framework Convention on Climate Change，UNFCCC）网站上进行了全球利益相关方公示（Global Stakeholder Process，GSP），尚未有项目注册成功。

4.3　项目开发的技术难点及重点问题

在开发节能灯项目的时候，首先需要选择合适的方法学，这是项目顺利开展的前提，其次作为特殊类型的 PCDM 项目在开发的时候还需要满足 EB 提出的各项规则、标准和要求，这样才能保证项目设计文件的编写以及项目的现场审定工作。

4.3.1　方法学的选择与应用

（1）方法学的选择

如上文所述，目前与节能灯应用相关联的方法学共有六个，包括一个大规模方法学和五个小规模方法学。其中，AMS-Ⅱ.J."需求侧节能灯替换白炽灯活动"是被使用频率最高的一个，我国的几例节能灯 PCDM 项目均使用了这个方法学。这些方法学的具体内容如下：

方法学 AM0046——"住户高能效灯具的发放"。该方法学除了前文提到的非常复杂、要求的数据量非常大、工作量也非常大、减排量计算过程非常复杂之外，这还是个大方法学，而我国的节能灯发放多以一个省份为项目边界逐步在其下的各区县开展，如果利用此方法学开发 PCDM 项目则面临着每个 CPA 的年减排量需要达到 6 万吨 CO_2 以上的问题，而分地区逐步发放节能灯可能会导致每个 CPA 的减排量都较小，因此该方法学更适合跨省或全国范围内统一发放节能灯的项目，但是这类项目又要求协调管理机构有强大的管理能力，同时，鉴于我国幅员辽阔，节能灯替换原有灯具的项目活动中还是更适合分地区且结合各地实际情况开展。

方法学 AMS-Ⅱ.C.——"需求方采用特定技术提高能效的小型方法学"。该方法学适用于需求方使用高能效的设备替代原有设备，比如灯、冰箱、空调、电机等，达到减排 CO_2 的目的。单个项目的节能上限是 6000 万千瓦·时/年。对于被替代的设备必须满足产出或者服务水准与基准线相差不超过 10%。目前，利用该方法学注册成功的节能灯类项目已有六个，包括四个常规 CDM 项目和两个 PCDM 项目。

方法学 AMS-Ⅱ.J.——"高效照明技术的需求侧应用活动"。该方法学适用于自镇流紧凑型荧光灯替代白炽灯的节电项目，替代现有设备的新技术必须是新增设备而非从其他项目转移来的设备。高效照明设备的光强不得小于原有设备。为尽量增加减排量，鼓励选用符合条件的功率最低的设备。该方法学是专门针对节能灯替换白炽灯的项目设计的，因此目前利用该方法学注册成功的项目很多，共有十六个；其中有两个为 PCDM 项目，分别为印度和孟加拉国节能灯替换项目。而我国利用该方法学开发的 PCDM 项目也有五个，分别是在江苏省、河北省、四川省、江西省以及安徽省开展节能灯的发放活动，这五个项目均已进入审定阶段。

方法学 AMS-Ⅱ.L.——"需求侧活动户外及街道节能照明技术"。该方法学是 EB 第 59 次会议上通过的方法学，如果项目活动是在公共的街道照明系统或高速公路复合照明系统中使用节能灯以及固定装置替代原有的低能效电灯或固定装置以提高电力使用效率，那么这个项目则可以通过应用 AMS-Ⅱ.L. 申请成为 CDM 或 PCDM 项目。目前还没有利用该方法学注册成功的项目,但鉴于我国各地政府在户外路灯更换这方面相对重视,如将路灯更换成为 LED 灯,或是风光互补类路灯等,因此该方法学在我国有着不错的应用前景,需要注意的一点是如何确定合理的基准线情景。

方法学 AMS-Ⅱ.N.——"需求侧在建筑内安装节能灯及/或节能控制装置的能效提高方法学"。该方法学仅适用于建筑内的改造活动,包括:以更高能效的灯具及相关装置改造现有电力照明装置;永久去除电力照明装置;安装照明控制系统。该类项目活动的项目边界包括建筑物、建筑供暖和制冷系统,计入期最长为 10 年。项目减排来源含:照明所需电力的减少以及受影响的建筑供暖系统、制冷系统所需化石燃料或电力的减少或增多。由于该方法学于 2012 年 3 月 2 日才开始实施,因此暂无应用实例。但是在我国强调建筑节能减排的背景下,该方法学有着广阔的应用前景,同时该方法学要求对开展项目的建筑类型有着明确的分类,并且只适用于改造类的活动。

方法学 AMS-Ⅲ.AR.——LED/CFL "照明系统替代基于化石燃料照明的方法学"。该方法学适用于发光二极管"LED"和小型荧光灯"CFL"替代基于化石燃料的照明。照明设备需要满足如下两个性能指标:光能输出量不低于固定值;照明时间及电池容量不低于固定值。现暂无应用该方法学注册成功的项目,但 LED 灯作为节能灯的一种这些年已被广泛应用生活的各个领域,因此可依据市场需求开发可应用该方法学的项目活动。

鉴于以上的分析,方法学 AMS-Ⅱ.J. 非常适合我国正积极推行的淘汰白炽灯、鼓励使用节能灯的政策环境,同时方法学 AMS-Ⅱ.N. 的使用有利于推动我国一直在倡导的建筑节能事业。另一方面我国街道照明系统的保有量很大,而老旧低能效的路灯也逐步在被替代,因此方法学 AMS-Ⅱ.L. 在我国也有着广阔的应用前景。

(2) 方法学的组合

近期,联合国 CDM 执行理事会(EB)在 PCDM 规则制定方面加快了进程,包括提出了如果在 PoA 中整合采用多种技术/措施或应用多种方法学,则必须满足以下原则:整合后无交叉影响,即避免重复计算情况的发生常态化;若有影响,则需要通过提"偏离"程序来解决,确保减排量计算准确。

除明文允许整合外，大项目方法学之间、大项目方法学和小项目方法学之间的整合应用都需要向方法学委员会（Meth Panel，MP）提交"澄清"请求，得到认可后才能整合。对于我国节能灯类的项目并不是都能以这三种组合方式开发，首先，由于与节能灯类相关的大方法学仅有一个，其应用在我国还面临着一些障碍，因此并不适合联用多个大规模方法学进行项目开发；其次，对于我国节能灯类的项目，目前还都是小范围的发放，因此也并不建议将大小方法学联用。所以对于节能灯类的项目，联合应用小方法学进行开发的情况还是比较合适的，如联合应用 AMS-Ⅱ.C. 与 AMS-Ⅱ.J. 方法学注册成功的"卢旺达节能灯发放"CDM 项目。由于该项目包括替换原有白炽灯和直接安装节能灯两类活动，而后者同时需要安装专门的电表监测其每天使用的电量，因此这类项目还需要得到国家或当地政府的大力支持。同时，道路交通节能和建筑节能是我国非常重视的两大节能减排领域，因此，街道、建筑节能改造类项目可以分别联合节能灯的两个方法学，即 AMS-Ⅱ.N. 和 AMS-Ⅱ.L.，从道路照明和建筑照明方面实现减排。

4.3.2 纳入标准

根据不同方法学的要求，PoA 中制定的纳入标准也不尽相同，如利用小规模节能灯方法学，则需要说明纳入的每个 CPA 的年节电量不能超过60GW·h；节能灯的平均寿命或额定寿命要根据相关国际/国家标准予以确定，如 IEC60969；项目节能灯的光通量大于或等于被替代的白炽灯，且其瓦数低于白炽灯；明确每户安装数量、节能灯日运行小时数等。除了方法学的要求外，在所有 PoA 中设计的纳入标准还应包括以下几个方面。

1）每个 CPA 项目的地理边界唯一确定。通常一个节能灯发放规划都是在一个省内或者地域较广的城市内开展，因此每个 CPA 的地理边界都应统一在该省或该市的范围内。如果该省市内已有地区被开发成为节能灯发放项目，在确定规划的地理边界时应该除去该地区。

2）避免减排量重复计算。对于节能灯类的项目，首先需要确定每个纳入的项目都不属于任何其他的规划且没有注册成为单独的 CDM 项目；同时每个纳入规划的项目使用的节能灯都有清晰明确的标志，以与其他节能灯区别。

3）确保每个 CPA 满足额外性的需求。对于节能灯类的项目，额外性论证主要还是从财务收益这个角度展开，同时根据项目开展的方式不同，论证需要注意以下几个方面：第一，如果节能灯是免费发放或者低价发放，可以直接论证项目的净现值为负值，即如果没有 CDM 收益业主将承担全部前期购灯及发放成本；第二，如果项目节能灯获得财政补贴，则需要提供财政补贴额度的证明文件，充分说明光有财政补贴不够，地方没有推动的积极性；第三，如果节能是灯通过合同能源管理方式销售，即用户将节省下来的电费支付给节能灯提供方业主，这种方式通常适合大用户如写字楼、超市、政府机关等，对于用户，只有得到 CDM 支持，才会接受合同能源管理模式。

4）对于小规模的项目，确定每个纳入的项目不是从其他项目中拆分出来的。"拆分"与"不是拆分"的概念仅仅针对小规模项目活动。对于节能灯类的 PCDM 项目，需要判断是否存在一个活动与拟议的小规模 CPA 有相同的活动制定者或者是否存在一个活动的 CME 在同一领域还管理着另一个大规模 PoA，如果不存在则不是拆分项目，否则需要判断在最近的地方，活动的项目边界是否与拟议的小规模 CPA 的项目边界在 1km 以内，如果是还需要继续判断每年的减排是否少于或等于 6 万 t CO_2e，如果是则被判定为拆分项目，因此不能使用小规模项目活动的简化模式和流程。

4.3.3 抽样

抽样对于 PCDM 项目可能是确定某些重要参数的关键方法。EB 第 67 次会议出台了"关于样本容量和可靠性计算的最佳实施举例"。由于节能灯发放的范围广，涉及的用户分散，DOE 不可能对每户进行访谈，也不可能对所有的文件进行审查。在这种情况下，DOE 可以根据抽样的指南，选取部分农户进行访谈。目前给出的抽样方式包括简单随机抽样、分层抽样、集群抽样等。在现场考察和访问的时候，由于项目活动涉及的地块很多，因此，简单随机抽样考察访问是 DOE 常用的方式。DOE 必须对相关信息进行文件证据的审查以及现场访问，从而确定项目边界内的 CPA 的合格性。DOE 必须在审定报告中对相关文件或者陈述的合格性给出结论。如果 DOE 应用了抽样的方法，必须要在审定报告中明确评估了多少个项目点以及如何选择这些项目点的。

4.3.4 协调管理机构

PCDM 的项目协调管理机构可以通过申请和提供资金、技术支持、对各分散的小型减排活动实施者（家庭、个人、小型企业等）的咨询服务，对项目实施起到有效的促进作用，很大程度上扩大了 CDM 项目参与者的范围。同时，由于这类机构更加熟悉国际的 CDM 项目的操作规则、国家政策规划、相关减排技术，且具有较强的申请/获得资金支持的能力，他们往往是项目执行过程的核心，对 PCDM 的实施和发展有巨大的影响力。

回顾现有项目中协调管理部门管理项目的方式手段可以看出，公共部门的支持和参与对于项目的顺利执行非常重要，甚至是不可或缺的。其中，很多是直接受政府部门的协调和管理的；超过一半的项目以各种方式得到公共资金的支持。然而，现在越来越多的私人企业也愿意参与协调和管理类 PCDM 项目，它们主要以 CER 的销售收入作为其资金来源。针对我国现阶段节能灯类项目的实施开展情况，可供选择的 CME 包括灯厂、其他金融机构或者咨询方等，而无论哪一方作为 CME 都需要在政府的积极配合下才能推动项目的开展。

4.4 此类项目的前景、策略和实施路径

4.4.1 节能灯替代白炽灯

2011 年 11 月 1 日，国家发改委、商务部、海关总署、国家工商总局、国家质检总局联合印发《关于逐步禁止进口和销售普通照明白炽灯的公告》（以下简称《公告》），决定从 2012 年 10 月 1 日起，按功率大小分阶段逐步禁止进口和销售普通照明白炽灯。

《公告》明确，中国逐步淘汰白炽灯路线图分为 5 个阶段，实施路线图将有利于促进中国照明电器行业健康发展，取得良好的节能减排效果，预计可新增照明电器行业产值约 80 亿元人民币，新增就业岗位约 1.5 万个，形成年节电 480 亿 kW·h，年减少 CO_2 排放 4800 万 t（表4-2）。

第 4 章 节能灯PCDM项目开发与案例分析

表 4-2 中国淘汰白炽灯计划阶段实施计划

步骤	实施期限	目标产品	额定功率	实施范围与方式	备注
1	2011 年 10 月 1 日至 2012 年 9 月 30 日	过渡期为一年			发布公告及路线图
2	2012 年 10 月 1 日起	普通照明用白炽灯	≥100 W	禁止进口、国内销售	
3	2014 年 10 月 1 日起	普通照明用白炽灯	≥60 W	禁止进口、国内销售	发布卤钨灯能效标准，禁止生产、进口与销售低于能效限定值的卤钨灯
4	2015 年 10 月 1 日至 2016 年 9 月 30 日	进行中期评估，调整后续政策			
5	2016 年 10 月 1 日起	普通照明用白炽灯	≥15 W	禁止进口、国内销售	最终禁止的目标产品和时间，以及是否禁止生产视 2015 年的中期评估结果而定

中国是照明产品的生产和消费大国，节能灯、白炽灯产量均居世界首位，2010 年白炽灯产量和国内销量分别为 38.5 亿只和 10.7 亿只。据测算，中国照明用电约占全社会用电量的 12% 左右，采用高效照明产品替代白炽灯，节能减排潜力巨大。逐步淘汰白炽灯，对于促进中国照明电器行业结构优化升级、推动实现"十二五"节能减排目标任务、积极应对全球气候变化具有重要意义。

随着近几年 CDM 市场机制应用的推广和普及，节能灯 CDM 项目的开发已然成为节能灯厂商扩大市场份额的有效途径。上述"白炽灯"禁售令的发布多少让这类厂商及相关各方感到忧虑，担心利用 CDM 推广节能灯的路径被中断。但细想开来，"白炽灯"禁售令短期内并不会对节能灯相关的 CDM 项目产生影响，理由如下：

第一，此政策为 2001 年 11 月 11 日马拉喀什协议之后才执行的 E-政策，在相关 CDM 项目论证额外性和基准线情景时无需考虑。根据 CDM 执行理事会的规定，有利于提高节能灯等低碳技术或产品竞争力的政策为 E-政策。白炽灯被分阶段禁售则明显有利于节能灯产品的推广，但政策本身并不会对 CDM 项目额外性和基准线的论证产生影响。

第二，政策实施效果的体现需要时间，白炽灯不会立刻消失。"限塑令"自颁布以来已超过 3 年时间，但实施效果并不理想，尤其在农贸市场无偿提供塑料袋的现象仍司空见惯。而白炽灯因其价格便宜、使用习惯等因素，与塑料袋一样仍然会在未来很长一段时间内因市场需求而广泛存在。

鉴于以上分析，节能灯 PCDM 项目的注册暂时不会因此存在障碍。当然，普通白炽灯逐渐从居民家中消失将是必然，只是时间长短的问题。所以，对于 PCDM 项目开发机构来说，当务之急还是尽可能快地将合格的 PCDM 项目注册，为国内节能灯的推广争取到更多的碳减排收益。

4.4.2　LED 路灯

（1）LED 路灯的应用前景

LED 路灯作为节能灯的一种，以定向发光、功率消耗低、驱动特性好、响应速度快、抗震能力高、使用寿命长、绿色环保等优势逐渐走入人们的视野，成为目前世界上最具有替代传统光源优势的新一代节能光源，因此，LED 路灯将成为道路照明节能改造的最佳选择。

然而，在我国如果想广泛应用 LED 路灯，还面临着一些阻碍。首先是品质问题，即绝大部分 LED 照明应用企业规模较小，且多为产业下游应用为主，缺乏核心及关键技术，导致 LED 绿色照明生产企业技术水平和产品质量参差不齐，鱼目混珠，大规模使用质量风险较大；其次是资金问题，虽然 LED 绿色照明产品节能率高达 60%，节能减排效果明显，但初期投资成本较高，若一次性投入，政府财政压力较大。因此提高 LED 路灯的品质，并找到合适的商业模式解决资金问题，才能真正实现 LED 照明技术的应用。

（2）LED 路灯替换相关方法学应用策略

在 EB 第 59 次会议上通过了一个新的方法学 AMS-Ⅱ.L.，即"需求侧活动户外及街道节能照明技术"。该方法学定义，如果项目活动是在公共的街道照明系统或高速公路复合照明系统中使用节能灯以及固定装置替代原有的低能效电灯或固定装置以提高电力使用效率，那么这个项目则可以通过应用 AMS-Ⅱ.L. 申请成为 CDM 或 PCDM 项目。

在应用 AMS-Ⅱ.L. 方法学开发项目时，需要注意以下几点：①需要相关管理部门提供基准线情境下路灯的参数；②需要选择合适的代表位置比较项目活动与基准线情境的总有效照明；③后期监测要严格按照方法学的要求，如对于平均年运行小时数至少要连续监测 90 天，后续每隔一年监测一次等。

目前根据此方法学已有一个公示的 PoA 项目，即在泰国各城市内用 LED 灯替换原有路灯，该项目由地方电业局下属的 ENCOM 公司协调管理，并由各地方政府人员配合换灯工作，第一个 CPA 预计的年减排量为 1741 吨 CO_2，约合人民币 18 万元。这种由政府作为项目申请方并协调管理整个项目的模式有利于在各地方开展 CPA，唯一需要注意的是如果参与到项目的利益相关方多，尤其像 PCDM 类型的项目，那么在各方的利益分配上应事先协商确定，将各方的职能及利益明晰化，以防止事后不必要的纠纷。

（3）项目开发模式及实施路径

现阶段由于 LED 路灯价格高，我国的路灯市场仍旧是政府买单，为此，国家出台了一系列规定和政策大力推广绿色环保的节能产品，如财政部、国家发展和改革委员会《高效照明产品推广财政补贴资金管理暂行办法》等，以解决安装 LED 路灯时面临的资金问题。

而在 2010 年 8 月 9 日颁布、2011 年 1 月 1 日正式实施的《合同能源管理技术通则》可以说为合同能源管理项目提供了技术规范，也为节能服务企业提供了基本操作指南。对于 LED 路灯替换项目则可以是政府将使用 LED 路灯节省下来的电费返还给出资购买或生产及安装 LED 路灯的公司或机构，以弥补其前期的投资成本。同时若能将 LED 路灯替换项目申请成为 CDM 项目，则后期核证的减排量所带来的收益同样也是弥补项目投资成本的另一个资金来源（图 4-1）。

在图 4-1 中，CME 可以是政府、LED 供应商或者另外独立的第三方机构。以我国海南省文昌市更换 LED 路灯为例，若分别以 175 瓦 LED 灯替换 3500 盏主干道 400 瓦高压钠灯，105 瓦 LED 灯替换 1500 盏次干道 250 瓦高压钠灯，70 瓦 LED 灯替换 500 盏支干道和人行道 150 瓦高压钠灯，初步估算，年节电量将

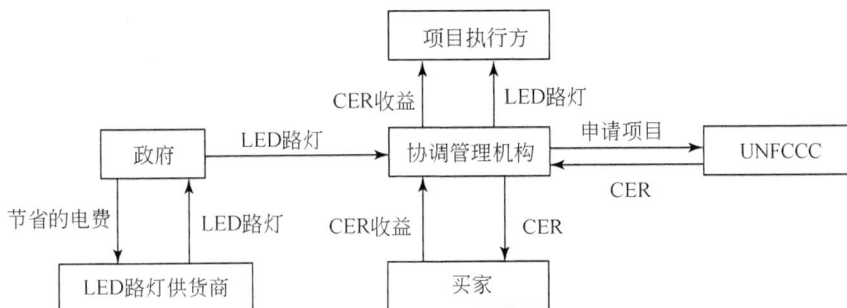

图 4-1 LED 路灯 PCDM 项目开发模式

达到 3 801 377 度电，将减少 CO_2 排放 3000 多吨，总节能收益将近人民币 280 万元。

4.5 案 例 分 析

4.5.1 江苏项目案例分析

江苏省节能灯发放规划类活动（PoA）通过纳入多个小规模节能灯发放 CDM 项目（CPA），计划在江苏省内针对农村居民发放约 5 千万只高质量节能灯同时替换等量的白炽灯。第一个 CPA 在江苏省淮安市楚州区开展，预计发放 100 万只节能灯。

该规划由一家节能灯厂自愿发起，作为 CME，灯厂与其他所有参与方（包括执行方、居民等）都本着自愿参与的原则签署了相关协议，并明确 CER 收益的分配。该规划类活动中发放的节能灯均由灯厂提供，这点有利于保证节能灯的调配。第一个 CPA 的执行方也为灯厂，并且有当地政府部门的支持和参与，因为这对于项目的顺利执行非常重要，甚至是不可或缺的。

4.5.1.1 前期调研和项目识别

在项目计划申请成为 PCDM 之前，灯厂就从江苏政府部门了解到江苏农村大部分地区农户仍以使用白炽灯为主，之后针对欠发达地区淮安市楚州区做了抽样调查，结果是 40W、60W、100W 的比例为 9∶6∶1，以每户平均发放 3 只的标准（抽样调查所得，且方法学要求每户不能超过 6 只），楚州地区 346 515

户预计共发放约 100 万只灯。按每只 11 元的价格计算，发放 100 万只节能灯的成本为 1100 万元。如果开始本项目的推广应用，预计整个减排期（约 8 年）能减少二氧化碳排放量约 25 万吨（根据方法学计算所得），按 CER 价格 10 欧元，当前汇率 9 测算，由此产生大约 2250 万元收入。所以经测算，若本项目不申请 PCDM，则投资的净现值（假定每年的贴现率 0%）约 -1100 万元；若项目申请 PCDM，则投资的净现值（假定每年的贴现率 0%）可增加到约 1150 万元。由此可见，前期的基础调研对项目的识别极为重要，也是证明项目可以开发的要素之一。

4.5.1.2 组织管理架构搭建

在规划类活动中 CME 的作用极为重要，由于此规划的 CME 和 CPA 执行方均为灯厂，因此灯厂可以从之前开发的"江苏省节能灯 CDM"项目中借鉴的经验很多，同时结合 PCDM 自身的特点，灯厂分别设立了 PoA 协调管理小组及负责 CPA 执行的相关小组。

PoA 协调管理小组包含资料组、考核组、质量控制组和技术联络组，其各自的职责如表 4-3 所示。

表 4-3　协调管理小组职责

小组名称	工作职责
资料组	1）保存 CPA 执行方提供的电子版数据资料； 2）控制 CPA 的纳入
考核组	1）核查 CPA 的运行情况； 2）对不合格的 CPA 执行方可提出警告、给予处罚其至撤销该 CPA 项目
质量控制组	1）定期培训并考核 CPA 执行方，保证 CPA 执行方的能力提高； 2）根据需要改进质量管理体系
技术联络组	1）与 DOE 进行沟通，提供 PCDM 申请注册以及后续 CPA 纳入、审定、核证时所需材料； 2）负责减排量收益的分配等，由协调管理机构搭建的体系是否合理有效直接影响到后期 CPA 的顺利纳入以及减排量的核证等

每个 CPA 的执行方又管理下设的三个小组,职责见表4-4。

表4-4　下设小组职责

小组名称	工作职责
调研组	1) 调查 CPA 开展地区的基准线情况,保存原始纸质过程记录,并将其转换成电子版记录; 2) 向 CME 提交 CPA 纳入请求以及后续审定、核证需要的数据资料
核查组	1) 抽查调研组提供的基准线数据,驳回不合格数据; 2) 对节能灯的发放、安装和记录,白炽灯的替代、回收和记录进行实时检查,及时纠正不规范操作; 3) 抽样调查 CPA 的运行情况
发放组	1) 负责节能灯的领取、发放、安装和记录以及白炽灯的替换、回收、销毁和记录; 2) 负责与居民签订放弃减排量协议

管理架构见图4-2。

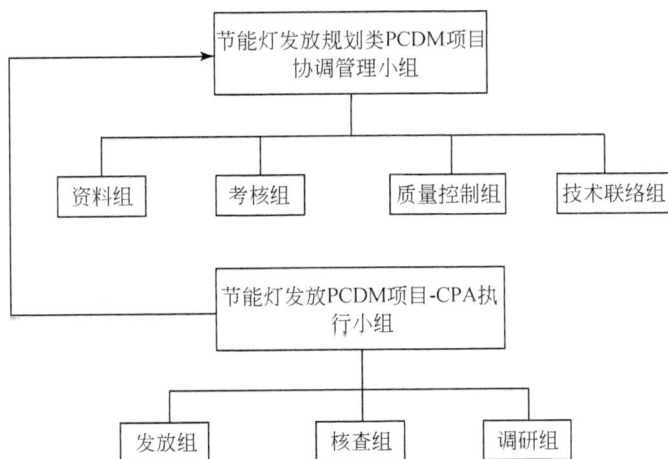

图 4-2　节能灯发放 PCDM 项目管理架构

4.5.1.3　具体项目开发

该 PCDM 应用的方法学是 AMS-Ⅱ.J.(版本4),即能效提高类的针对高效照明技术的需求侧活动,因此 PoA 协调管理小组需要根据方法学的要求以及其他 PCDM 相关规则标准编写三个设计文件,包括 PoA-DD、一般性 CPA-DD

和完整 CPA-DD。

在开发 PoA-DD 的过程中需要注意以下几个重点:

(1) 纳入标准的设计

在确定纳入标准时,除了需要考虑方法学及相关规则的要求,还要结合本规划的特点,确保后期纳入 CPA 的质量以及纳入的可操作性及可核查性等。该 PCDM 设计的纳入标准如表4-5所示。

表4-5 纳入标准

编号	纳入标准
1	应用方法学 AMS-Ⅱ.J.
2	每个纳入规划的项目的地理边界唯一确定
3	发放的节能灯全是新的
4	项目节能灯的光通量大于或等于被替代的白炽灯,且其瓦数低于白炽灯。具体来讲,它需要依据相关国家/国际标准进行测试并确认
5	每个项目的年节电量不能超过60GW·h
6	节能灯的平均寿命或额定寿命要根据相关国际/国家标准予以确定,如 IEC60969
7	每个纳入规划的项目使用的节能灯都有清晰明确的标志,以与其他节能灯区别
8	发放给每户的节能灯不超过6只
9	替换掉的白炽灯回收并集中销毁
10	CME 与项目执行方要签署协议明确分工及 CER 收益分配
11	确定每个纳入的项目都不属于任何其他的规划且没有注册成为单独的 CDM 项目
12	确定每个纳入的项目不是从其他项目中拆分出来的

(2) 规划额外性的论证

同 CDM 项目一样,PCDM 也需要论证项目的额外性。由于中国针对居民节能灯的使用没有强制性约束,所以本规划的基准线情景是居民继续使用白炽灯。为了促进高质量节能灯的推广,协调方、项目执行方和居民都是自愿参与本规划及其具体项目(CPA)。

活动规划的额外性可以有选择地从以下3个层面进行论证:①没有 CDM 支持的情况下,拟议的自愿措施不会被实施;或者②没有 CDM 支持的情况下,强制政策和规定没有被系统有效地执行,且这种不合规的情况在区域内普遍存在；或者③该规划的实施能使现有强制性政策/规定更有效地执行。本规划选择从第一个层面进行论证，即没有 CDM 支持的情况下，拟议的自愿活动规划将面临高投资障碍并难以实施。

其实投资成本这一点在前期项目识别时已做了初步的估算，再一次说明额外性论证是项目能否被开发的重点之一。由于本规划纳入的项目（CPA）数量不定，规划所涉及的节能灯总量等数据亦难以确定，因此在此假设 100 万只节能灯（三种规格：8W、11W、22W）被免费发放。项目活动的成本主要由以下两个部分构成：第一，每只节能灯的（生产/采购）成本预计为 11 元人民币；第二，根据可行性研究报告，包括发放人员工资和运输费等其他成本预计将达到 1.56 元人民币/只。表 4-6 显示了项目活动的净现值。保守起见，在计算过程中折旧率取 0。从表中可以看出，没有 CDM 收入的支持，项目的净现值为负 1256 万元人民币。

表 4-6　节能灯项目财务分析表

年份	1	2	3	4	5	6	7	8	总值
节能灯成本	11 000	0	0	0	0	0	0	0	11 000
其他成本	1 560	0	0	0	0	0	0	0	1 560
总成本	12 560	0	0	0	0	0	0	0	12 560
节能灯（销售）收入	0	0	0	0	0	0	0	0	0
现金流	−12 560	0	0	0	0	0	0	0	−12 560

假设每一单位碳减排量（CER）的价格为 10 欧元，加入 CDM 收入后净现值为 4811 万人民币。结合上表的分析，可以得出以下结论：CDM 支持是本项目实施的唯一资金动力。没有 CER 收益的情况下，净现值为负，而加入 CER 收益后，项目在财务上具有吸引力。

（3）CPA 的监测计划

由于该规划下 CPA 都应是具有共性的，因此在 PoA-DD 的 E 部分需要对 CPA 的监测方案进行描述。根据本规划的特点及方法学的要求，CPA 的监测会从以下几个方面展开：

1）节能灯的发放。关于节能灯发放和白炽灯替换回收，每个 CPA 采取的方式可以不同，但原则上应该保证每户获得的节能灯不超过 6 只。以下是两种供参考的方式：进入每户直接安装；或者通过集中地点发放节能灯并回收白炽灯。如果没有采取入户安装的方式，执行方应该在发放时向居民做好宣传教育，促使节能灯安装在使用率较高的地方。

建立相关信息数据库。信息应该包括 CPA 的地理边界，每个用户安装节能灯的数量、瓦数和安装时间，以及用户的个人信息等。CPA 执行方应将纸质和电子信息保存好，并将整理好的电子信息提供给 CME。

节能灯发放完毕后，CPA 执行方应通知 CME。节能灯发放完毕的时间会被作为该 CPA 减排量计入期的开始时间，当然在确定前，CME 会组织检查小组去现场进行抽查证实。

2）事后监测调查。监测将以抽样调查方式进行。为确保样本选举的随机性，随机数字生成器将被应用。除此以外，调查过程应遵循以下原则：样本容量的选举应保证置信区间不低于 90%，误差边际不超过 10%；且规模不低于 100；问卷调查对象的选举应保证随机；调查是以现场访谈的形式开展；受访者必须在 12 岁以上。

3）白炽灯销毁。替代下来的白炽灯将被回收并集中销毁。销毁过程应在当地环境保护机构的监督下进行，或通过录像予以记录。

4）相关方与各自承担的责任。CPA 执行方承担的责任包括：在当地政府的协助下完成节能灯的发放，确保每户不超过 6 只；记录发放数据；收集白炽灯并将集中销毁的过程记录下来；协助完成 CPA 的审定和核查/核证工作。CME 承担的责任包括：统一定制采购符合要求的节能灯，并将其供应给 CPA 执行方；支付执行费用；委托咨询机构完成 PoA 的注册和 CPA 的审定纳入工作；与各方进行协调。

5）培训。在发放节能灯之前，CPA 执行方会编写手册用于指导发放及信息收集工作。所有相关人员都要参与手册学习的培训。

依据 PoA 中对规划下 CPA 的监测要求，具体 CPA 的监测计划如下：

1）监测内容和减排量计算。根据该 PCDM 项目的技术要求，为获得核证减排量本项目需要监测发放过程中的参数，即项目活动中被替换和销毁的白炽灯数量 $Q_{BL,i}$，i 类节能灯替换白炽灯的额定功率 $P_{i,BL}$，节能灯发放开始及完成安装的时间 $DATE_{start}$ 和 $DATE_{end}$，i 类 $P_{i,PJ}$；以及发放完毕后通过抽样调查方式监测的参数，即项目活动中在役的节能灯数量 $Q_{PJ,i}$ 和 y 年 i 类节能灯的破损率

$\text{LFR}_{i,y}$。具体参数的内容与监测描述如表 4-7 所示。

表 4-7　监测参数

数据/参数	$Q_{\text{PJ},i}$
数据单位	只
描述	项目活动中使用（在役）的节能灯数量
所使用数据的来源	后期抽样调查数据和节能灯发放记录
描述要应用的测量方法和程序	在所有节能灯安装后的第一年内将组织第一次事后抽样调查。在这次调查中，每只被核查的节能灯的使用状态都会被记录在调查问卷上。被抽到的农户将以户为单位填写问卷。问卷上的相关信息随后被输入到项目的数据库中
任何评价	/
要应用的 QA/QC 程序	采用标准数据表格
数据/参数	$Q_{\text{BL},i}$
数据单位	只
描述	项目活动中被替换和销毁的白炽灯数量
所使用数据的来源	白炽灯替换和销毁记录
描述要应用的测量方法和程序	在白炽灯替换的同时填写信息表并相关信息输入项目数据库
要应用的 QA/QC 程序	采用标准数据表格
任何评价	白炽灯的销毁应该在当地环保官员的监督下进行或者通过录像予以记录
数据/参数	$P_{i,\text{PJ}}$
数据单位	瓦
描述	i 类节能灯（用于替换白炽灯）的额定功率
所使用数据的来源	节能灯发放记录
描述要应用的测量方法和程序	由发放队伍在替换时读取并记录在发放表格里，随后输入项目数据库
要应用的 QA/QC 程序	采用标准数据表格；数据以纸质和电子两种方式保存
任何评价	/
数据/参数	$P_{i,\text{BL}}$
数据单位	瓦
描述	第 i 类节能灯替换的白炽灯额定功率
所使用数据的来源	白炽灯替换记录
描述要应用的测量方法和程序	由发放队伍在替换时读取并记录在发放表格里，随后输入项目数据库

要应用的 QA/QC 程序	采用标准数据表格
任何评价	/
数据/参数	$DATE_{start}$ 和 $DATE_{end}$
数据单位	日/月/年
描述	节能灯开始及完成安装的时间
所使用数据的来源	节能灯发放记录表
描述要应用的测量方法和程序	由发放队伍在实际替换时记录在发放表格里，随后输入项目数据库
要应用的 QA/QC 程序	采用标准数据表格
任何评价	/
数据/参数	$LFR_{i,y}$
数据单位	%
描述	y 年 i 类节能灯的破损率
所使用数据的来源	事后监测调查和节能灯发放记录
描述要应用的测量方法和程序	依照节能灯发放记录表，对安装使用的节能灯进行抽样调查
要应用的 QA/QC 程序	抽样调查过程中，只将带有清晰独特项目标志的节能灯纳入其中。采用标准数据表格
任何评价	/

本项目将按照方法学提供的步骤计算减排量，简单的计算方法为：

项目年减排量（吨）= 华东电网基准线排放因子×年净节电量

式中，华东电网基准线排放因子为 0.78255 t $CO_2e/MW \cdot h$，在计入期内（7年）保持不变。

2）监测流程及质量控制。项目在实施监测时应严格按照 PDD 及监测报告中所描述的规范及程序开展。

项目节能灯由两个人一个小组发放，一人发放和安装节能灯，一人回收白炽灯并填表。所有发放人员必须事先接受培训，严格执行置换要求，节能灯只能置换在客厅和卧室，每户置换最多不得超过六只，一室一只，客厅最多可置换一只，卧室有一间换一只，要做到实事求是，每户能置换多少就是多少，并且要装到指定的地方。

白炽灯的回收要与节能灯的发放一一对应，将置换下来的白炽灯放回到档格内。不能弄虚作假例如"买白炽灯换节能灯"。要保证包装箱的完整回收，直至乡镇，确定上交到乡镇的时间。发不完的节能灯上交到乡镇。如有破损的节能灯和白炽灯应小心放回包装箱内上交乡镇，不可随便乱丢。所有被替换白炽灯将集中销毁，以录像形式记录销毁过程。

替换的日期、被替代白炽灯的额定功率和节能灯的额定功率必须在发放时记录。白炽灯的额定寿命来自灯具上的标志。如果模糊不清、无法读取，则记录为40W。节能灯的额定功率来自灯具上的标志和厂家提供的信息。表格收齐后，建立数据库，将所有发放表格信息输入进去。

3）后期抽样调查。为了做好抽样调查工作，PCDM监测小组应开展专门的培训会议，由专人负责以抽样调查方式对相关数据进行监测。调查活动的步骤为：①根据方法学AMS-Ⅱ.J.的要求，选取合适的抽样方法及计算公式确定能代表总体的样本量；②将所有信息按户排序，利用excel中的随机函数抽取要被抽查的样本号；③由专人在现场对抽样样本进行调查，内容主要包括项目活动中实际安装的节能灯数量（按瓦数划分）、发放的节能灯所处的状态、节能灯的破损和替换情况。所有文件上交归档前，均应确保签署完整。文档保存应整齐，并整理成册，以便DOE核证。

4）质量保证及控制（QA/QC）。QA/QC即通过一系列措施保证监测数据的准确性和监测程序的规范性。这些措施主要包括：对各小组进行培训，严格规范发放回收各环节，出台相应的奖罚措施，每发放一定数量的节能灯就要进行阶段性内部核查，以保证节能灯置换白炽灯的质量及信息表填写的正确率，及时发现问题，及时指导。QA/QC主要由数据质量核查员负责。

（4）核证

核证一般在项目PCDM注册成功且运行一年左右的时间进行，每年一次。预计核证时间开始前的一个月内，应开始准备核证资料。具体的核证资料视DOE的要求而定，核证的主要方式是联合国的核证机构DOE通过到现场察看，审阅核证资料以及向核证小组成员提问的方式进行。核证结束且相应报告完成后，DOE会向联合国提出核证减排量的签发请求。

（5）抽样调查

由于PCDM的特殊性，后期纳入的CPA逐渐增多后，DOE需要对其进行抽样调查而不是逐一审定，同时，根据 AMS-Ⅱ.J. 方法学的要求需要通过抽样调查确定项目开始后仍在使用的节能灯数量及其破损率。确定样本数的方法见表4-8。

表4-8 抽样调查方法

采样目的	采样目的是为了获得可靠的关键变量评估值，以计算项目所产生的减排量。关键变量有如下两个： 1）使用中的节能灯数量； 2）节能灯的破损率
目标人群	目标人群是在江苏省淮安市楚州区内参与该项目的所有用户
需要收集的数据	使用中的节能灯数量 1）在节能灯开始发放后的12个月内，进行抽样调查以确定节能灯被安装和运行。 2）只有印有"PCDM""江苏省节能灯发放规划类项目"和"楚州区"标志的节能灯才能被算入其中。节能灯的破损率 3）当上面事后调查的纲要给出后，项目活动将按此纲要开展随后的调查
样本框	样本框取决于 SSC-CPA 执行方记录的数据。该框架由项目区域内的受访者信息组成。样本框如下： 1）领取节能灯的住户信息： 每个住户的信息（地址，户主姓名）；每个灯泡的信息（发放节能灯的日期，节能灯和被替换白炽灯的数量及额定功率，回收白炽灯的日期，销毁的白炽灯数量，返还和安全处理破损节能灯的日期）； 2）事后监测调查时住户的信息： 抽查住户列表（房屋地址，户主姓名）；住户被列入调查和调查完成的时间；节能灯相关信息（包括灯的替换、维修、移除，或安装位置的变化）
取样方式	由于项目范围内的每个用户都有相同被确认的概率，因此选用简单随机抽样法。
所需精确度/方差和设计样本量	方法学 AMS-Ⅱ.J. 要求最小置信区间为90%，最大误差10%。 （1）事后对项目的抽样调查以确定节能灯的数量 　　为估算项目活动中在役节能灯的比例 p，误差控制在10%以内，样本数 n 为 $$n = z^2(1-p)/r^2 p$$ 其中，r 代表允许误差，取0.1； z 为去掉误差面积，正常曲线与横坐标间的区域，值为1.645。因此 n 为 $$n = 270.6025(1-p)/p$$ 以上公式有两个未知数 n 和 p。如果从相似的样本调查中得到 p 的值或者从过去的经验值得到 p 的值，则可以计算出 n。由于 p 的值是变化的，所以 n 的值也会随之改变。当

所需精确度/方差和设计样本量	多数的节能灯已经被使用，在开始发放的 12 个月内，展开这个调查。假设 10% 的节能灯被安装却未被使用或者未被安装。这样，粗略估算 p 为 0.9，则 $n=30$。方法学 AMS-Ⅱ.J. 要求最小的抽样样本数为 100，允许有 10% 的无应答，因此样本数为 110
	(2) 事后监测调查评估破损率
	破损率的置信区间也为 90%，因此 $n=z^2$（$1-p$）$/r^2 p$
	其中，r 代表允许误差，0.1
	z 为去掉误差面积，正常曲线与横坐标间的区域，值为 1.645。因此 n 为：
	$$n=270.6025（1-p）/p$$
	以上公式有两个未知数 n 和 p。如果从相似的样本调查中得到 p 的值或者从过去的经验值得到 p 的值，则可以计算出 n。由于 p 的值是变化的，所以 n 的值也会随之改变。如果在第三年进行抽样调查，粗略估算 p 为 0.19，则 $n=1154$. 允许 10% 的无应答，最后的样本数为 1269
	(3) 用户的随机选择
	为确保随机抽样，将采取以下两点措施：
	1) 每个住户对应唯一的序列号，从 1 开始到项目范围内的用户总数；
	2) 使用随机数生成器

在编写 CPA-DD 时，完整 CPA-DD 是在一般性 CPA-DD 模板基础上将实际项目的信息填写其中，重点同样包括以下几点：①需要确认该实际 CPA 符合 PoA-DD 中的纳入标准；②依据 PoA-DD 中的额外性论证方式分析该 CPA 的投资障碍；③明确该 CPA 的监测计划与 PoA 中的一致且列出监测参数的具体数值。

（6）其他相关文件支撑

该规划从前期调研、发放方案的确定到之后节能灯的实际发放、安装，白炽灯的回收销毁，过程的现场记录和后期转录成电子版，事后抽样调查的开展，期间发放人员、核查人员、监测人员及质量控制人员的培训等都需要有相应的文件支撑，这样才能满足 DOE 的审定及核证。因此，除了三个设计文件，以上这些文件同样重要，也只有这些文件准备充分，才能保证每个 CPA 的顺利审定及 CER 的签发成功。

4.5.2 河北项目案例

河北省节能灯发放规划类活动也是由一家节能灯厂自愿发起的，同时作为 CME，灯厂预计选择河北省邯郸市魏县作为第一个 CPA，向该地区内自愿参加的居民发放节能灯，发放数量约 100 万只，每户不会超过 6 只。

(1) 前期调研和项目识别

与江苏节能灯规划类活动相似，在对项目进行前期调研和项目识别时也是初步估算了该地区能够发放的节能灯数量以及收支比例，因为如果发放数量较小则无法获得能够弥补成本的减排量收益，那么项目还是无法开展。对于该发放活动，灯厂还得到了河北省政府少量的财政补贴，但由于财政补贴金额有限，仍旧需要其他资金支持，因此灯厂决定将其申请成为 PCDM 项目，这一点需要在设计文件中说明，以便后期 DOE 的顺利审定。同样，在国家层面也需要将两个资金来源的结合说明清楚，以防项目在备案时国家发展和改革委员会人员产生不必要的疑问。

(2) 组织管理架构搭建

河北节能灯 PCDM 项目的组织管理架构与江苏的差异不大，同样都是 CME 的灯厂在江苏节能灯 PCDM 项目中还是 CPA 的执行方，而在该项目中，灯厂可以选择自己作为某些 CPA 的执行方，也可以根据后续将要纳入 CPA 的特性选择其他更有经验的机构进行发放活动。与此同时，后者可以延续使用灯厂作为 CPA 执行方时设计的管理体系（见 4.5.1.2 节），也可以重新搭建 CPA 执行方管理体系，保证与 CME 能够有效地对接。如果灯厂选择其他机构作为 CPA 执行方，那么两者就需要签订相应的授权协议，以确保 CER 利益的分配不出现问题。

(3) 具体项目开发

该规划的开发重点与江苏项目的相同，在额外性论证这一部分需要注意的还是清晰论证即便获得财政补贴规划也无法顺利开展。

在这两个规划活动开发的过程中，当地政府的作用非常重大，如果没有政府的支持和协作，在相应农村地区发放节能灯将非常困难。因此，和政府的沟通协调也将是 CPA 执行方主要的职责之一。

4.5.3　总结

根据以上案例的分析，规划类节能灯发放活动的开发需要注意以下两点：

（1）项目可行性评价

如其他类型项目在开展前需要做可研报告一样，节能灯的发放也要做好前期的调研工作，包括调查当地政府、居民对发放节能灯替换白炽灯的态度、该地区白炽灯的使用量、估算可能产生的减排量、分析发放成本是否可以得到弥补。由于节能灯发放活动的现金流较为简单，因此建议选择项目活动净现值来分析投资障碍，这一点也是额外性论证的重要部分。当以上几点都确定后，即当地政府居民都愿意配合参与该项目，且仍有大量分散的农村居民在使用白炽灯，而没有减排量收益项目就无法开展，则该项目基本可以确定能够被开发成为 PCDM。

然而对于 CME 来说，除了需要承担节能灯的购买费用、执行人员的工资，还要负担后期 DOE 的审定、核证费及项目注册费等。这就意味着 CER 收益仅能弥补前两者的支出还是不足以推动该项目的开展，所以创造更多的融资渠道及商业合作模式才是能有效推动此规划类项目的关键。

仍以灯厂作为 CME 为例，CPA 执行方的选择见表 4-9。

表 4-9　CME 与 CPA 执行方

CPA 执行方	CME 与 CPA 执行方的关系	备注
灯厂	CME 承担所有费用	政府配合
其他机构	1）CME 支付 CPA 执行方一定发放费用，独享 CER 收益（同上） 2）CME 与 CPA 执行方共同分配 CER 收益，后者自己负担发放费用	政府配合

续表

CPA 执行方	CME 与 CPA 执行方的关系	备注
当地政府	1）政府负责 CPA 的开展、承担相应费用、获得利民惠民政绩，CME 独享 CER 收益 2）政府负责 CPA 的开展、承担相应费用、获得利民惠民政绩，同时提供一定的财政补贴，CME 独享 CER 收益	政府对节能灯产业大力支持

以上是现有的几种模式，如果想要引进更多的公共或商业资金，同时 CPA 执行方又愿意自行承担费用，就必须找出双赢或多赢的利益点，如可以为某品牌的节能灯做无形的广告，为政府树立良好的形象、增加业绩，满足某些组织的公益活动需求等。当然这一部分还需要更多的实践和尝试。

（2）发放计划确定及后续工作准备

CPA 执行方需要设计合理有效的发放方案，否则在实际发放过程中会浪费人力物力。而后续工作包括现场审定、抽样调查、核证减排量等，这些都需要有明确的要求及制度保证顺利开展，期间也涉及大量的文件支撑，因此 CME 需要审查并保存这些材料。

参 考 文 献

清洁发展机制方法学应用指南.2010 年 1 月．北京：中国环境科学出版社

UNFCCC，CDM Methodology Booklet，available at http：//cdm.unfccc.int/

第 5 章

大中型沼气工程 PCDM 项目
开发与案例分析

我国政府长期以来对沼气的发展给予了高度重视，近年来，尤其对大中型沼气工程的发展采取若干促进政策，使之有了快速的发展。然而，大中型沼气工程建设也存在着制约其发展的诸多问题。伴随着清洁发展机制的完善与成熟而产生的 PCDM 为改善大中型沼气工程开发建设中遇到的难题提供了一种值得深入探讨的模式。本章就大中型沼气工程 PCDM 开发中需要关注的重点和问题进行介绍和讨论。

5.1 背　景

5.1.1 我国大中型沼气产业发展现状

自 20 世纪 70 年代，国家将沼气作为一种重要的资源在广大农村地区开展应用，并专门成立了国家级的研究单位和政府管理机构，促进沼气技术的推广和应用。随着近些年我国经济社会水平的快速发展，我国沼气技术应用在大中型沼气工程领域也取得了快速的发展。根据相关研究的统计，截至 2009 年底，各类已建大中型沼气工程中：工业企业 2000 座左右；大中型畜禽养殖场 22 570 处；城市生活垃圾和污泥 627 座左右。我国大中型沼气工程近年来得以快速发展，除了社会发展水平、政府支持等因素外，还与我国不断完善的环境领域的相关政策法规体系建设有关。

在政策方面，国家出台了《国务院关于做好建设节约型社会近期重点工作的通知》，要求"在农村大力发展户用沼气和大中型畜禽养殖场沼气工程"；《中共中央国务院关于推荐社会主义新农村建设的若干意见》指出"大幅度增加农村沼气建设规模，支持养殖场建设大中型沼气工程"。近期出台的《"十二五"资源综合利用指导意见》及《大宗固体废物综合利用实施方案》中明确部署了大力发展沼气工程，综合利用农业生产、城市生活废弃物。政府的政策激励和支持在中长期内对大中型沼气产业的发展创造了良好的宏观环境。

在法律法规方面，国家颁布了《中华人民共和国农业法》、《中华人民共和国节约能源法》、《中华人民共和国可再生能源法》，以法律的形式对包括大中型沼气在内的可再生能源的发展力度给予了坚实保障。此外，一些法律法规如《中华人民共和国水污染防治法》、《畜禽养殖污染防治管理办法》、《畜禽养殖污染物排放标准》、《关于加强城镇污水处理厂污水污染防止的通知》等有效地通过政府强制措施来约束相关企业、单位的污染物治理标准，进一步提高了污染物排放门槛。因此可以预计，在未来随着中国经济发展由"高碳"粗放向"低碳"集约化的转型，未来大中型沼气工程将迎来快速发展的时期。

5.1.2 大中型沼气工程发展中存在的问题

尽管国家对大中型沼气工程的发展越来越重视，但其在发展中所面临的问题仍然很多，如技术升级创新、管理模式落后、投资效益低等。这当中，关于资金和投资效益的问题对于我们在讨论和分析大中型沼气工程 PCDM 项目的额外性、普遍性方面有着重要的参考意义。

该方面的问题表现在两个方面：①大中型沼气工程建设缺少良性的融资机制，就使得很多有建设沼气工程意愿的企业因资金问题无力开展项目。并且由于我国尚未建立严格的环境污染处罚体系，畜禽场的禽畜粪便、污水超标排放，企业不需要为自身造成的环境污染等支付相应的成本，企业也缺乏投资沼气工程治理污染的积极性，致使目前我国农村大中型沼气工程建设资金来源表现为基本只有政府引导而较少有企业主动的市场参与运作。②大中型沼气工程的建设、运行维护成本以及生产设备的成本都要高于其他能源形式的同等产能规模的投资，然而所生产出来的沼气的销售却又缺乏一个非常可靠的商业模式来支撑其实现盈利，造成大中型沼气项目的投资回收期长、投资收益率低的局面。目前，国家给予可再生能源发电较高的电价补贴，但沼气发电或是沼气集中供热，都需要投资方解决一系列的棘手的销售问题。比如以沼气集中供热为例，投资方需要建立配套的供热管网，分户采暖设备等，并且需要有相当数量和愿意支付足够费用的使用群体。诸如此类的问题，目前对于将沼气生产仅作为企业副产品的投资方来说，解决的难度很大，因此投资的收益率缺少保障。

5.1.3 大中型沼气项目结合 PCDM

如前文所述，尽管大中型沼气工程在未来有着良好的发展前景，但现实的问题是，目前大中型沼气工程的投资主体往往是考虑将大中型沼气作为解决环境污染问题的一个手段，而不是纯粹意义上的涉足清洁能源生产，因此投资主体在资金投入上有很大财务困难，并且面临着后期管理运营的成本和负担。因此充分利用清洁发展机制，利用碳排放权的交易收入来补贴企业投资，提高投资收益率成为一种有效的方式。

那么为什么要优先考虑将大中型沼气工程的开发与 PCDM 结合，而不是 CDM 呢？

这里除了有 PCDM 本身的优势外，如可以减少项目开发费用、简化纳入子项目的程序等，也与我国现有的大中型沼气工程规模有关。根据我国农业部出台的沼气相关标准标准，对于大中型沼气工程分别定义如表 5-1 所示。

表 5-1　我国对沼气工程规模的定义

工程规模	日产沼气量 Q（m^3/d）	厌氧消化装置单体容积 V_1（m^3）	厌氧消化装置总体容积 V_2（m^3）	配套系统
特大型	$Q \geqslant 5000$	$V_1 \geqslant 2500$	$V_2 \geqslant 5000$	发酵原料完整的预处理系统；进出料系统；增温保温、搅拌系统；沼气净化、储存、输配和利用系统；计量设备；安全保护系统；监控系统；沼渣沼液综合利用或后处理系统
大型	$5000 > Q \geqslant 500$	$2500 > V_1 \geqslant 500$	$5000 > V_2 \geqslant 500$	发酵原料完整的预处理系统；进出料系统；增温保温、搅拌系统；沼气净化、储存、输配和利用系统；计量设备；安全保护系统；沼渣、沼液综合利用或后处理系统
中型	$500 > Q \geqslant 150$	$500 > V_1 \geqslant 300$	$1000 > V_2 \geqslant 300$	发酵原料的预处理系统；进出料系统；增温保温、回流、搅拌系统；沼气的净化、储存、输配和利用系统；计量设备；安全保护系统；沼渣沼液综合利用或后处理系统

按照上述国家标准来计算，一个中型沼气项目其产气量为 150～500m^3/日，合计年产沼气约在 50 000～180 000m^3，如果将这些量的沼气全部用于发电，那么预计全年 CO_2 减排量估算仅为 200～850 吨；对于大型沼气工程，其全年 CO_2 减排量估算应该为 850～8000 吨。目前国内为数不多的几个特大型沼

气工程，如北京德清源沼气发电项目，其日产沼气量为 20 000m³，输出当量为 2MW；山东民和沼气发电项目，其日产沼气量 30 000m³，输出当量为 3MW。

根据《马拉喀什协议》的规定，最大输出当量为 15MW 的可再生能源项目或年直接排放量低于 1.5 万吨 CO_2 的减排项目活动均为小规模 CDM。因此参考我国大中型沼气工程的标准以及个别特大型沼气工程可以发现，无论是考察项目的直接减排量还是项目最大输出当量，我国的大中型沼气工程基本上属于小规模 CDM。对于这个规模的沼气工程来说，单独将其开发为 CDM 尽管在方法学上是可行的，但在经济上是很不合理的。利用 CDM 能够获得的收益对比其项目开发和建设投资也只是很小的一部分，开发收益不足以弥补开发成本，提高整个项目的财务收益率。

对大中型沼气工程采用 PCDM 模式进行开发，实际上是充分利用了 PCDM 能够发掘本身开发潜力小的清洁技术的特点，以规划实施的形式把实施主体由点扩展到面，形成规模效益，有效地提高开发效益的手段。

5.2　所涉及的方法学

5.2.1　沼气相关技术简介

沼气产生的原理是微生物在厌氧环境下分解有机物并产生含甲烷气体的过程。用作沼气发酵原料的有机物种类繁多，如禽畜粪便、作物秸秆、食品加工废物和废水，以及有机质含量较高的工业废弃物，如造纸厂废液、污水处理厂污泥等。整个沼气工程主要由原料与处理系统、厌氧发酵系统、沼气净化系统和沼气储存系统组成。上述原料在厌氧发酵系统中产生含甲烷的混合气体，再经过沼气净化系统脱硫纯化处理后，使混合气体的甲烷含量达到 50% ～ 70%，形成沼气。然后将沼气储存在储气系统中。

在沼气生产的技术和设备方面，我国大中型沼气工程已日趋成熟，配套设备已达到或接近国际先进水平，形成了标准化体系。对应不同的原料特性，在预处理系统、厌氧发酵系统、沼气输配系统、直飞系统等处理环节能够进行针对性的差异化设计。生物厌氧发酵机理研究、沼气工程产率、化学需氧量（COD）去除率已处于国际领先水平。我国目前已经具备了足够的技术能力开发和建设各类大中型沼气工程，采用的工艺包括连续搅拌工艺（CSTR）、升流式厌氧反应工艺（UASB）、升流式固体厌氧反应工艺（USR）、高浓度推流式沼气发酵工艺（HCPF）等。这些技术的成熟为我国大中型沼气产业的规模化发展奠定了坚实基础。

5.2.2 大中型沼气工程相关方法学

大中型沼气工程是整合了多个技术环节的系统工程。根据沼气生产技术、利用方式的不同，可以选择相应的方法学去开发大中型沼气 PCDM 项目，考虑到前文所讨论的大中型沼气工程的项目规模，一般主要使用小项目方法学。

沼气工程项目依据沼气最终的使用方式可大致分为沼气发电类项目、沼气供热类项目。因此在开发 PCDM 项目时会因沼气利用方式的不同而分别采用 AMS-Ⅰ.A.、AMS-Ⅰ.C.、AMS-Ⅰ.D. 这三种方法学。根据生产沼气的原料和生产技术来判断，目前我国各类大中型沼气工程，主要可归为以下几种类型：①工业有机废水处理沼气工程；②农业畜禽规模化养殖场粪便处理沼气工程；③城市生活垃圾处理沼气工程；④城市生活污泥沼气工程。所涉及的方法学包括 AMS-Ⅲ.D.、AMS-Ⅲ.G.、AMS-Ⅲ.H.（表5-2）。

表5-2 大中型沼气工程适用的方法学表

依据沼气生产方式		依据沼气使用方式	
AMS-Ⅲ.D.	动物粪便处理系统的甲烷回收	AMS-Ⅰ.A.	用户自行发电类项目
AMS-Ⅲ.G.	垃圾填埋甲烷气回收	AMS-Ⅰ.C.	用户使用的热能、可包括与电能联产
AMS-Ⅲ.H.	废水处理中的甲烷回收	AMS-Ⅰ.D.	联网的可再生能源发电
		AMS-Ⅰ.F.	自用和局域网的可再生能源发电

由于大中型沼气工程的特点，上述的方法学通常是整合使用的。比如将养殖场动物粪便产生的甲烷气回收后用于发电，并将所发电量部分用于上网、部分用于养殖场生产经营，那么在这个项目中就可以整合使用 AMS-Ⅲ.D.、AMS-Ⅰ.D.、AMS-Ⅰ.F. 这3个方法学。

目前，我国已开发的大中型沼气 PCDM 项目主要集中在畜禽养殖场粪便处理沼气工程上，而其他种类的项目则很少涉及。这里除了利用畜禽粪便资源生产沼气在工程技术方面较其他类型的沼气工程更为成熟、可行性高以外，一个重要的因素是，目前如垃圾填埋沼气工程、污水污泥沼气工程的数量远比动物粪便处理沼气工程要少，因此在一定的地理范围内可以作为合格的 CPA 纳入 PoA 的项目数量也因此非常有限。以垃圾填埋气发电项目为例，此类项目在一个省的范围本身数量就很有限，如人口大省河南省目前仅有七个类似的项目。由此可以看出，将此类的项目开发为 PCDM 项目有可能会遇到投入很大精力开发了 PoA 后却少有可以纳入的 CPA 的风险，导致开发的收益大打折扣。

因此，这里将对目前使用率最高的 AMS-Ⅲ.D. 进行详细介绍。

5.2.3 AMS-Ⅲ.D. 方法学介绍

目前，开发沼气类 PCDM 项目在巴西、马来西亚、乌干达已经有了成功的开发案例，尽管我国目前尚未有注册成功的沼气 PCDM 项目，但处在开发和审定程序中的项目已经有三个。这些项目所应用的方法学最主要的是动物粪便处理系统的甲烷回收（AMS-Ⅲ.D.）。

（1）该方法学适用的技术/措施

利用农业养殖场中的厌氧发酵粪便管理系统回收甲烷气，并利用燃烧等其他有偿方式使用这些回收的甲烷气。也包括将其他养殖场的粪便集中回收到厌氧发酵粪便管理系统中，进行厌氧发酵甲烷气回收。

（2）该方法学适用条件

1）畜群数量在一限定值以下，即圈养的；

2）粪便或其他排泄物在处理后不直接排放于自然环境中，污染水资源，否则 ASM-Ⅲ.H. 应作为适用的方法学；

3）厌氧处理系统所在地区的年均气温应大于 5℃；

4）粪便物在厌氧发酵系统中的滞留时间应大于一个月，如果基准线情景下应用的是化粪池，则池深应大于 1m；

5）在基准线情景下，不存在甲烷气回收、利用的任何活动。

（3）项目活动应该满足的条件

1）项目厌氧发酵设施中残余的废弃物处理应用有氧方式处理，否则应用

ASM-Ⅲ.AO. 中要求的程序来计算习惯排放；如果废弃物用于还田施肥，那么需要确定采取适当的措施避免甲烷的排放；

2）应当采用技术措施来保证所有回收利用的甲烷气被使用掉；

3）粪便从畜禽仓舍清理后应当在 45 天内被送入厌氧发酵设施，如能证明干物质含量大于 20%，则可以不考虑时间限制；

4）项目活动如果涉及混合粪便和其他有机质一起进行厌氧发酵，回收甲烷气，则应当使用 ASM-Ⅲ.AO. 中要求的程序；

5）项目总减排量每年不超过 6 万吨 CO_2。

（4）项目边界

由畜群、厌氧发酵设施、甲烷利用设施组成的物理和地理的边界。

（5）项目基准线情景

在没有向项目活动时，动物粪便在项目边界内厌氧腐烂，产生的甲烷气直接排入大气中。基准线的计算采用两种方法：①按照最新 IPCC 指南卷 4 中的方式，利用没有项目活动时可能厌氧腐烂的废弃物或原料的量计算。此种计算方式要求有粪便特性的信息以及粪便管理系统的信息。粪便特性信息包括粪便中的挥发性固体、粪便所能产生的甲烷气的最大量。②利用基于直接测量粪便的挥发性固体含量所得出的粪便量，计算在没有项目活动时可能由厌氧腐烂产生的甲烷量。

若采用第一种计算方式，则基准线减排量计算公式为

$$BE_y = GWP_{CH_4} \times D_{CH_4} \times UF_b \times MCF_j \times B_{0,LT}$$
$$\times N_{LT,y} \times VS_{LT,y} \times MS\%_{Bl,j}$$

式中：

BE_y 为基准线年减排量（t CO_2）；

GWP_{CH_4} 为甲烷温室气体潜势（21）；

D_{CH_4} 为甲烷密度（0.000 67 t/m³）；

LT 为畜禽种类指数；

j 为动物粪便管理系统指数；

MCF_j 为基准线情景下粪便管理系统的年甲烷转换因子；

$B_{0,\mathrm{LT}}$ 为特定种类畜禽粪便的挥发性固体成分产出的甲烷气最大潜力;

$N_{\mathrm{LT},y}$ 为特定种类畜禽的年均数量;

$VS_{\mathrm{LT},y}$ 为进入粪便管理系统的特定种类畜禽的粪便挥发性固体〔基于干物质, 千克干物质/(头·年)〕;

$MS\%_{\mathrm{Bl},j}$ 为以基准线情景方式处理的动物粪便的比例;

UF_b 为计算模型的不确定性校正因子(0.94)。

如采用第二种计算方式, 则基准线减排量计算公式为

$$BE_y = GWP_{CH_4} \times D_{CH_4} \times UF_b \times MCF_j \times B_{0,\mathrm{LT}}$$
$$\times Q_{\mathrm{manur},j,\mathrm{LT},y} \times SVS_{j,\mathrm{LT},y}$$

式中:

$Q_{\mathrm{manur},j,\mathrm{LT},y}$ 为被处理的特定畜禽种类及粪便管理系统的粪便量(t/a, 干物质);

$SVS_{j,\mathrm{LT},y}$ 为特定畜禽种类和粪便管理系统的确定的挥发性固体含量(t/t, 干物质);

MCF_j 为基准线情景下粪便管理系统的年甲烷转换因子;

$B_{0,\mathrm{LT}}$ 为特定种类畜禽粪便的挥发性固体成分产出的甲烷气最大潜力。

(6) 项目排放

对于不同类型的大中型沼气工程来说, 由于原料收集、储存、处理、使用方式各不相同, 需要对项目排放进行专门的识别来确定项目排放种类到底是哪几类产生, 然后根据 IPCC 提供的方法来计算相应的项目排放量。

根据方法学中的描述, 项目活动的排放出以下情形构成:

1) 在沼气生产、收集、运输、使用过程中产生的物理泄露;

2) 燃烧沼气产生的排放;

3) 运营沼气生产设备时因使用化石燃料而产生的排放;

4) 因增加的运输距离而产生的排放;

5) 在粪便进入厌氧发酵罐前的储存过程中产生的排放。

对于第一种原因造成的项目排放, 方法学规定了两种估算方式: 第一, 以进入项目粪便管理系统的粪便所能产生的最大甲烷生产潜力的 10% 计算; 第二、以每 1 m^3 沼气会泄露 $0.05 m^3$ 沼气为默认值计算。

对于第二种原因造成的排放，方法学要求按照"燃烧含甲烷气体的项目排放计算工具"中的程序来计算项目排放量。

对于由于电力生产而产生的项目排放，按照方法学 AMS-Ⅰ.D. 中描述的相关程序进行计算。

对于在粪便进入厌氧发酵罐前的储存过程中产生的项目排放，如果在进入发酵罐前存放超过 24 小时，干物质含量小于 20%，那么需要按照专门的公式计算该部分的项目排放，计算公式参见具体方法学。

（7）泄露

该方法学无要求泄露的计算。

（8）监测

该方法学中详细规定了 24 个要检测的参数和监测的要求，主要有畜禽的品种、平均重量、数量和当地年均气温、总固体物质含量、项目产生的沼气体积、沼气中甲烷含量、监测点上的沼气温度与压力、沼气燃烧效率、处理的粪便总量、挥发性固体参数、处理粪便的比例、沼气处理系统运营期等。

5.2.4 其他相关方法学介绍

（1）AMS-Ⅲ.H.

方法学 AMS-Ⅲ.H.（污水处理中的甲烷气回收）的成功应用案例在我国目前还没有出现，但是在马来西亚已有成功注册为 PCDM 的案例。

该方法学的适用性为：

1）用甲烷回收并燃烧的厌氧系统替代有氧废水或者污泥处理系统；

2）将甲烷回收并燃烧的厌氧污泥处理系统引入现有的无污泥处理系统的废水处理厂；

3）将甲烷回收并燃烧的系统引入现有的污泥处理厂；

4）将甲烷回收并燃烧的系统引入现有的污水处理厂；

5）将甲烷回收并燃烧的厌氧废水处理系统引入未处理的废水；

6）将甲烷回收并燃烧的废水连续处理引入无甲烷回收的现有废水处理

系统；

7）回收的甲烷也可直接发电或发热、浓缩的沼气罐装后发热或发电、浓缩或分配后发热或发电。

对项目边界的描述：

废水和污泥处理的物理、地理地点。

该方法学对基准线的情景描述为：

1）如果用甲烷回收燃烧代替厌氧系统，基准线情景是现有的有氧废水或污泥处理系统；

2）如果将甲烷回收并燃烧的厌氧污泥处理系统引入现有的无污泥处理系统的废水处理厂，基准线是现有的污泥处理系统；

3）现有的无甲烷回收燃烧的污泥处理系统；

4）现有的无甲烷回收燃烧的厌氧污水处理系统；

5）如果将厌氧处理引入一个未处理的污水池，基准线情景是排入海洋、河流、湖泊不流动下水道或者流动下水道的未处理污水；

6）如果引用由甲烷回收的连续的厌氧废水处理系统，基准线情景是现有的没有甲烷回收的厌氧废水处理系统。

该方法学中设定了项目排放为两大类：

1）项目活动设备利用能源产生的 CO_2 排放；废水的无效处理和废水中可降解的有机碳产生的有关排放；系统中最终的污泥腐烂产生的甲烷排放；在捕获和燃烧系统中产生的甲烷逃逸排放；在处理的废水中的溶解甲烷产生的排放。

2）可能的有关浓缩压缩沼气的排放，可能产生的向终端用户运输中管道网产生的排放。

该方法学对需要考虑泄露的情况描述为：

如果设备从另外的活动中运来，或者现有的设备运到另外的活动中，要考虑泄露；如果甲烷回收后，浓缩罐装用于发热或发电，且使用者不在项目边界内，则需要考虑泄露；沼气罐的物理泄露；运输沼气罐所需燃料的泄漏排放。

（2）AMS-Ⅲ.G.

我国目前尚无方法学 AMS-Ⅲ.G.（垃圾填埋气甲烷回收）应用于 PCDM

开发的案例，国际上也没有使用该方法学成功注册的 PCDM 项目。

该方法学适用性为：

1）适用于对垃圾填埋所产生的甲烷进行捕捉和使用的项目。垃圾来源于人为活动，包括城市居民生活垃圾、工业垃圾及其他包含生物质可降解有机物的固体废弃物。

2）除点燃外，项目产生的甲烷还可用于热能或电能生产；

方法学规定的项目边界为：

垃圾填埋产生的气体被捕捉和使用的物理、地理位置。

方法学中对项目基准线情景的描述为：

1）项目边界内生物质或其他有机物被遗弃腐烂，产生的甲烷直接排入大气；

2）基准线排放应该减去那些依照国家或地方规定所需要义务出去的甲烷排放。

该类项目的排放由项目活动中设备使用电能而产生的 CO_2 组成。

该方法学对考虑泄露的情况规定如下：

甲烷回收的设备是从其他项目活动中转移过来的，或者现存设备转移到其他项目活动。

该方法学中需要检测的参数包括：甲烷的燃烧效率、回收量和使用量。方法学中还要求对计量仪器、取样仪器、分析仪器进行日常维护。

5.3 项目开发的技术难点和重点问题

5.3.1 方法学的整合应用

成功开发一个 PCDM 项目，正确地识别项目所适用的方法学仅仅是第一步。对大中型沼气项目来说，顺利开发为 PCDM 项目还需要考虑对方法学的整合。EB 第 65 次会议上出台了文件"PoA 项目下的额外性论证、纳入标准和多个方法学应用"。该文件改变了以往 EB 只允许一个 PoA 下只能使用一个方法学的规定，允许在 PoA 下对多个小规模方法学的整合使用，这大大拓宽了 PCDM 项目开发的渠道，尤其是对大中型沼气这类使用多个方法学的项目开发打开了大门。根据该文件的内容，EB 指定了四种使用方法学的情况，分别为：①同一技术/措施下相同方法学的组合，例如，将采用厌氧发酵技术处理动物粪便回收的沼气用于热能生产，就是将方法学 AMS-Ⅲ.D. 与方法学 AMS-Ⅰ.C. 整合使用；②相同方法学下不同技术的组合，例如对 PoA 下所有的 CPA 均使用采用方法学 AMS-Ⅲ.H.，但可应用不同的污水处理技术回收甲烷；③同一原理的技术/措施下不同方法学的组合，例如采用同一原理的污水处理甲烷回收技术应用于 PoA 下所有的 CPA，但针对甲烷的不同利用方式可以将方法学 AMS-Ⅰ.C.（热能生产）、AMS-Ⅰ.D. 和 AMS-Ⅰ.F.（电力生产）整合使用；④不同原理的技术/措施下不同方法学的组合，该条件下的方法学整合应用是比较复杂的，例如：当某一地区的政策或目标只有在利用多个不同的技术及方法学的条件下才能实现，那么在这种情况下，CME（协调管理机构）需要在项目的规划设计文件中阐明实施这些项目活动是经过综合集成的方案。这些项目活动可以是跨部门的，如能源生产、能源效率、水资源管理、废弃物处理、农业、交通等。在这个情景下，某一类型的大中型沼气工程，如动物粪便处理系统的甲烷回收工程可能是作为一个地区的宏大政策规划的一部分，作为众多方法学之一被整合利用到 PoA 中。

但是需要强调的是 EB 在该文件中也要求对整合使用不同技术/措施或方法学可能产生的交叉影响给予分析（已批准的小规模方法学的整合可不用做交叉影响的分析），以证明不同技术措施的使用不会对减排量的计算产生影响。

对于大中型沼气工程而言，这里所说的交叉影响可以理解为在使用不同涉及沼气工程的技术时，实际的减排量可能低于每种技术单独应用时产生的减排量的总和。比如，对那些利用粪便处埋系统回收沼气，并将产生的在沼气用于并网发电的项目，这里的减排量来自于两个部分：一是避免排入大气的甲烷，二是发电并网后减少的化石燃料使用而减少的排放。但事实上，该项目的减排量并不是这两个部分减排量的简单的加总，而是要小于两个减排量的总和，因此，为避免减排量过高的估计，需要由 CME 开发合理的计算方法。

5.3.2　协调管理机构（CME）

PCDM 项目开发通常是在一个政策规划的支持下实施的。对于大中型沼气工程这类项目来说，由于具体的实施中需要动用到许多政府行政资源，但因为我国明确规定政府机构不得作为 CME，因此比较有效的办法是在政府的相关管理机构下成立专门的非政府组织作为 PCDM 的 CME，这样可以充分发挥政府在地区内的行政管理的优势。此外，考虑到我国不断加强的低碳发展、绿色发展的理念，以及在《十二五控制温室气体排放工作方案》对地方减排指标的考核任务，将各级地方政府通过合理的方式纳入 CME 中发挥政府的协调管理职能，不仅仅有助于项目本身的高效率的实施，也是地方落实国家政策的实实在在的政绩体现，是两全其美的措施。

在 EB 最新出台的文件"PoA 项目下的额外性论证、纳入标准和多个方法学应用"中，明确指出了协调管理机构应具备的相关职能，要求 CME 对纳入 CPA 满足资格标准负责，因此 CME 必须还是有相关专业能力的机构，尤其是对大中型沼气工程这类涉及一些非常专业技术的综合工程来说，需要有专门的技术负责部门来执行 CME 的技术相关职能，这要求 CME 有良好的专业性。此外对于相关人员的培训也是非常重要的工作。目前，我国在运行中的大中型沼气工程由于大都没有构建起市场化的运营商业模式，实际上并没有形成非常专业化的运营管理队伍，在很多地方沼气工程的运营队伍往往是由当地农民或其他技术工人组成，这对于对项目运营管理本身有着很高要求 PCDM 项目来说，无疑会对项目的监测、维护、核证造成影响。

5.3.3　CPA 的纳入标准开发

纳入标准的开发是保证 CPA 质量的重要手段，也是 DOE 审定和将来核证的重要参考内容，因此制定资格标准需要合理把握分寸，既不能过于宽泛，故意降低对 CPA 纳入的门槛，容易招致 EB 的质疑；也不能过细过严，增加项目开发的阻力。根据 EB 文件"PoA 项目下的额外性论证、纳入标准和多个方法学应用"中对纳入资格标准定义的要求，结合大中型沼气工程逐一讨论。

1）CPA 的地理、物理边界必须与 PoA 的地理边界一致。对于利用沼气发电的大中型沼气工程，这一标准的设定实际上确定了项目所在的电网，进而确定计算减排量时选用的排放因子。需要注意的是 PoA 中可能定义的地理范围是分别属于两个电网的，那么在减排量计算时就需要有两个电网的数据参数。这可能会增加审定、核证的工作量，因此应尽可能把 PoA 的地理范围定义为同一个省或者同一个电网。

2）为避免重复计算减排量，应当开发独特的产品或终端用户的识别标志。大中型沼气工程可采用计算机信息系统对每个 CPA 进行编号，并将相关的减排量、签发记录等信息纳入数据库进行管理，可有效地避免重复计算的发生。

3）确保 CPA 的适用性与方法学中的适用性和要求一致的条件。项目方法学中的要求是纳入标准中需要具备的最基本的要素。比如对使用小规模方法学的大中型沼气工程来说，CME 需要确保 CPA 满足减排量应当小于 6 万吨 CO_2e、电力输出当量不超过 15MW 等适用性条件。

4）CPA 满足额外性的条件。由于在 CPA PDD 中不需要完整的额外性说明，因此 PoA 对额外性的条件要求和额外性论述对整个项目意义重大。以大中型沼气工程为例，纳入标准中应包括：拟开发沼气工程并不是实现政策规划的唯一选择。其次需要有投资障碍分析、投资收益与基准收益的比对分析，最后还要说明拟纳入 CPA 项目是自愿而不是强制执行的。

除此以外，纳入标准中还应包括：所采用的沼气生产的技术/措施的类型和水平；经过鉴定的运行表现；通过文件证据证明项目开始时间的条件；由 CME 根据当地利益相关方意见及环境影响分析而制定的专门的沼气工程环境管理办法等；对适用的目标群体的定义、配置方式的定义；满足抽样要求的条件；对拟纳入的 CPA 进行拆分检查，已确认这个 CPA 不是有一个大的沼气项目的拆分。

5.3.4　监测计划与抽样

制定和实施科学合理的监测计划，是提供真实、可测量的、长期的温室气体减排的可靠保证，对于核证获得项目的 CER 是至关重要的一个环节。通常来说，对于大中型沼气工程，其监测计划的制订和实施都是放在每一个 CPA 的层面上。但这就要求 CPA 的实际运营方为此而投入额外费用去建立监测系统、控制系统、数据采集系统、管理系统等，这对于绝大多数一般的投资方来说是一笔不小的费用。参考国际上已注册成功的沼气 PCDM 项目，在每个 CPA 上均设定了监测点，并采用无线或有线数据传输，将监测的数据采用信息化的手段进行处理保存。

　　由于目前国内的大中型沼气工程一般是将沼气用于发电或产热，根据这种情况，如使用抽样的方式确定相关参数反而会更繁琐，沼气回收利用和发电的相关参数均可用仪表监测或测定得到，因此可不用抽样的方法来确定计算减排量的重要参数。但对于养殖场畜禽数量、粪便量等参数的监测则需要按照 EB 第 66 次会议出台的"关于样本容量和可靠性计算的最佳实施举例"去具体操作，计算合理的样本容量。

5.4　此类项目的前景、策略和实施路径

　　目前国内主要的大中型沼气工程都集中在畜禽养殖场的粪便处理系统沼气回收项目上。正如前文所介绍的，在此类项目的建设上，投资方可能更多地面临资金困难。但是随着我国对环境要求门槛的提高和低碳发展的逐步深入，大中型沼气能源的开发力度无疑会进一步加大。

　　在近期国家出台的一系列政策文件中都明确提出了地方政府转变发展方式的要求。"低碳减排"将成为政府工作考核的依据，这为各级地方政府推动大中型沼气工程建设提供了动力。将政府机构的身影以一种合理的方式引入 CME 是一种有效的运作方式。通过政府在政策规划方面给予支持，可以吸引更多的资金投入大中型沼气工程建设中。

　　我国可用于开发大中型沼气工程的资源总量非常丰富，发展前景也是良好的。目前急需解决的是建立良好的沼气生产销售的商业模式，让投资方真正能够通过投资大中型沼气产业实现盈利。利用 PCDM 可以部分解决投资盈利的问题。在实施大中型沼气项目时，一方面要委托具有开发资质的 PCDM 专业机构来制定整体 PoA 设计文件和相关管理，另一方面要积极争取政府在政策上的支持，以降低对 PCDM 项目开发和实施的阻力。其次，鉴于目前国际碳市场的形式，在实施项目时应当与能够长期接受 CER 的买家签订购买协议，保证 CER 的收益可获得，降低开发项目的风险。

5.5　案　例　分　析

　　我国目前还没有注册成功的大中型沼气 PCDM 项目，但进入审定阶段的项

目有 3 个。本节将以河北省的动物粪便处理系统甲烷回收工程作为案例具体介绍。

5.5.1 项目案例介绍

(1) 项目简介

该项目包括的地理范围为河北省内的 11 个地市。目的是引入厌氧发酵系统,替代现有的露天化粪池,实现甲烷回收并利用于发电或产热。

作为河北省"十二五"规划中的一项内容,该项目计划在未来五年建设 600 个大中型沼气工程,其中约 200 个为中等规模的厌氧发酵罐,体积在 300 ~ 1000 m^3,另外 400 个为大规模的厌氧发酵罐,属于体积在 1000 m^3 以上的大型沼气工程。沼气将安装沼气捕集装置、沼气发电或产热装置和沼气燃烧装置。每一个 CPA 中可包括一个养殖场的沼气工程,也可包含多个养殖场采用相同技术/措施的沼气工程。PoA 下的所有 CPA 将都采用统一的基准线和监测方法学,整合使用方法学 AMS-Ⅲ.D.、AMS-Ⅰ.C. 和 AMS-I.F.。这一整合属于同一原理的技术/措施下不同方法学的组合。

项目的 CME 为河北某农业有限公司,项目的每一个参与方都是完全自愿的养殖场经营者,这一项目将利用碳融资来帮助养殖场所有者获得额外的财务支持来帮助他们实现建设沼气工程的目标。该公司作为 CME 的优势在于,该公司已经实施了多个沼气工程,有专业的设计和建设能力,并建立了完善的沼气工程服务网络,因此该公司可以快速地在 CPA 水平上启动 PoA 开发。此外,通过 PoA 该公司还可以成功推广其沼气技术。

(2) PoA 实施的政策或国家目标

该规划活动以建立可持续的畜禽养殖废弃物管理模式为目标,将显著改善农村环境并同时实现温室气体减排。这一目标与中国政府的优先发展目标相一致。此外,实施该项目将保护当地群众健康,可持续地解决畜禽粪便的污染问题,加快农业结构调整,增加就业机会,推广先进技术的应用并带动相关企业发展,这些利益也符合地方政府的政策和发展规划。

（3）技术/措施说明

该项目 PoA 实施后，将建设沼气回收装置，并提供电力或热能生产。因此该项目 PoA 中详细介绍了采用的沼气生产技术的四个步骤：①厌氧发酵沼气生产环节；②沼气收集与纯化环节；③沼气用于电能生产或热能生产；④沼液处理。对技术/措施的描述是 EB 规定要重点描述内容，因此需要根据所采用的不同技术/措施予以介绍，本节将不再详细介绍技术措施的内容。需要注意的是，与 CDM 项目要求一致，PoA 中使用的技术不应该涉及与附件一国家之间的转移。

（4）CPA 的纳入标准

该项目一共定义了 10 条 CPA 的纳入标准，分别为：

1）拟开发的项目活动是自愿作为 PoA 下的 CPA 予以实施的，不是由于政策制度的强制执行而实施；

2）拟开发的 CPA 需要采用一致的技术，包括建设厌氧发酵罐生产沼气，并利用沼气生产电能或热能；

3）基准线情景的粪便处理系统为露天的化粪池；

4）拟开发的 CPA 应当满足方法学 AMS-Ⅲ.D. 中关于适用性的要求；

5）根据方法学 AMS-Ⅰ.C. 热能生产的总装机/额定装机不大于 45MW；

6）沼气发电的电量将用于替代由华北电网购买的相同电量；

7）CPA 没有 CDM 收益时在财务上是不可行的，在 CPA 中阐述每个养殖场投资分析以及其低于行业标准的投资收益率；

8）项目边界为河北省的地理范围内；

9）拟纳入的 CPA 不是一个小规模项目活动的拆分；

10）CPA 的起始时间不早于 2011 年 4 月 15 日。

（5）额外性论证

目前河北省的养殖场粪便处理系统基准线情景是露天的化粪池，这种处理方式符合目前河北省的政策和法规，没有任何环境方面的要求或者温室气体减排方面的要求需要养殖场采用厌氧发酵管处理系统替代现有的处理方式。因此本项目的实施不属于任何一级政府的强制的实施，是完全自愿的。但是项目在以下方面存在障碍，因此如果没有得到来自 PoA 实施的收益，拟开发项目将不可能实施。

1）投资障碍。对于畜禽养殖场来说，建设厌氧发酵沼气回收工程在财务上是不具有吸引力的，因此也很难得到来自商业银行的贷款。其次养殖场的收益是建立在扩大畜禽养殖规模而不是沼气销售收入上。

2）技术障碍。目前，建设粪便厌氧处理系统回收沼气并用于发电供热的技术有着很大的技术风险。针对养殖场沼气工程的专业化运营维护在中国还很有限，绝大多数的养殖场缺少训练有素的专门人才去管理这些技术集合。设备的零部件国产化程度也比较低，子设备出现损坏和障碍后，项目的可持续运营维护难度较大。因此部分 PCDM 的收益将可以用以补偿这些技术障碍造成的成本提升。

3）法律法规问题。从法律法规的角度看，无论是国家层面还是河北省地方政府层面，均没有控制农业部门的温室气体排放的约束性法律法规。目前也没有法律法规要求养殖场使用厌氧沼气罐技术回收沼气。因此该项目的实施在法律法规方面是具有额外性的。

（6）监测计划

该项目中 CME 承担了日常管理、运营维护以及监测计划执行的责任。具体对监测计划的执行而言，CME 的技术部门主要负责以下工作：

1）对养殖场的监测提供了技术支持；
2）管理被纳入 PoA 中的每个养殖场的特别的信息；
3）数据存档、处理和分析监测参数；
4）在审定、计入期核证过程中提供支持；
5）准备用于计算减排量的检测报告。

数据将手工录入工作日志并输入计算机保存。沼气生产和使用的相关监测数据储存在计算机中，在需要时打印出监测数据作为文件资料。CME 定期取得 PoA 所要求的数据并用硬盘拷贝和电子版的方式保存。

（7）基准线识别

EB 要求 PoA 中应当结合一个典型的 CPA 以说明基准线的识别。由于该项目使用了方法学 AMS-Ⅲ.D.、AMS-Ⅰ.C.、AMS-Ⅰ.F.，因此在这里具体列出了这三个方法学的适用条件，说明拟开发的 CPA 是满足方法学适用性的。这部分阐述与一般 CDM 项目 PDD 文件中的相关内容要求类似。

项目基准线的识别如下：

根据方法学 AMS-Ⅲ.D.，基准线情境下的甲烷排放采用在没有项目活动时在化粪池中发生厌氧腐烂的粪便量（VS）计算，参考 2006 年 IPCC 卷 4 第 10 章。根据方法学 AMS-Ⅰ.C.，基准线排放为项目活动产生的蒸汽/热能的净供应量乘以基准线情境下炊事采暖耗能的 CO_2 排放因子除以设备使用化石能源的效率。根据方法学 AMS-Ⅰ.F.，基准线排放为由于项目实施而产生的电量乘以华北电网排放因子，因为这些电量的使用替换了相同量的来自华北电网的电量。

5.5.2　关于 PCDM 开发成本的讨论

与常规 CDM 相比，PCDM 的制度安排是为了简化项目申报程序，节约交易成本。但是对于 PCDM 项目开发来说，尤其是大中型沼气工程这类技术密集度高的项目，由于需要各参与方投入更专业、更密集的服务，项目开发的初始成本可能更高。

在常规 CDM 项目中，项目的实施主体直接与咨询机构和指定经营实体等沟通，不需要 CME。但在 PCDM 项目中，增加了 CME 这个参与方，并且要求 CME 具备较强的协调管理能力、沟通能力和抗风险能力，并投入大量的人力和协调管理费用。因此，PCDM 项目实施的协调/管理成本比常规 CDM 项目实施的单纯的管理成本要高得多。

此外，大中型沼气工程 PCDM 的监测费用也是一项巨大的投入。PCDM 项目涉及多个项目实施主体，需要更复杂的监测方法、监测计划和监测手段，监测的工作量更大，相应的监测成本比常规 CDM 项目更高。因此总的来看，大中型沼气工程 PCDM 项目开发初始更大，成本更高，程序更复杂。如果规划方案的规模有限，PCDM 的规则可能并不能达到简化程序、节约成本的目的。

因此，必须要在开发 PoA 前就确定能够保证可以纳入的 CPA 数量达到一定的规模，这样才能使 PCDM 项目的单位 CER 成本低于常规的 CDM 项目。但是，规划方案的规模也不能无限扩张。因为，规划方案的规模越大，面临的风险也会越大。所以对于开发大中型沼气工程 PCDM 项目的机构来说，需要与有足够资质和开发能力的咨询单位合作，才有可能使开发项目的风险最小化。

第 6 章

太阳能利用 PCDM 项目开发与案例分析

近年来，能源紧张和环境污染成为我国面临的重要问题。太阳能作为一种清洁能源，不仅可以替代传统能源提供能量，而且具有无污染、零排放等优点，目前在我国越来越受到重视。然而，由于太阳能项目本身投资较高，因此如果能将太阳能项目成功申请为清洁发展机制项目，必将为项目的发展提供更广阔的空间。

由于单个太阳能项目的减排量较小，为降低开发成本，太阳能项目有开发成 PCDM 项目的内在要求。但太阳能项目能否开发成 PCDM 项目，项目开发中面临哪些关键问题，这些都是我们亟待研究和解决的问题。为此，本章主要从以下几个方面进行介绍。

首先介绍太阳能利用的相关技术，以便对太阳能建立初步认识，接着介绍相关方法学，作为项目开发的核心内容，决定了项目的适用性、基准线情景、减排量计算的关键要素；其次介绍了项目开发的技术难点和重点，包括方法学的应用、纳入标准等问题；另外介绍了此类项目的前景、策略和实施路径，最后引用案例让大家对太阳能项目开发成 PCDM 项目有了更加直观的认识。

6.1 背 景

太阳能是一种清洁的可再生的新能源，这些年越来越受到人们的青睐。太阳能技术包括很多种，如太阳能发电技术、太阳能热泵技术、太阳能制冷技术、太阳能海水淡化技术等。

其中太阳能发电技术分为两大类型，一类是太阳能光发电，另一类是太阳能热发电。前者是将太阳能直接转变成电能的一种发电方式，包括光伏发电、光化学发电、光感应发电和光生物发电 4 种形式。在光化学发电中有电化学光伏电池、光电解电池和光催化电池。后者是先将太阳能转化为热能，再将热能转化成电能，它有两种转化方式。一种是将太阳热能直接转化成电能，如半导体或金属材料的温差发电，真空器件中的热电子和热电离子发电，碱金属热电转换，以及磁流体发电等。另一种方式是将太阳热能通过热机（如汽轮机）带动发电机发电，与常规热力发电类似，只不过是其热能不是来自燃料，而是来自太阳能。

太阳能热泵技术是将太阳能与热泵结合供应生活热水的技术，主要有两种方式，一种是直接以空气源热泵作为太阳能系统的辅助加热设备，另一种是利用太阳能热水为低温热源或将太阳能集热器作为热泵的蒸发器的太阳能热泵系统。前者以太阳能直接加热为主以空气源热泵为辅，解决太阳能供热的连续性问题，但仍然无法摆脱环境温度对热泵制热性能的影响；后者完全以太阳能作为热泵热源，大大提高了太阳能的利用效率，但太阳能资源不足时仍需要增加其他辅助热源，并且热泵供热能力受太阳能集热量的限制，规模一般较小。

太阳能制冷技术通过太阳能光电转换制冷和太阳能光热转换制冷两种途径实现。前者先是通过太阳能电池将太阳能转换成电能，再用电能驱动常规的压缩式制冷机。在目前太阳能电池成本较高的情况下，太阳能光电转换制冷系统的成本要比太阳能光热转换制冷系统的成本要高出许多倍，尚难推广应用。后者是将太阳能转换成热能（或机械能），再利用热能（或机械能）作为外界的补偿，使系统达到并维持所需的低温。太阳能制冷之所以能成为制冷技术研究的热点是因为太阳能制冷用于空调，将大大减少电力消耗，以节约能源，且太阳能制冷一般采用非氟烃类的物质作为制冷剂，臭氧层破坏系数和温室效应系数均为零，适合当前环保要求。

太阳能海水淡化技术主要是利用太阳能进行蒸馏，将太阳能采集与脱盐工艺两个工艺系统结合在一起。太阳能海水淡化技术由于具有不消耗常规能源、无污染、所得淡水纯度高等优点而逐渐受到人们重视。未来的太阳能海水淡化技术，在近期内将仍以蒸馏方法为主。利用太阳能发电进行海水淡化，虽在技术上没有太大障碍，但在经济上仍不能跟传统海水淡化技术相比拟。比较实际的方法是，在开展太阳能海水淡化且电力缺乏的地区，利用太阳能发电提供一部分电力，为改善太阳能蒸馏系统性能服务。

综上所述，可以看出太阳能技术是种很具发展潜力的新能源技术，在当今提倡节能环保的大背景下，太阳能技术有着广泛的市场需求和强烈的推广必要。因而国家在发展太阳能技术方面也陆续出台了很多扶持和规范政策。

2008 年 10 月 1 日国务院颁布的《民用建筑节能条例》开始实施，规定有关地方人民政府应当采取有效措施，鼓励和扶持单位、个人安装使用太阳能热水系统、照明系统、供热系统、采暖制冷系统等太阳能利用系统。法律、法规的支持大大加强了国民认知，有力地推动了太阳能热利用产业的发展。

科技部表示在太阳能方面将重点支持以硅基、镉化镉等薄膜电池制备为代表的低成本薄膜和新型太阳能电池产业化关键技术；以电站设计、运行、保护等为代表的百兆瓦级大型并网光伏电站关键技术与装备；以及吉瓦级（$1GW = 10^6kW$）太阳能热发电站关键技术。

《家用太阳能热水系统能效限定值及能效等级》标准由太阳能热利用行业相关机构经过对 60 多家太阳能企业各款产品的测试与研究后，由国家发展和改革委员会、中国标准化研究院以及全国太阳能标准化委员会牵头起草，是中国太阳能热利用行业的首部国家强制性标准，目前已正式实施。

尽管如此，据业内统计显示，中国是目前世界上最大的光伏设备生产国，占全球总生产量的39%，但其中99%的产量都是出口，只有约1%为自用。中国太阳能光伏产业发电尚处在起步阶段，主要原因是成本高，缺乏竞争力。要想把太阳能光伏发电成本降到化石能源水平，除了技术进步、加强管理、政策扶持外，还需要更好的市场机制及资金的引入。

清洁发展机制（简称 CDM）就是一种很好的市场机制，而 PCDM 是对 CDM 的发展和完善，它将对在 CDM 情景下作为单个 CDM 项目开发经济效益低、市场开发潜力小的清洁技术，以规划实施的形式，把实施主体由点（实施个体）扩展到面（规划实施的若干个体），形成规模效益，促进清洁技术在社会经济各领域的推广和普及。它的优势还在于在常规 CDM 项目下，所有活动都必须选用同一个减排计入期，而且项目下的所有活动必须在项目注册时确定下来。而 PCDM 则突破了这种限制，一个规划方案可以先行注册，之后各个具体减排活动可以陆续注册，选择不同的计入期起止时间。这种灵活性，对于建设或启动需要跨越较长时间的减排活动来说，具有明显优势。因此，将太阳能类项目开发成为 PCDM 项目对推动太阳能技术的发展是很有帮助的。

6.2 所涉及的方法学

目前根据联合国气候变化框架公约组织（UNFCCC）网站上最新公布的 CDM 项目方法学，分析得出，涉及太阳能利用相关项目活动的方法学简介如下（重点介绍方法学中与太阳能相关的部分）。

6.2.1 AM0019 替代单个化石燃料发电项目部分电力的可再生能源项目

(1) 适用条件

1）零排放可再生能源项目，拟议的项目活动是由零排放的可再生能源进行发电，例如，使用风能、地热、太阳能、径流式水电、波浪能以及潮汐能项目来替代单个可识别电厂的发电量。

2）可识别的基准线电厂有足够的容量来满足计入期内相关电力需求的增加。

3）泄漏问题过于复杂的项目不适用于本方法学。

(2) 基准线情景识别和额外性论证

基准线情景的识别和额外性的论证需要基于当前的电厂进行论证，基准线情景识别是项目所需发电量由某一火发电项目提供，按照以下步骤进行：

1）识别各种可能的基准线情景；

2）考虑商业竞争力以及法律法规条件进行最有可能的情景选定；

3）对各种可能的燃料进行收益估算，有两种可选方法，或者选用估算燃料转换的单位成本，或者选用燃料转换的净现值方法；

4）比较其他可能方案与本项目的上述财务指标，如果本项目指标偏低，则说明不具有商业竞争力，否则本项目可以成为基准线情景的一部分。

该方法学引用最新版的"额外性论证与评价工具"来论述项目的额外性。

(3) 减排量计算

该类项目的减排主要利用可再生能源替代了化石燃料消耗，也就相应减少了温室气体的排放。如果是太阳能项目，项目活动排放为0。

基准线排放量是基准线排放因子乘以项目活动对电网的供电量。其中排放因子可以通过被替代的现有电厂的发电量和燃料消耗来计算，同时要收集燃料消耗的数据以及采集完整而准确的最近3年发电量的平均值。

本方法学不考虑泄漏。

（4）监测

项目需要监测拟议项目的发电量。

6.2.2　ACM0002 可再生能源联网发电

（1）适用条件

1）项目活动为如下类型的新建或改造发电项目：水力发电、风力发电、地热发电、太阳能发电、波浪能发电、潮汐能发电。

2）如果是化石燃料向可再生能源转换的项目，则不适用于本方法学，因为这类项目的基准线可能是继续利用原来的化石燃料。

（2）基准线情景识别和额外性论证

1）对于新建项目，项目发电量可由目前联网电厂和新建的联网电厂增加的发电量来提供，体现在"电力系统排放因子计算工具"计算组合排放因子（CM）的过程中。

2）对于改造项目，在没有 CDM 项目的情况下，现有设备将按照历史平均水平持续向电网供电至寿命结束后被淘汰或改造；此后，CDM 项目的发电量等同于基准线情景，排放量为 0。

该方法学引用最新版的"额外性论证与评价工具"来论述项目的额外性。

（3）减排量计算

项目的减排是通过项目活动提供的电量替代电网中通过燃烧化石燃料提供的电量来实现的。项目边界包括拟建项目发电厂和所有与该发电厂所在电网有物理连接的所有发电厂。因此，排放源来自于被该项目所替代的基准线情景下的化石燃料发电所产生的 CO_2，若该项目是太阳能项目，即为电厂运行所需要燃烧化石燃料产生的 CO_2。

如果是太阳能项目，项目活动排放为 0。

基准线排放 BE_y 计算公式为

$$BE_y = (EG_y - EG_{baseline}) \times EF_{grid, CM, y}$$

式中，EG_y 为拟议项目的供电量；$EG_{baseline}$ 针对改扩建项目，项目活动所替代的老发电厂的供电量，对于新建项目为 0；$EF_{grid,CM,y}$ 电网组合排放因子；对于扩建项目，以被替换的项目的报废日期为界，在这个日期之前，$EG_{baseline} = EG_{history}$；在这个日期之后，$EG_{baseline} = EG_y$；$EG_{history}$ 为电厂历史（至少为 5 年或 3 年）上网电量的平均值。

该方法学对报废日期的选择作了如下规定：①在本部门和本国一般技术下的设备平均寿命（行业调查、统计年鉴、技术文献）；②负责公司关于同样设备的历史记录选择最早日期（保守原则）。

根据上面这些规定可知，对于改扩建项目，项目在报废之后不能获得 CDM 减排收益。

本方法学不考虑泄漏。

（4）监测

该方法学涉及的主要监测参数包括：上网电量、总发电量、组合排放因子。

6.2.3 AMS-Ⅰ.A. 用户自行发电类项目

（1）适用性

1）可再生能源机组向单个或若干用户/居民住宅供电，这些用户间没有电网相连或通过小型独立电网（可再生能源装机容量不超过 15MW）相连，发电技术包括太阳能发电、水能发电、风能发电和其他技术，这些技术必须由用户直接使用，这些机组可以为新建，也可以是替代现有化石燃料火电技术，装机容量不可超过 15MW。

2）热电联产项目不适合此方法学。

3）如果机组同时增加了可再生与不可再生分机，则 15MW 的限制只针对可再生能源；若机组为可再生的生物质与化石燃料共燃类型，则总装机容量不超过 15MW。

4）改造项目适合的总装机容量不超过 15MW。

5）如果项目为可再生能源发电项目的扩容，则增容不超过 15MW，扩容部分可独立运行，对原有项目不可有任何实质性影响。

（2）基准线排放

能源基准线指在用技术的燃料消耗或假设没有 CDM 的状况下相应的能源消耗，可根据需求侧燃料消耗来推导估算、用发电系统的电量输出来估算、根据被替代技术的燃料消耗记录来估算。项目边界由可再生能源发电机组及用电设备的物理、地理范围构成。

（3）项目排放

对于替代技术项目，可用燃料消耗记录和 IPCC 默认排放因子来估算排放量；如果项目为新增机组，并且可再生能源数量有限，则需要考虑新增电厂对原有电厂发电量的影响，同时须考虑原有机组对基准线排放、项目排放和泄漏排放的影响；改造项目的基准线方法学与 ACM0002 相似。

如果产能设备从其他项目转移过来或者现存设备需转移到其他项目，需要考虑项目泄漏。

（4）监测

对整个系统或一个样本进行年检以确认系统持续运行。年检可由当下发生的出租付款证明代替，或者由整个系统的发电量代替。

6.2.4 AMS-Ⅰ.D. 联网的可再生能源发电

（1）适用性

1）项目是可再生能源技术发电，包括太阳能发电、风能发电等，并且所发电量送入电网。

2）整体装机不能超过 15MW，且此要求只适用于可再生能源技术部分。

3）此方法学不适用于热电联产。

4）如果项目为可再生能源发电设施基础上扩容，要求新增机组容量低于 15MW、能独立运行、不影响现有设施的特性。

5）如果项目为现有设施的改造，要求被改造机组的产出上限为 15MW。

（2）基准线排放

排放量是可再生能源设施发电量乘以综合排放因子。项目边界为发电源的物理、地理范围构成。

（3）项目排放

如果项目涉及扩容，本项目产生的电量等于新旧机组的总发电量减去无本项目时的发电量，这种情况下，现有机组如果关闭，项目将不产生排放；对于改造项目，减排计入期到基准改造时间点为止。如果存在以下情况，必须考虑泄漏：发电设备是从其他项目活动中转移过来的，或者现存设备转移到其他项目活动。

（4）监测

计量可再生能源发电技术所产生的电量。

6.2.5 AMS-Ⅰ.E. 用户热利用中替换非可再生的生物质

（1）适用性

1）本方法学适用于引进可再生能源来替代非可再生生物质的小规模热能应用项目，且项目直接为最终用户服务，这类技术包括沼气炉和太阳灶等。

2）如果同一区域内存在其他类似已注册小规模 CDM 项目，则必须保证本项目的非可再生物质没有算入其他已注册项目。

（2）基准线情景

若无本项目的情况下，会使用化石燃料来满足热能需求。项目边界为使用可再生能源的物理、地理范围。设备从其他项目活动中转移过来的，转移到其他项目活动中必须考虑泄漏。

（3）监测

对所有设备进行年检以保证相当量的服务仍在进行；为了评估泄漏，相关数据也需要监测；要求监测以确定每个地点非可再生生物质被替代。

6.2.6 AMS-I. F. 备用电网和迷你电网的可再生能源发电

(1) 适用性

1）利用可再生能源技术，如太阳能、水能、潮汐能、风能、地热能和可再生生物质能向用户供电。

2）项目替代的原有供电系统至少是有一个化石燃料发电机组。

3）项目可以是新建项目，或者是扩容、改造或替代原有设备项目。

4）热电联产项目不适用于该方法学。

(2) 基准线情景

若无本项目，电量由国家电网、地区电网、化石燃料备用电厂或高碳密度迷你电网提供。项目边界为使用可再生能源的物理、地理范围。

(3) 监测

需要监测的数据包括净发电量和化石燃料消耗量。

6.2.7 AMS- I. J. 太阳能热水器系统利用

(1) 适用性

项目安装的太阳能热水器仅供民用或商用；必须是新建项目或改造项目中的一种；或作为商用太阳能热水系统的需要。

(2) 基准线情景

若无本项目，水的加热由化石燃料或消耗电力完成。项目边界包括使用太阳能加热水的物理、地理范围。

(3) 监测

监测数据包括热水的消耗方式、热水进出口的温度、加热系统的参数、太阳能电池板收集区等。

分析以上各方法学的适用条件以及其他技术要求，仅有 ACM0002、AMS-Ⅰ.D. 和 AMS-Ⅰ.F. 比较适合我国太阳能项目的发展应用现状（具体分析见 6.3 节）。鉴于现在国外碳市场的不稳定性，同时买家更看好 PCDM 项目的前景，因此利用这 3 个方法学将相关太阳能项目开发成为 PCDM 项目是现阶段比较明智的选择。

6.3 项目开发的技术难点和重点问题

目前，太阳能的主要用途有两种，太阳能热利用和太阳能发电。

太阳能热利用的基本原理是将太阳能的辐射能收集起来，通过物质的相互作用转换成热能加以利用。通常根据所能达到的温度不同分为低温利用（低于 $200℃$）、中温利用（$200～800℃$）和高温利用（高于 $800℃$）。目前在我国低温应用推广较广，并主要集中在太阳能热水器方面。

太阳能发电技术主要有两种，一种聚光热发电技术（concentrated solar power，CSP）是将吸收的太阳能用来加热工质，然后带动汽轮发电机发电，另一种聚光光伏发电技术（concentrating photovoltaic，CPV）将汇聚后的太阳能通过高转化效率的光伏电池直接转换成电能。目前，在我国两种技术都有一定的应用。

将太阳能项目开发成 PCDM 项目会遇到许多难题，下面我们将逐一讨论。

6.3.1 方法学的应用

(1) 方法学的选择

太阳能项目开发成 PCDM 项目所面临的第一个难题就是方法学的选择。前文已经提到，目前关于太阳能领域的 CDM 相关方法学有 8 个[①]，但其中某些方法学由于适用条件的限制并不适用于中国的项目。下面将按太阳能发电和太阳能热利用两个方面分析各个方法学的适用性。

---

① 由于 AM0026 "在智利或者有优先调度排序电网的国家实施的并网零排放可再生能源发电" 对电网调度的要求与我国电网现状不符，因此 6.2 节未对该方法学进行介绍。

目前关于太阳能发电方面的方法学共有6个，具体如下。

1）方法学AM0019"替代单个（独立或者并网）的化石燃料发电厂的可再生能源发电（不含生物质）项目方法学"，该方法学主要适用于项目的替代情景为独立运行的或者并网的单一化石燃料发电厂的部分电力生产活动。该种情况适用于太阳能发电项目未建成之前，项目所在地有自备电厂用于供电。这种情况极为少见，国务院在2006年就颁布了《国务院办公厅关于严格禁止违规建设13.5万千瓦及以下火电机组的通知》（国办发明电〔2002〕6号），近年来伴随着国家"上大压小"政策的执行，一大批的中、小规模的发电厂被关停，因此，方法学AM0019在中国基本是不适用的。

2）方法学AM0026"在智利或者有优先调度排序电网的国家实施的并网零排放可再生能源发电"，由于该方法学对电网调度的要求与我国电网现状不符，因此该方法学不适用于我国。

3）方法学ACM0002"可再生能源联网发电方法学"，该方法学适用于可再生能源联网发电项目，包括以下类型的新建或者改造发电项目，如水力发电（径流式或者蓄水式）、风力发电、地热发电、太阳能发电、波浪能发电、潮汐能发电项目，该方法学与中国的国情相符，并且目前中国已经有成功注册的案例，如2011年注册的昆明石林太阳能联网光伏电站项目、青海格尔木光伏发电项目等。

4）方法学AMS-Ⅰ.A."用户自行发电类项目方法学"，该方法学适用于可再生能源发电设备给单个或若干用户直接供电或者由独立的小电网（该电网内的可再生能源装机容量不超过15MW）给用户供电的情况，目前中国没有类似的情况，因此该方法学在中国并不适用。

5）方法学AMS-Ⅰ.D."小规模可再生能源联网发电方法学"，该方法学与ACM0002是对应的，只是适用的范围为小规模的项目，如装机容量不超过15MW，年发电量不高于60GW·h或者年减排量不高于6万t的可再生能源发电项目，该方法学适用于中国的具体情况，并且已经有成功注册的项目，如2011年注册的华电尚德东台太阳能发电项目、光大宿迁、怀宁太阳能发电项目等。

6）方法学AMS-Ⅰ.F."自用和并入小电网的可再生能源发电方法学"，该方法学适用于可再生能源发电设施，比如光伏发电、水电、风电、地热等，并且供应电力给用户或者并入小电网（小电网指的是网内所有相连的发电设施的装机容量不超过 15MW）。该方法学也适用于中国的具体情况，如有些太阳能发电项目先将电力供给用户（不上网），多余的电量上网。这种类型的项目即适合此类方法学。

以上是太阳能发电方面的方法学，下面将就太阳能供热方面的方法学展开讨论。

1）方法学 AM0091 "新建建筑的能效和燃料替代项目方法学"，该方法学适用于新建建筑（比如住宅、商用建筑等）的能效改进和燃料替代行为，如使用高效的发电、供热、通风空调设备等。目前，太阳能在中国的民用建筑应用较多的是太阳能热水器，并非提高能效设施或者化石燃料替代项目，因此，该项目基本也不适用于中国的情况。此外，还没有依托该方法学成功注册的项目，也进一步说明该方法学的适用范围较窄。

2）方法学 AMS-Ⅰ.E. "用户用可再生能源替代不可再生的生物质供热项目方法学"，该项目适用于替代非可再生的生物质供热的可再生能源项目，比如沼气炉、太阳能灶、被动式太阳能房屋（passive solar homes）等，同时要求项目参与方能够提供从 1989 年 12 月 31 日以来，就一直使用不可再生的生物质的证据，该方法学不适用中国的具体情况，并且适用条件较为苛刻。目前不仅在中国，在世界其他地区也没有成功注册的项目。

3）方法学 AMS-Ⅰ.J. "太阳能热水系统方法学"，该方法学适用于民用或者商用建筑安装太阳能热水器来提供热水的情况，该方法学非常符合中国的实际情况，然而由于目前太阳能热水器在我国已经大规模的适用，无法论证项目的额外性。据不完全统计，2009 年，我国太阳能热水器产量共 4200 万 m^2，保有量达到 1.45 亿 m^2，目前家用热水器已占全部太阳能热水器市场的 70% 以上，现在几乎是家家户户都会用到太阳能热水器，并且已经普及到二、三线城市和农村地区。基于上述原因，该方法学也无法在中国适用。

通过上述分析可以得知，由于方法学本身的适用条件以及中国的具体情况限制，目前只有方法学 ACM0002 "可再生能源联网发电方法学"、AMS-Ⅰ.D. "小规模可再生能源联网发电方法学" 和方法学 AMS-Ⅰ.F. "自用和并入小电网的可再生能源发电方法学" 适用于中国的具体情况，由于这 3 个方法学都是太阳能发电领域的，因此后文将主要就太阳能发电项目展开讨论。

（2）方法学的应用

上述只是简单地筛选出了适用于中国太阳能项目的方法学，要想将项目进一步开发成为 PCDM 项目，还需要考虑相关方法学的应用。在 EB 第 63 次会议上，委员会要求方法学小组考虑在 PCDM 项目中应用大规模方法学的情况以及额外的需求，最终方法学小组在 EB 第 54 次会议上出台了附件 24——"大项目方法学用于 PoA 开发的复议"，该附件中考虑了以往使用的 20 种方法学，并将其分为三大类：第一类是推荐在 PoA 中使用的方法学，比如方法学 AM0025 "通过可选的废物处理过程避免有机废弃物的排放"，特点是不仅能使程序简化，而且能够从方法学的相关标准，如额外性方面，得到简化；第二类方法学的特点是 CPA 的纳入规则（比如额外性）方面高度依赖于市场相关情况的变化，比如能源价格，技术发展等，具有此类特点的如方法学 AM0029 "并网的天然气发电项目方法学"；第三类方法学不推荐在 PoA 下使用，这类方法学的特点是用来定义 CPA 纳入标准的项目参数与具体项目有高度相关性，比如 AM0031（快速公交项目的基准线方法学），来证明额外性的参数（如年运营和维护成本）与项目高度相关，应用这类方法学的项目，采用规划类项目与采用单个 CDM 项目的开发与模式差别不大，只能得到程序方面的简化而无法在方法学的适用上获益。

本次方法学小组将方法学 ACM0002 放入到第二类方法学中，正如上文所述，此类方法学在 CPA 项目的纳入标准方面，如额外性方面与市场情况高度相关，如太阳能项目，在考虑额外性的时候一般是与电力行业的基准线 8% 进行比较，如果项目投资内部收益率低于 8%，则可以认为项目在财务方面具有额外性。但是由于原材料、人力成本等因素随国家的经济发展情况逐年变化，有可能导致项目运营后的经营成本变化较大，从而对项目的额外性论证产生影响。对于此类项目，方法学小组向 EB 建议周期性地更新纳入标准，如每一年到两年更新一次。如果最终 EB 同意此决定，即使纳入标准更新的周期为两年，项目参与方的工作量依然很大，比如提供与经营成本关系较大的证据，如每年的原材料费、人工费、维修费等相关数据，并重新计算项目的投资内部收益率。我们知道，对于单个的太阳能 CDM 项目，事实上只是在计入更新时需要重新评价相关的国内政策、市场情况以及 EB 的最新规定等对于原有的基准线情景的影响，而不必分析项目的额外性。因此，如果 EB 最终同意 CPA 的纳入标准定期更新，将带来工作量的极大增加。

（3）方法学的组合

EB 第 65 次会议上出台的附件 6——"PoA 项目下的额外性论证、纳入标准和多个方法学应用"，将 EB63 次会议的 3 个文件附件 4——"PoA 的额外性论证草案"、附件 5——"PoA 下 CPA 项目的纳入标准"以及附件 6——"PoA 下多个方法学应用标准草案"合并成了一个文件，该文件中给出了应用多个大规模或者小规模方法学的指导意见。

对于应用多个小规模方法学，首先需要证明这些小方法学之间没有交叉影响。否则协调管理机构（CME）需要按照"向 EB 提交方法学的偏离请求程序"提供能计算这些影响的方法，从而确保减排量的计算是正确的。关于方法学和技术的组合，该附件给出了 4 种情况，分别为：①相同技术下相同方法学的组合；②相同方法学下不同技术的组合；③相同技术下不同方法学的组合；④不同技术下不同方法学的组合。根据上述指导意见，对于太阳能发电技术与其他技术的组合，或者太阳能所用的小项目方法学 AMS- I. D. 与其他的小项目方法学的组合都可以在同一个 PoA 中考虑，如果能够清楚地说明每种情况的纳入标准，则可以使用相关组合。如对于太阳能技术，可以用吸收的热量供热，也可以吸收的热量加热蒸汽从而推动汽轮发电机发电，如果可以清楚地论述用于供热和用于发电情况下的 CPA 纳入标准，如基准线情景的选择、额外性的论证等关键问题，则可以使用相同技术下不同方法学的组合。当然，结合中国的具体情况，这种结合的可能性是基本不存在的，目前太阳能供热在中国已经是非常普遍的行为，其额外性和普遍性分析都是不满足相关要求的。还可以考虑其他组合方式，如小规模的风力发电项目和小规模的太阳能发电项目。这种组合就是可行的，因为每种技术条件下 CPA 的纳入标准可以清晰地论述，如基准线情景都是"没有该项目活动的情况下，由项目相连的电网供电"，同时，项目的额外性也可以清晰地论证，EB63 次会议附件 24 中明确指出，对于小规模的太阳能发电项目（包括光伏发电和光热发电）以及小规模的内陆风电项目，项目本身就具有额外性而不需要其他证明。这种组合就属于相同方法学下不同技术的组合，因为两种技术使用的是同一个方法学，即 AMS- I. D. "小规模可再生能源并网发电方法学"。总之，该附件给出了很好的指导意见，让项目参与方有机会考虑很多种组合，从而为太阳能项目寻找不同技术类型的合作伙伴提供了可能性。当然，在考虑各种组合的时候，也要充分考虑项目执行中的难度，比如不同项目类型的管理，成本可靠性，具体操作中是否简便易行，等等。

对于应用多个大规模方法学，只有在方法学中明确规定可以与其他方法学联合使用时，才可以不经批准就使用方法学的组合，否则需要根据 EB 第 42 次会议附件 9——"由 DOE 向 EB 提交关于方法学和方法学工具应用询问的提交和考虑程序"，由项目协调管理机构（CME）提交相关申请用以说明组合的适用性。鉴于 EB 在关于大项目方法学组合方面并没有给出具体的操作指南，并且大项目方法学的组合有可能面临环境完整性问题，因此，建议大规模的太阳能发电项目在开发时，可以考虑太阳能发电项目之间的组合，或者太阳能发电项目与其他可再生能源发电项目（比如风电）的组合，而不考虑太阳能项目所用的方法学 ACM0002 与其他方法学之间的组合。当然，我们在执行具体的组合时，同样要考虑项目执行中可能遇到的种种问题，争取既能简化相关程序，又不带来额外负担的情况下择优考虑。

对于应用大规模方法学和小规模方法学组合的情况，该附件给出的意见是参考应用多个大规模方法学的情况。我们知道，一般大规模方法学中不会提及可以与某某小规模方法学连用，因此，按照 EB 目前的规定，由项目协调管理机构（CME）提交相关申请证明方法学组合的适用性成为必然的选择，这势必增加项目开发的难度和不确定性。我们都清楚，对于太阳能发电项目，一个地区可能会有大规模的，也可能有小规模的，如果未来 EB 关于同种技术类型项目只是因为规模大小不同而应用不同的方法学给出更明确的支持，那么这种同种类型项目大小规模方法学的结合是非常有利于项目开发的。当然未来 EB 会如何考虑或者出台何种政策，我们不得而知，但至少从现阶段看来，即使对于同类型的项目而言，这种大规模方法学和小规模方法学组合的情况仍然面临较大的实施障碍。

6.3.2 纳入标准

（1）相关的纳入标准

PoA 下具体 CPA 的纳入标准问题是 PCDM 项目开发中面临的另一难题。

EB 第 65 次会议上出台的附件 6——"PoA 项目下的额外性论证、纳入标准和多个方法学应用"中，提到了很多纳入标准，下面将结合具体的太阳能发电项目，讨论其中可能遇到实际问题的相关标准。

1）每个 CPA 项目的地理边界在 PoA 中规定的地理边界范围内。此条规定看似简单，实际对于太阳能发电项目而言是十分重要的。结合中国的具体情况，可以在 PoA 中描述项目的地理边界为整个中国，或者某个电网所包含的省（自治区、直辖市），比如华北电网所包含的北京市、天津市、河北省、山东省、山西省、内蒙古自治区，也可以选定具体的某个省（自治区、直辖市）作为地理边界。地理范围越大，所能包括的项目就越多，但是需要的相关说明也越多。举例说明，如果选取整个中国作为项目的地理边界，关于减排量计算部分，需要把每个电网的排放因子一一列出，这无疑是不小的工作量。2012 年 3 月 23 日，国家发展和改革委员会颁布的《关于澄清规划类 CDM 项目申报有关问题的公告》中指出，对于须通过地方初审的跨省（自治区、直辖市）的 PCDM 项目，应提供规划项目涉及的所有省（自治区、直辖市）发展和改革委员会出具的 PCDM 项目认可函。由此可以看出，如果选择多个省（自治区、直辖市）甚至整个国家作为地理边界，需获得多个（自治区、直辖市）甚至所有（自治区、直辖市）的认可函，这无疑将增加项目开发的难度和时间。因此，建议项目的协调管理机构（CME）在开发 PCDM 项目时，对于太阳能发电项目，可以将 PoA 的地理范围描述为某个电网所覆盖的省（自治区、直辖市），为了保守起见，选择某个省更为稳妥。

2）避免减排量重复计算的条件，比如产品或者用户的标记。对于太阳能发电项目，其电力输出有两种情况：①直接上网；②直接供给用户，多余的电量上网。对于直接上网的太阳能发电项目，不涉及产品或者终端用户问题，对于此情形，需要分析减排量的申请及后期 CDM 相关收入的分配问题。按照相关规定，太阳能发电项目建设单位应与受电用户签订合同，以确保减排量不被重复计算和申请。在这种情况下，如果后期签发的减排量需要给受电用户一部分，则需要具体标记出哪些是受电用户。

3）确保每个 CPA 满足额外性的需求。关于额外性，附件 6——"PoA 项目下的额外性论证、纳入标准和多个方法学应用"中有具体描述。对于大规模的太阳能发电并网项目，应按照最新版的"额外性论证和评价工具"（06.0.0

版）分析每个 CPA 的额外性；如果是小型的 CDM 发电项目，根据 EB63 次会议附件 24——"小规模 CDM 项目简化的模式和程序"的相关要求，无论是光伏发电还是光热发电，项目自动具有额外性而不需要论证，这也能大大的简化额外性的论证步骤。

4）如果是小规模项目或者微型项目，还需进行"解捆检查"，即确认项目是否属于大项目拆成的小项目。关于这个问题，具体可以参考 EB 第 54 次会议附件 13——"关于小规模项目的解捆评价指南"。

（2）纳入标准的更新

以下几种情况下，协调管理机构（CME）需要更新纳入标准：当 PoA 所采用的方法学的版本被修正或者替代并且随后被搁置，项目注册后 PoA 的地理边界扩大或者要求包含一个或者更多的主办者。当 EB 发现在 PoA 计入期内发现与项目完整性相关的事件，以及 PoA 的计入期更新（其中第一个 CPA 计入期更新）时，需要根据最新版的方法学更新纳入标准。此时，除了项目的协调管理机构（CME）需提交新的 PoA 设计文件 CDM-PoA-DD 以及新的 CPA 设计文件 CDM-CPA-DD，该设计文件需经 DOE 批准并向 EB 递交，一旦 EB 批准了该纳入标准，随后新加入的 CPA 都需要按新标准执行，而已经注册的 CPA 则需要在计入期更新时按照最新的纳入标准执行。

6.3.3 抽样

抽样对于其他的 PCDM 项目（如节能灯发放）是确定某些重要参数的关键方法。在 EB60 次会议至 EB66 次会议连续讨论了抽样的相关问题，并在 EB65 次会议出台了"CDM 和 PoA 项目的抽样和调查标准"，在 EB66 次会议出台了"关于样本容量和可靠性计算的最佳实施举例"。"CDM 和 PoA 项目的抽样和调查标准"详细叙述了"抽样的适用范围"、"样本需求"、"PoA 项目的样本计划的审定和核查"，并在附件中给出了相关的抽样方法及推荐 DOE 使用的评价原则。"关于样本容量和可靠性计算的最佳实施举例"，文件中针对两种抽样目标"比例"和"均值"问题分别介绍了针对具体抽样方法的例子，同时对置信度、精度和可靠性的确定方法给了部分指导意见（主要针对简单随机抽样）。

关于抽样的应用范围，抽样和调查标准中明确指出，抽样规则既适用于大规模的 CDM 活动也适用于小规模的 CDM 活动。然而，关于 PoA 中应用大方法学的指南中明确指出，使用大规模方法学的 CPA 不适用于抽样计划。因此，对于大规模的太阳能发电项目，不能使用抽样方法。

对于小规模的太阳能发电项目，能否应用抽样方法需进一步探讨。对于小规模的太阳能发电并网项目方法学，由于电量直接上网，无法确定最终的终端用户，对于此类项目，不能使用抽样方法。而对于项目将电量首先供给用户，多余电量上网的情况，需要分情况讨论。如果 CPA 项目的最终申请单位是建设单位，则不太可能应用抽样的方法，因为本身项目的电量监测不是很复杂，而且一个 PoA 中的 CPA 项目也不会很多，如果采用抽样的方法需要符合相关的标准，包括置信度和精度要求，反而增加了工作量，因此不宜采用抽样的方法。如果最终申请单位是具体的太阳能用户，原则上可以选择用抽样的方法。但是，由于每个用户的具体情况不一样，比如电器设备种类、容量、电器的运行时间等，因此各用户间的电量可能差别很大，单独抽出的用户的耗电量不具有代表性。在此情况下，无论采用简单随机抽样（直接抽查用户的用电情况）还是采用整群抽样（比如先抽取某个住宅单元，然后调查该单元内所有用户的用电情况），可能都无法准确地估计总体用电量，当然如何合理分配到具体每个用户就变得更加困难了，这也是该种情况下可能遇到的最大困难，如何处理需要进一步探讨。

6.3.4　CPA 的错误纳入

根据 EB 第 61 次会议附件 22——"关于 CPA 错误纳入的检验程序"，CPA 的错误纳入指的是该 CPA 不满足 PoA 设计文件中相关的纳入标准，如果 PoA 的国家主管机构或者当事者或 EB 的成员发现了可能是 CPA 不符合纳入标准的相关信息，则应该通知 EB 秘书处。如果相关请求来自于当事者，则秘书处应该通知项目协调管理机构，将 CPA 纳入到 PoA 的 DOE 以及所有参与方的项目主管机构（DNAs），并且要求协调管理机构（CME）和 DOE 关于检查的要求做出回应。

当发现 CPA 清除出 PoA 是由于 DOE 并未充分地按照审定要求的纳入标准进行评价从而导致错误地纳入 CPA 时，DOE 应该在该 CPA 被清除之日起 30 天内向 EB 的登记簿提供与该 CPA 等量的核证减排量。该条规定也是 PCDM 项目于常规 CDM 项目的显著区别，明确指出了 DOE 的风险，如果 DOE 未完全按照相关的纳入标准纳入 CPA，而后期其中的 CPA 被发现问题而被清除出 PoA，则 DOE 需要承担相关的责任，并且这种责任是非常严重的，可能给 DOE 带来巨大的经济损失。该条规定将对 DOE 参与 PCDM 项目的积极性产生极大影响，进而影响整个 PCDM 项目的开发前景，这也是太阳能发电项目开发成 PCDM 的一个潜在障碍。

6.3.5　PCDM 项目开发需注意的其他问题

以上是 PCDM 项目开发中的重点和难点问题，PCDM 项目开发中还有很多问题需要关注，如关于"环境影响评价"、"利益相关方"调查等。从 CDM 项目以及 PCDM 审定过程来看，审定单位 DOE 非常关注项目的建设对于环境的影响，是否破坏了生态环境以及给利益相关方带来的影响是有利的还是不利的。因此就要求项目的协调管理机构在纳入 CPA 时，也重点考察企业在此方面做出的工作，也便于后期项目的顺利注册。

此外，"PoA 中应用大方法学的指南"中提到了环境完整性问题，方法学小组建议给每个 CPA 设置减排量上限，比如 10 万 t 或者 20 万 t 或者其他数额，虽然 EB 尚未对此做出回应，但也能看出方法学小组对于大规模项目的某些看法，相信太大规模的项目开发成 PCDM 项目的可能性不大。

6.4　此类项目的前景、策略和实施路径

目前关于太阳能的利用主要集中在发电和供热两个方面，其中发电主要分为光伏发电（CPV）和光热发电（CSP），而供热方面主要体现在太阳能在建筑领域的应用，如屋顶太阳能等。而由于太阳能热水器在中国的广泛使用，使得类似项目申请 CDM 或者 PCDM 变得非常困难或者说几乎不可能，因此，此类项目的开发主要集中在太阳能发电技术方面。

6.4.1 太阳能发电的发展前景及 PCDM 开发

我国太阳能资源非常丰富，大多数地区年平均辐射总量在每平方米4000MJ 以上，太阳能资源开发利用的潜力非常广阔。从全国太阳年辐射总量的分布来看，新疆、西藏、宁夏、甘肃、青海等地、华北地区以及东北大部均为太阳能资源丰富或较丰富的地区，只有四川、贵州两省太阳能资源较为缺乏。

关于太阳能发电项目的前景，以下将从相关政策、太阳能发展现状和主要制约因素以及未来的发展前景以及 PCDM 开发等方面展开讨论。

（1）太阳能利用相关政策

2005 年 2 月 28 日通过的《可再生能源法》可以说是最早的关于发展太阳能技术的政策法规，该法规中多次提到了支持太阳能相关领域的发展，如 "要编制可再生能源开发利用规划，应当遵循因地制宜、统筹兼顾、合理布局、有序发展的原则，对太阳能等可再生能源的开发利用做出统筹安排"；"鼓励安装和使用太阳能热水系统、太阳能供热采暖和制冷系统、太阳能光伏发电系统等太阳能利用系统"；还提到 "国务院建设行政主管部门会同国务院有关部门制定太阳能利用系统与建筑结合的技术经济政策和技术规范" 等内容，足见国家对于发展太阳能产业的政策支持力度之大。

2005 年 11 月 29 日颁布的国家发展和改革委员会关于印发《可再生能源产业发展指导目录》的通知中，公布了《可再生能源产业发展指导目录》，涵盖风能、太阳能、生物质能、地热能、海洋能和水能等 6 个领域的 88 项可再生能源开发利用和系统设备/装备制造项目，并指出国家将对于目录中的相关产品和技术给予财政税收、产品价格、市场销售等方面的政策优惠，鼓励相关企业进行研发和投资活动。该目录中关于太阳能相关产业的支持力度最大，涉及太阳能发电和热利用、设备/装备制造等 35 项内容，例如，离网和并网太阳能光伏发电、太阳能光热发电、太阳能照明、晶硅太阳能电池、薄膜太阳能电池、光伏发电系统用直流/交流逆变器等相关技术。

2007 年 8 月 31 日，国家发展和改革委员会印发了《可再生能源中长期发展规划》，成为具体发展可再生能源的指导性文件，指出，在偏远地区推广使用户用光伏发电系统或建设小型光伏电站，而在城市的建筑物和公共设施配套安装太阳能光伏发电装置，扩大城市可再生能源的利用量，到2020年太阳能发电总容量达到180万kW。文件中还给出了具体的发展目标，关于采用户用光伏发电系统或建设小型光伏电站方面，到2020年达到30万kW。在现代化水平较高的大中城市，建设与建筑物一体化的屋顶太阳能并网光伏发电设施，到2020年，全国建成2万个屋顶光伏发电项目，总容量100万kW。关于建设大规模的太阳能光伏电站和太阳能热发电电站，到2020年，全国太阳能光伏电站总容量达到20万kW，太阳能热发电总容量达到20万kW。

上述提到的主要是支持太阳能项目发展的主要政策，对于太阳能项目尤其是发电项目而言，发电能否上网以及上网电价无疑是决定项目建设规模的重要因素之一。对此，国家也出台了一系列的政策给予支持。2006年1月4日，国家发展和改革委员会印发了《可再生能源发电价格和费用分摊管理试行办法》，其中明确指出，对于太阳能发电项目上网电价实行政府定价，其电价标准由国务院价格主管部门按照合理成本加合理利润的原则制定。为了促进可再生能源项目的发展，保证其上网电量问题，国家电力监管委员会于2007年7月25日颁布了《电网企业全额收购可再生能源电量监管办法》，文中指出，电力调度机构应当按照国家有关规定和保证可再生能源发电全额上网的要求，编制发电调度计划并组织实施。电力调度机构进行日计划方式安排和实时调度，除因不可抗力或者有危及电网安全稳定的情形外，不得限制可再生能源发电出力。为了进一步促进太阳能发电项目的发展，2011年7月24日，国家发展和改革委员会出台了《关于完善太阳能光伏发电上网电价政策的通知》，文件制定全国统一的太阳能光伏发电标杆上网电价。对于2011年7月1日以前核准建设、2011年12月31日建成投产并且尚未核定价格的太阳能光伏发电项目，上网电价统一核定为每千瓦时1.15元（含税）；而对于2011年7月1日及以后核准的太阳能光伏发电项目，以及2011年7月1日之前核准但截至2011年12月31日仍未建成投产的太阳能光伏发电项目，除西藏自治区仍执行每千瓦时1.15元的上网电价外，其余省（自治区、直辖市）上网电价均按每千瓦时1元执行。

从以上相关政策可以看出，国家在可再生能源尤其是太阳能项目的发展方面陆续出台了很多鼓励政策，为我国的太阳能发展打下了坚实的基础。

（2）太阳能发展现状及主要制约因素

由于太阳能光伏发电和光热发电采用的技术不同，造成两种技术目前的发展现状及制约因素有一定区别，以下将分别讨论。

对于太阳能光伏发电，其系统主要包括太阳能电池组件、控制器、蓄电池、逆变器等。其中，太阳能电池组件和蓄电池为电源系统，控制器和逆变器为控制保护系统。我国光伏发电产业于 20 世纪 70 年代起步，90 年代中期进入稳步发展时期。太阳电池及组件产量逐年稳步增加。经过 30 多年的努力，已迎来了快速发展的新阶段。2010 年，我国的光伏电池产量约占全球总产量的 50%，然而，与此数据形成鲜明对比的是，我国生产的光伏电池出口比例约占 95% 左右，真正在用在国内市场的非常少。根据《世界能源统计回顾 2011》报告显示，2010 年全球光伏发电装机容量接近 40GW，而我国的光伏发电装机容量只有 893MW，占世界份额仅为 2.2%。我国拥有丰富的太阳能资源，但为何生产的光伏电池大都卖给了外国，而国内的需求相比之下为何如此之小？究竟是什么原因导致了如此大的落差呢？

首先就是光伏发电的成本太高。高纯度多晶硅是太阳能光伏产业的核心器件，而目前硅料提纯的核心技术依然被国际少数几家大型光伏企业掌握，因此多晶硅大都需要进口，从而造成了太阳能光伏发电的成本升高。另外，光伏电站的建造成本（单位装机）也较高，比风电场建设成本高两倍左右。

上网电价是影响光伏发电国内需求的另一个重要因素。我国自 2006 年实施《可再生能源法》后，对风电采取了上网电价的办法，而光伏发电则被排除在外，较低的上网电价无法满足生产企业的成本需求，因此将主要目标放到了海外市场。然而 2011 年国家发展和改革委员会颁布的《关于完善太阳能光伏发电上网电价政策的通知》，终于解决了我国光伏产业上网电价过低的问题，相信这一政策的颁布将在很大程度上促进我国国内光伏发电产业的发展。

目前，发展太阳能光热发电技术最为积极的国家当属西班牙和美国[①]。2009 年年底全球累计装机容量为 817MW，其中北美占比 62.3%，美国和西班

---

① 太阳能光热发电现状调查，http://www.cpnn.com.cn/ttdd3/201108/t20110801_367530.html

牙占 98%，可见太阳能光热发电项目的装机规模与光伏发电相比有较大差距。2011 年 4 月，国家发展和改革委员会修订并发布了新的产业结构调整指导目录，其中在新能源领域鼓励发展的产业中，太阳能热发电集热系统排在首位。2011 年 1 月，内蒙古鄂尔多斯 50MW 槽式太阳能热电站开标，这是迄今为止我国目前规模最大的光热发电站。目前，我国在建及规划 CSP 电站装机规模已超过 5GW。

同光伏发电一样，太阳能光热发电较为缓慢的原因之一也是因为高昂的成本。虽然太阳能光热发电的建筑安装成本较高，但其正常运营以后，所需的运行维护成本很低。另外一个制约太阳能光热发电的原因是项目建设和运营的经验不足。目前只有几个小型电站处于试验阶段，有些关键数据必须需要通过建设大规模的电站才能获得。

（3）未来的发展前景

目前我国已经陆续出台了鼓励太阳能发电的相关政策，虽然在具体的实施细则方面还缺乏进一步的政策，但国家对新能源的支持是坚定不移的，相信未来会进一步颁发相关的鼓励政策。另外，伴随太阳能发电技术的国产化，成本必然大幅度下降，有国内广阔的市场的大力支持，相信太阳能发电项目必然得到更大的发展。

（4）太阳能发电项目的 PCDM 开发

通过上面的分析可以看出，未来太阳能发电项目有非常广阔的市场。该项目得到国家政策的相关支持，同时项目建设成本很高，因此具有申请 CDM 项目或者 PCDM 项目的必要条件。如果太阳能发电项目能够成功地申请 CDM 或者 PCDM 项目相关资金的资助，将进一步促进项目的发展。

面对未来广阔的市场和众多的太阳能发电项目，究竟是开发成 CDM 项目还是 PCDM 项目呢？这就需要对两者的优缺点进行比较。

在开发成本方面，如果是 CDM 项目，每个太阳能发电项目开发成本与风电、水电项目的开发成本基本一致，但由于太阳能项目的装机容量不大，而且利用小时数较低，因此产生的年减排量较水电低得多。而如果开发成 PCDM 项目，虽然第一个总的规划项目设计文件开发和审定成本比常规开发模式下单个项目高一些，但在总的规划类项目设计文件注册后，后续进入该 PCDM 的项目的成本总体上比单个项目开发低很多。随着金融危机，特别是欧洲主权债务危机的延伸，碳市场的价格陷入低谷，在此情况下，买家更愿意采用成本更低的开发模式，因此 PCDM 成为更好的选择。

关于限制条件，CDM 项目只能是一个业主，并且项目只能单独开发，而 PCDM 项目下的每个项目（即 CPA）不限制业主、不限地区，可以不断地往里加项目。而且只要第一个项目设计文件在 2012 年前注册，那么后续再加入进来的子项目，有很大可能可以在欧洲市场交易。虽然德班会议解决了 2012 年以后京都议定书的存续问题，然而未来仍有很大的不确定性，并且欧盟关于购买的"碳指标"要求越来越苛刻，如果能够争取早日将 PoA 注册，可以为未来纳入该 PoA 的 CPA 项目争取更大的主动。

当然，PCDM 也有其固有的缺点，比如规则较常规的 CDM 项目复杂，需要注意的问题更多，尤其是像上文提到的 CPA 被错误纳入的情况，一个 CPA 出现问题，就有可能涉及 PoA 中其他已经注册或者签发的项目，因此有一定的风险。

6.4.2 太阳能发电 PCDM 开发策略及实施路径

我国有着丰富的太阳能资源，目前国家已经陆续出台了关于新能源以及太阳能发电方面的支持政策，未来的太阳能发电有着广阔的市场。同时，由于此类项目成本较高，非常符合开发成 CDM 或者 PCDM 项目，如果能够申请到国外资金的资助，必将能进一步促进项目的建设和发展。

目前，EB 关于 PCDM 的项目开发方面越来越重视，也陆续出台了一系列的文件，包括相关规则和指南等。然而，由于 PCDM 的开发牵涉的方面很多，各种规则更为复杂，要求协调管理机构（如果需要，可以选择资深的咨询机构）在深刻理解各种规则的基础上，制定一套完整的项目开发策略，为项目开发配备经验丰富的人员，并由协调管理机构统筹安排管理项目进度、质量保证等事宜。具体的实施路径包括但不限于以下内容。

1）寻找合适的买家。相比常规的 CDM 项目，PCDM 项目的开发更为复杂，注册费用也更高，如果开发成单边项目，项目协调管理机构需要垫付的资金以及承担的风险太大，因此，建议为该项目寻找有实力的买家，将项目开发成双边项目，降低风险。

2) 签订咨询服务合同。合同中需明确各项服务内容，比如关于交付和付款、减排量（CER）的数量及价格，项目参与方的变化情况，减排量的签发和划拨，违约事件以及争议解决等关键问题；

3) 为各项工作配备专业人士，确保工作顺利完成。比如聘请资深的CDM 开发人员（最好有 PCDM 的开发经验），根据 EB 最新的关于 CDM-PoA 设计文件和 CDM-CPA 设计文件的相关内容，提炼出关键问题，同时对可能纳入本项目的 CPA（太阳能并网发电项目）进行考察，分析项目的投资和收益情况等。

4) 重点关注上面提炼的关键问题，比如方法学的选择、基准线的选择，额外性的论证、是否选择抽样以及纳入标准等方面的内容，这些内容需要综合考虑项目当期以及后续要纳入该 PoA 的项目的技术类型、规模大小以及相应的开发成本等，要在综合考虑各种因素的基础上提出解决方案。

5) 为其他问题提供相应证据，比如基于 CPA 层面的"利益相关方调查"、"环境影响评价"、"项目的开始时间"、"纳入的 CPA 是否是原来大项目拆分的小项目"等，这些问题都需要相关的证据来支持。

6) 关键问题的解决以及相关证据收集完成后，需要完成相关 PDD 的撰写，包括 CDM-PoA 设计文件和 CDM-CPA 设计文件的相关内容。文件编写完成之后，需聘请经验丰富的人员对文件进行质量校核。

7) 关于质量管理方面，CME 需设定纳入 CPA 过程中相关人员的角色和责任的清晰定位及其相关职能，需要有员工培训和能力开发管理记录，CPA 纳入的技术评审程序，避免重复计算的程序（比如避免新加入的 CPA 已经注册为CDM 项目或者是另外一个 PoA 下的 CPA），PoA 下每个 CPA 的记录和文档控制流程，以及 PoA 管理系统的连续改进措施等内容。

8) 需要在项目的审定、注册及核查和核证之前，对项目相关文件及具体事宜进行质量控制，确保没有不符合相关程序的事件发生。

总之，PCDM 项目的开发技术复杂，关键节点多，需要项目的协调管理机构及开发人员熟悉相关规则，制定严谨的开发策略并遵照执行。

6.5 案例分析

以下将以青海省内的太阳能发电项目为例,说明 PCDM 项目申请中可能遇到的问题及解决方案。

青海省地处青藏高原东北部,地势海拔高,空气稀薄,干旱少雨,日射强烈,日照充足,是我国太阳能资源最为丰富的地区之一,有很好的太阳能利用开发条件。而目前该省内也有多个太阳能项目正处于建设阶段,开发成 PCDM 项目具有很好的基础。以其中一个 20MWp 光伏发电项目作为其中的依托项目(CPA),而选择该项目的建设单位某地方能源公司为整个 PCDM 项目的协调管理机构(CME)。以下将从 5 个方面论述项目开发中的重要问题。

6.5.1 项目的识别(包括额外性、基准线的确定等)

本 PCDM 项目的其中一个 CPA 已经确定,即 20MWp 并网光伏发电项目,而根据 EB 关于大规模项目和小规模项目的区分规则,装机容量大于 15MW 的项目属于大规模项目,因此该 CPA 也应属于大规模项目,根据项目的情况,此 CPA 应用的方法学为 ACM0002 "可再生能源联网发电方法学"。然而,这只是 PoA 中一个 CPA 的情况,还需要考虑未来可能纳入的其他项目情景的情况。根据 EB65 次会议上出台的附件 6——"PoA 项目下的额外性论证、纳入标准和多个方法学应用"的相关描述,该 PoA 中也可采用与其他方法学或者其他技术的组合。前文已经指出,在考虑其他 CPA 的类型时,不建议采用太阳能发电项目和其他小规模的项目或者与其采用不同的基准线方法学的项目,因为根据 EB 的相关规定,如果 PoA 采用多个大规模方法学或者采用大规模方法学和小规模方法学的组合时,项目协调管理机构(CME)需提交相关申请证明方法学组合的适用性,这势必增加项目开发的难度和不确定性。当然,该 PoA 下面的 CPA 也可以考虑是其他可再生能源发电项目(比如风电),因为这种类型的项目所采用的方法学是一致的,都是 ACM0002,但是,一方面本身该 PoA 使用的是大项目的方法学,而大项目的方法学申请 PCDM 的案例是非常少的,注册的更是寥寥,说明 EB 在大规模项目申请 PCDM 时是非常谨慎的。如果我们考虑了其他可再生能源的技术类型，则这种组合就属于相同方法学下不同技术的组合，肯定没有都是太阳能光伏发电的情况下更易获得审批。因此，为了项目尽快地注册，建议该 PoA 下的 CPA 也都是大规模的联网光伏发电项目。

（1）基准线情景的识别

由于本项目是新建可再生能源联网发电项目，根据 ACM0002，可以确定本项目的基准线情景为：如果没有本项目活动，就会由所并入的西北电网上的其他联网电厂或者新建电厂提供上网电量，正如组合边际（CM）计算所体现的。

（2）额外性论证

由于该 PoA 采用的都是太阳能并网光伏发电技术，并且项目都属于大规模的，因此项目的基准线情景应根据额外性论证与评价工具（06.0.0 版，2011年 11 月 25 日，EB65 附件 21）应用于本项目的额外性分析和论证。

步骤 1：首先确定符合现行法律法规的可以替代本项目活动的方案：

子步骤 1a：确定该项目活动的替代方案

该活动的替代方案包括：

方案 a：拟议的项目本身，但没有被注册为 CDM 项目活动；

方案 b：新建提供相同年供电量的化石燃料电厂；

方案 c：新建提供相同年供电量的其他可再生能源电厂，如风能、生物质能以及水力发电等类型电厂；

方案 d：由西北电网提供与本项目同等的年供电量。

接下来，需要逐一分析每个替代方案的可行性。其中，方案 c 的排除需要结合本地区的资源条件以及其他可再生能源所受的限制条件（比如成本、技术）等予以排除。

子步骤 1b：与强制性法律和法规的一致性

对于方案 b，可以根据《国务院办公厅关于严格禁止违规建设 13.5 万千瓦及以下火电机组的通知》（国办发明电〔2002〕6 号）予以排除。因为项目的发电量较低，如果按中国火电发电设备年平均利用小时数推算，项目的装机容量将低于 20MW，这样的火电机组是不允许建设的，因此方案 b 也被排除。

剩余的方案只有 a 和 c。

步骤 2：投资分析

确定拟议的项目活动，不是最具有经济吸引力的，或者当不考虑经核证的减排量销售收入时，不具有经济可行性。

为进行投资分析，使用如下子步骤：

子步骤 2a：确定适当的分析方法

确定是否应用简单成本分析（选项Ⅰ）、投资比较分析（选项Ⅱ）或基准分析方法（选项Ⅲ）。本项目通过电力销售产生经济收益，因此选项Ⅰ不适用于本项目。本项目的替代方案 d 是由西北电网提供同等的发电量，而并非一个具体的投资项目，所以选项Ⅱ也不适用。

因此，本项目选用基准分析方法（选项Ⅲ）。

子步骤 2b：选项Ⅲ. 应用基准分析

根据原国家电力公司在 2002 年颁布的《电力工程技术改造项目经济评价暂行办法》，电力行业的全投资财务内部收益率基准为 8%，只有当拟建项目的全投资内部收益率高于或等于该基准值时，项目才具有财务可行性。

子步骤 2c：计算和比较财务指标

可以根据设计院出具的可研或者其他第三方机构出具的有效证据，提供关于项目的静态投资、流动资金、年上网电量、上网电价、项目的经营成本、折旧年限、残值率、所得税率等相关参数，确定项目的全部投资内部收益率，看该收益率是否小于 8%，如果小于 8%，则说明该项目不就有财务吸引力，需要 PCDM 的资助，否则的话，项目不就有额外性。

子步骤 2d：敏感性分析

分析对全部投资内部收益率的主要影响因素，比如静态投资、年经营成本、上网电价、年上网电量等参数在 ±10% 内变动时，项目内部收益率的变动情况。如果项目内部收益率仍然低于 8%，则说明项目有鲁棒性，即使内部收益率高于 8%，如果通过分析说明引起这种变动的参数不可能变化如此大的范围，则仍然说明项目活动缺乏财务吸引力。

步骤 3：障碍分析

说明该项目面临的障碍，比如技术障碍，比如此种类型的第一个项目等，如果能说明该障碍阻止了项目活动的执行，但并不阻止至少一种其他方案的执行，则该项目具有额外性。太阳能发电项目一般不是第一个项目，同时也没有面临相关的技术障碍，因此，障碍分析不适用该类型项目。

步骤4：普遍性分析

主要是分析与本项目类似的其他项目活动（不包含已经公示或者注册的CDM项目），如果没有发现类似项目或者发现了类似项目，但能够证明该项目与拟建的项目属于不同的技术①，则认为项目不是普遍的，具有额外性。

6.5.2　整个 PoA 的组织管理架构（包括协调管理机构、执行方的选择等）

本项目是青海省内的太阳能发电项目自愿申请 PCDM，不属于政府强制的行为，本项目的协调管理机构（CME）是某地方能源公司，也是该 PCDM 项目 PoA 下的唯一项目参与方。

某地方能源公司对太阳能光伏发电技术有着深刻的理解，在项目的建设和运营方面有着丰富的经验，此外，该企业与国内领先的 CDM 咨询服务机构签订了合同，在咨询服务机构的协助下，企业对 PCDM 的相关规则有了深刻的理解，有较强的能力甄别优质的太阳能发电项目，同时建立并完善了管理体系，在整个 PCDM 项目的申请、审定、注册、核查和核证以及后期的减排量签发等方面的进度保证和质量控制方面，做了很充分的准备工作。该管理体系的部分主要职能简述如下。

1）纳入 CPA 过程中相关人员的角色和责任的清晰定位及其相关职能，包括设立专业人员去现场实地考察该 CPA 项目，与相关工作人员交谈，了解项目的情况，包括项目的资金来源、收益情况，是否满足 CDM 开发的必要条件以及潜在的风险等。

2）员工培训和能力开发管理记录。CME 作为所有 CPA 的协调管理机构，其需要针对每个具体的 CPA 设置 1~2 名项目经理，协助该 CPA 管理项目，尤其是对于与 CDM 相关的内容的管理和培训，如电量监测方面的指导。

3）CPA 纳入的技术评审程序，这是 CME 的又一项重要的工作，如果工作

---

① 关于不同技术的定义，详见 EB63 次会议附件12《普遍性分析指南》。

准备不充分，没有完全执行 EB 的相关规定，而 DOE 在审定过程中又没有发现问题导致在联合国注册甚至签发，如果没有发现问题当然各方相安无事，然而一旦发现问题，后果是非常严重的，不仅该 CPA 将可能被从 PoA 中清除，还可能导致已经注册的签发的 CPA 面临重新审定的可能（发现问题前一年注册的项目和/或前半年首次签发的项目），因此，CME 需要制定严密的技术评审程序，严格按照 CPA 纳入标准执行，检查每个关键点，包括对方法学的应用、基准线的识别、额外性的论证、利益相关方调查等内容的评审。

4）避免重复计算的程序（比如避免新加入的 CPA 已经注册为 CDM 项目或者是另外一个 PoA 下的 CPA），对此，协调管理机构可以和单个 CPA 的建设运营商签订合同，明确写明该 CPA 只能纳入该 PoA 下，而不能再继续申请注册成为单个的 CDM 项目或者成为外一个 PoA 下的 CPA。

5）PoA 下每个 CPA 的记录和文档控制流程，此项工作能够使 CME 了解和控制整个项目的进度，实现项目注册有着重要作用，同时，详细记录每个 CPA 的具体情况，可以作为后期减排量的签发的重要依据。

6）PoA 管理系统的连续改进措施，需要结合实际工作过程中出现的问题，不断归纳总结，进一步完善管理系统，为项目的进度和质量控制以及风险管理奠定坚实的基础。

关于具体的项目执行方，是一个双向选择的过程。潜在的项目执行方（如太阳能光伏发电的建设和运营单位）可以选择是否加入到该 PoA 中或者是申请单个的 CDM 项目，该执行方会比较相关问题，诸如项目的申请注册周期、所需要的费用、后期减排量的签发以及过程中的风险，当然还有一个重要问题是能否寻找到合适的买家。而项目的管理协调结构也可以选择是否纳入该项目执行方，需要考虑项目的规模大小（关系到减排量）、是否符合申请 PCDM 的相关标准、过程中的风险以及与执行方的合作关系等许多问题。

总之，该 PCDM 项目的协调管理机构—某地方能源公司已经建立一套完善的管理体系，会严格执行 EB 关于 CPA 纳入的相关标准，一定会选择优质的 CDM 项目作为 PoA 下的具体 CPA。

6.5.3　纳入标准的设计

关于 PoA 中具体 CPA 的纳入标准，EB 第 65 次会议上出台的附件 6——

"PoA 项目下的额外性论证、纳入标准和多个方法学应用"给出了纳入标准至少包含下列内容，针对本太阳能光伏发电 PCDM 项目，逐一举例说明。

1）每个 CPA 项目的地理边界在 PoA 中规定的地理边界范围内。该太阳能光伏发电 PCDM 项目所选的地理边界为青海省，原因除前文描述的选择多个省（自治区、直辖市）甚至整个国家作为地理边界将增加项目开发的难度和时间外，另一个原因是本项目的协调管理机构（CME）对青海省的情况更为了解。

2）避免减排量重复计算的条件，比如产品或者用户的标记。由于前面已经确定，本 PoA 所采用的方法学是 ACM0002，即项目所发电量直接上网，不涉及产品或者终端用户问题。

3）说明项目的主要技术标准，包括服务的水平和类型以及运行标准等。由于该项目下具体的 CPA 都为大规模的太阳能光伏发电项目，因此，需要描述光伏发电的主要技术和设备。主要技术为：太阳能电池组件经日光照射后，形成低压直流电，电池组件并联后的直流电采用电缆送至汇流箱；经汇流箱汇流后采用电缆引至逆变器室，逆变后的三相交流电经电缆引至升压变压器（箱式升压变电站），然后接入当地电网。具体设备包括太阳能电池组件、控制器、蓄电池、逆变器等。

4）检查 CPA 起始日期的相关证据。对于本项目而言，CPA 为 20MWp 光伏发电项目，将在 PoA 中提供项目的主要时间节点，如"主体施工合同"的签订时间，"主设备合同"的签订时间等。

5）确保所用的单个或者多个方法学的适用性及其他要求。本项目的依托 CPA 以及未来要加入该 PoA 下的 CPA 都是大规模的太阳能联网发电项目，因此采用 ACM0002"可再生能源联网发电方法学"是合适的。

6）确保每个 CPA 满足额外性的需求。由于本 PoA 纳入的是大规模的太阳能联网发电项目，因此应按照最新版的"额外性论证和评价工具"（06.0.0版）分析每个 CPA 的额外性。

7）CME 制定的针对 PoA 的要求，包括利益相关方调查、环境影响评价等。该 PoA 选择的是针对具体项目进行的利益相关方调查和环境影响评价，没有具体针对 PoA 的相关要求。

8）提供证明信息，如果有附件 1 国家的资金支持，不会导致官方发展援助的转移。由于该 PoA 的依托 CPA 以及未来纳入的 CPA 都不涉及附件 1 国家的资金支持，因此不需要提供相关证明。

9）如果适用的话，说明目标群（比如家用/商用/工业，农村/城市，并网/离网）以及分布机制（比如直接安装）。该 PoA 下的所有 CPA 都是大规模的太阳能并网发电项目。

10）如果适用抽样的话，按照"CDM 和 PoA 项目的抽样和调查标准"的相关要求进行抽样。由于该 PoA 下的 CPA 均为大规模项目，采用的是大规模的方法学，根据 EB 相关规定，不适用抽样。

11）如果适用的话，确保每个 CPA 满足小规模项目或者微型项目的临界值并且在整个 CPA 的计入期内也在临界值范围内。本项目 PoA 下的 CPA 均为大规模项目，此条不适用。

12）如果是小规模项目或者微型项目，还需进行"解捆（debundling）检查"，即确认项目是否属于大项目拆成的小项目。本项目 PoA 下的 CPA 均为大规模项目，此条不适用。

6.5.4 关于抽样

前文已经指出，本项目 PoA 下的依托 CPA 以及未来要纳入该 PoA 的 CPA 都是大规模的太阳能联网发电项目，适用的是方法学 ACM0002"可再生能源联网发电方法学"，而"PoA 中应用大方法学的指南"中明确指出，使用大规模方法学的 CPA 不适用于抽样计划，因此，对于大规模的太阳能发电项目，不能使用抽样方法，而只能像单个 CDM 项目一样执行相关工作。

6.5.5 该案例涉及的其他问题

该 PCDM 项目在开发中还遇到其他一些问题，比如"PoA 中应用大方法学的指南"中提到的环境完整性问题，方法学小组建议给每个 CPA 减排量上限，比如 10 万 t 或者 20 万 t 或者其他数额，虽然此条规定对于目前规模的太阳能项目（50MW 以下）没有太大影响，但随着太阳能技术的不断进步，未来很可能朝着更大容量的太阳能发电技术发展，届时大规模的项目纳入 PoA 必然受到限制。再比如关于项目开发前期费用的问题，以前，当碳市场行情比较好的情况下，一般买家为了项目尽快开发，可以承担项目开发前期费用，但如今，伴随着欧债危机引起的全球碳市场低迷以及未来 CDM 前景并不明朗的情况下，很少有买家愿意承担前期开发费用，这些问题都需要在项目开发过程中予以关注。

参 考 文 献

黄亚平 . 2007. 太阳能光伏发电研究现状与发展前景探讨 . 广东白云学院学报，14（2）：1-5

罗运俊，何梓年，王长贵 . 2005. 太阳能利用技术 . 北京：化学工业出版社：13-14

François Beaurain ，Guido Schmidt-Traub. 2010. Developing CDM Programmes of Activities：A Guidebook. Switzerland：South Pole Carbon Asset Management Ltd：41-44

第 7 章

Chapter 7

农村高效生物质炉灶 PCDM 项目开发与案例分析

7.1 政策背景

农村高效生物质炉灶技术是指针对农村广泛利用薪柴、秸秆和煤炭进行直接燃烧的状况，根据燃烧学和热力学的原理，进行科学设计而建造或者制造出的适用于农村炊事、取暖等生活领域的炉灶等用能设备。顾名思义，高效生物质炉灶是相对于农村传统的低效炉灶而言的，不仅改革了内部结构，提高了效率，减少了排放，而且卫生、方便、安全。

我国生物质炉灶的发展大致可以分为 4 个阶段。

在第一阶段，农村使用的传统炉灶大多是手工堆砌的砖石结构，建造技术粗糙，煤炭或生物质由于燃烧不充分，释放出大量浓烟，不但损失了大量的热能，而且污染环境，严重损害人的身体健康。

第二阶段为生物质炉灶改良及推广阶段，即 20 世纪 80 年代至 90 年代。这一阶段主要使用的推广省柴灶和炕连灶，与旧式柴灶相比，省柴灶优化了灶膛、锅壁与灶膛之间相对距离、吊火高度、烟道和通风等方面的设计，增设了保温措施和余热利用装置，以达到热效率 20% 以上的要求。省柴灶的特点是省燃料、省时间，使用方便，安全卫生。

第三阶段为生物质炉灶技术创新阶段，即 20 世纪 90 年代中期至 2005 年。该阶段主要使用炉灶分离的秸秆气化炉和高效低排放生物质炉具。气化炉采用炉灶直接相连方式，气化条件不易控制，产生的可燃气没有经过任何处理，气体中的可燃气成分不稳，并且不连续，影响燃用甚至有安全问题。更重要的问题是焦油和含焦油的水无序排放，造成土地和地下水的污染。在燃烧过程中，排放含有大量有害气体，特别是一氧化碳（CO）气体大量超标，农户长期使用，对人体会造成极大的伤害，现阶段不宜推广。高效低排放生物质炉具，生物质燃料在炉膛里燃烧，为了增加燃烧效率，一次风从炉具底部进入，在炉具上部出口处增加了二次风喷口，这样将固体生物质燃料和空气的气固两相燃烧转化为单相气体燃烧，这种半气化的燃烧方法使燃料得到充分的燃烧，减少了颗粒物和 CO 排放，明显地改善了室内空气质量。使用时燃料一般从炉具的上部点燃，自上而下燃烧和空气的流动方向相反。从开始点火到燃尽都可以做到不冒黑烟，可以把焦油、生物质炭渣等完全燃烧殆尽。

第四阶段为加速发展阶段，即 2005 年至今。这个阶段炉灶企业生产规模不断扩大，生产速度持续增长，研发力度不断加强，使得技术快速发展。目前一些高效低排放户用生物质炉灶的热效率达到 35% 以上，远高于传统炉灶 10% 左右的效率，燃料大量节省，排放量也大大降低。

根据不同农村地区用能情况的不同，农村高效生物质炉灶主要通过以下 3 种方式来实现减排：①将传统燃煤炉灶替换成燃烧生物质的炉灶；②将燃烧不可再生生物质（如树木薪柴）的炉灶换成燃烧可再生生物质（如农作物秸秆等）的炉灶；③不改变燃料种类，通过安装高效生物质炉灶提高热效率来节能减排。

中国农村大部分地区还是用传统能源，很多家庭用煤和薪柴作为主要炊事燃料。根据有关机构调研结果，对农村来说，即使付出最大的工作努力，在 2030 年也不能保证达到完全普及清洁能源，估计到时还会有至少上亿人口难以使用清洁能源，而要解决他们的能源问题，最好的办法就是让他们使用清洁炉具。然而相比其他能源近些年的飞速发展，清洁炉具的发展显得缓慢。这是由于清洁炉具的使用主要对应的是农村人口和贫困人口，很多部门和机构就没有太多动力去做这件事情。同时，在相应技术方面，目前在全球还没有一个统一的测试标准。融资也是一个的问题，不只是在某个国家，在全球范围内目前也没有一个好的融资渠道，还没有建立起一个成熟和有效的商业模式。单就能源使用问题而言，最贫穷的人最需要帮助，但是因为种种障碍他们得不到，这是现今面临的一大挑战。

7.2　高效生物质炉灶有关方法学

根据基准线情景和项目情景中所使用的能源燃料类型不同，高效生物质炉灶项目可能涉及以下 3 种技术/措施和方法学：

1）引入可再生生物质技术替代不可再生生物质的使用，该类型的方法学是 AMS-I.E，适用于燃用生物质的设施通过引入可再生生物质技术替代不可再生生物质的使用来产生热能。

2）利用可再生生物质产热来替代化石燃料产热，最适用方法学是 AMS-I.I，适用于利用可再生生物质或沼气产生热能在住宅、商业、机构内使用

（如供给家庭、小农场、学校使用等）。这些技术包含替代化石燃料的例子包括但不限于沼气炊事炉、生物质炊事炉、小型烤焙或烘干系统、热水器、空间供热系统等。每个单元（沼气灶、热水器）的额定热能不能超过150kW。

3）不可再生生物质热利用的节能措施，典型方法学是AMS-II.G，引入利用不可再生生物质的高效产热单元或替换现有单元（如完全替换现有燃烧生物质的更高效炊事炉或烤箱或干燥器）来减少不可再生生物质的燃烧使用。

以上3种方法学适用于不同的技术类型，应该根据项目内容和当地农村能源使用的实际情况来选择适用的方法学。由于AMS-I.I出台较晚，而另外两个方法学相对不确定因素较多，从目前进行CDM开发的情况来看，高效生物质炉灶项目开发成功的案例并不多，我国至今还没有这方面的规划项目注册。

7.2.1 不可再生生物质燃料转换的用户供热（AMS-I.E.）

该小型项目方法学属于EB在15个领域分类中的能源类别，其最初版本生效于EB37次会议后的2008年2月1日，目前最新版本是EB60次会议通过的04版，生效日期为2011年4月15日。

（1）适用范围

该方法学下的项目活动是通过引入可再生能源技术替代不可再生生物质的使用。这些技术示例包括但不限于沼气灶、太阳能炊事灶、接受式家庭太阳能、基于可再生能源的饮水净化技术（如砂滤净水后太阳能杀菌、使用可再生生物质热水锅炉）。

项目参与方能够通过调查方法或引用出版文献、官方报告或统计来证明从1989年12月31日起一直在使用不可再生生物质。

（2）项目边界

项目边界是使用生物质或可再生能源的物理、地理位置。

（3）基准线与减排量计算

基准线情景是假定在没有项目活动情况下，使用化石燃料来满足相应的热能需求。

项目减排量计算公式为

$$ER_y = B_y \times f_{NRB, y} \times NCV_{biomass} \times EF_{projected\_fossilfuel}$$

式中，ER_y 为当年减排量（t）；B_y 为替代的木质薪柴量（t）；$f_{NRB, y}$ 为通过调查方法得到，基准线情景下可视为不可再生生物质的木质薪柴分数；$NCV_{biomass}$ 为替代的不可再生生物质净热值（IPCC 默认值 0.015 TJ/t）；$EF_{projected\_fossilfuel}$ 为 81.6 t CO_2/TJ（方法学假定值）。

1）确定 B_y，通过如下其中一种方法来确定：①设施数量乘以估算的每个设施年均消耗木质薪柴量（t/a），可以通过历史数据获得或使用调查方法估算。②通过项目活动产生的热能来计算，公式为

$$B_y = HG_{p, y} / (NCV_{biomass} \times \eta_{old})$$

式中，$HG_{p, y}$ 为项目活动中新可再生能源技术当年产生的热能量（TJ）；η_{old} 为被替代系统的效率，采用代表性抽样方法测量或基于参考文献数值（百分数），如果被替代的系统类型不止一种，采用权重平均值，或作为可选方案，如果替代的系统是三石灶或传统无改良通风或烟道的系统，取默认值 0.1，其他类型系统取 0.2。③基于水处理技术的特定情况，由项目目标总群数乘以每人每天喝水的体积以及烧开 1L 水需要的木质薪柴重量，公式为

$$B_y = N_{p, y} \times QDW_{p, y} \times WB_{BL} \times 365 \times 10^{-3}$$

式中，$N_{p, y}$ 为当年项目总群数，通过开展基准线调查论证在没有项目情况下，采用可再生能源进行饮水净化技术的目标群体将采用烧开水的方法来纯化饮用水；$QDW_{p, y}$ 为每人每天饮水量（L），通过调查，不超过 5.5L；WB_{BL} 为每烧开一升水需要的生物质量（kg/L），通过烧开水试验确定，按世卫组织推荐，用时不低于 5min。

2）区分不可再生生物质和可再生生物质，并确定 $f_{NRB,y}$。项目参与方应当在 B_y 中（基准线情景下生物质消耗量）确定可再生和不可再生生物质所占比例然后按后面的方法计算 $f_{NRB,y}$。总生物质消耗量的获取采用国家准许的方法（如调查或可得的政府数据）。

可再生生物质（DRB）必须满足以下两个条件之一：①木质薪柴来自属于林地的土地范围，并且：土地范围仍保持森林；在这些土地范围开展可持续管理来专门确保这些土地范围的碳库水平长时间内没有系统性降低（碳库可以因

为收获伐木而暂时性降低）；遵守国家或地区所有森林和自然保护法。②木质薪柴来自属于非林范围（耕地，草地），且：土地范围仍保持耕地和/或草地或转为了森林；在这些土地范围开展可持续管理来专门确保这些土地范围的碳库水平长时间内没有系统性降低（碳库可以因为收获而暂时性降低）；遵守国家或地区所有农业和自然保护法。

不可再生生物质（NRB）是基准线情景下总生物质量（B_y）减去可再生生物质部分，必须满足以下至少两点：①打柴者收集薪柴花费的时间或路程有增长的趋势，或薪柴运输到项目区域的路程有增加的趋势；②调查结果，国家或地方统计，研究成果，地图或其他信息源，如远程遥感数据，表明项目区域的碳库在减少；③因木材燃料缺乏而使得木材价格上涨的趋势；④因木质薪柴缺乏而使得用户收集炊事燃料类型变化的趋势。由此，项目活动节省的不可再生生物质比例计算公式为

$$f_{\text{NRB}, y} = \frac{\text{NRB}}{\text{NRB} + \text{DRB}}$$

项目方还应当提供证据证明不会由于地方/国家法规的执行才导致出现这些趋势。

（4）泄漏

项目活动节省的不可再生木质薪柴有关的泄漏应该在用户和木质薪柴来源的基础上进行事后调查（采用 90/30 的精度来选择样本）。应考虑以下潜在泄漏排放源：项目活动下节省的不可再生生物质由先前使用可再生能源的非项目农户/用户使用/转移。如果该泄漏导致非项目农户/用户使用不可再生生物质的量增加，应归于项目活动，因此应在 B_y 中调整。一个可选方法是将 B_y 乘以 0.95，这样可以不需要进行调查。

如果当前使用的设备转移到项目边界外，应考虑泄漏。

（5）监测

1）项目 a：至少每两年一次检查所有设施或其代表性样本，确保它们仍在运行或被与之相当的设施替代。

2）项目 b：为了评估泄漏，应当监测项目活动节省的木质薪柴被非项目农户/用户（他们先前使用可再生能源）使用的量，并收集评估泄漏所需的有

关不可再生木质薪柴的其他数据。

3）项目 c：确认替代不可再生木质薪柴的每个地方。如果设施转换为燃烧可再生生物质，应当监测可再生生物质使用量。

4）项目 d：如果基准线通过产热来计算（即项目 b），要监测项目活动当年可再生能源技术产生的热量；

5）项目 e：如果是可再生能源饮用水处理技术，应当监测水质来确保满足东道国特定的饮用水质量标准。如果没有此标准，采用世界卫生组织或美国环保署的标准。

（6）代表性抽样方法

在抽样设计中，考虑了居住和人口统计数据差异因素下，根据抽样标准中的相关要求，可采用项目所在地点的合理统计样本来确定计算减排量的参数值。当选择每两年检查一次时，抽样参数的置信度/误差范围选择 95/5，当选择每年检查时，选择 90/10。如果调查结果表明不能满足准确度要求，可以选择对应 90 或 95 置信水平得到的参数下限值来重复调查过程从而达到 90/10 或 95/5 的准确度。

7.2.2 农户/小用户的沼气/生物质热利用（AMS-I.I.）

AMS-I.I "农户/小用户的沼气/生物质热利用"，其 01 版生效于 2011 年 2 月 18 日，目前的版本是 03 版，于 2012 年 3 月 16 日开始生效。

（1）适用条件

该方法学的适用条件如下：

1）利用可再生生物质或沼气产生热能在住宅、商业、机构内使用（如供给家庭、小农场、学校使用等）。这些技术包含替代化石燃料的例子包括但不限于沼气炊事炉、生物质炊事炉、小型烤焙或烘干系统、热水器、空间供热系统等。

2）项目设备总的安装/额定热能生产容量等于或小于 45MW。

3）每个单元（沼气灶、热水器）的额定热能不能超过 150kW。项目单元超过 150kW 的，可以应用 AMS-I.C 发电或不发电的热能生产。

4）对于生物质残留物加工成特定的燃料（生物质块，木片），应当论证：单由可再生生物质生产（可以是不止一种不同的生物质）。用于生物质加工的能源可以视为等同于所替代的化石燃料的上游生产的能源而无需考虑。

应当遵循"生物质项目活动泄漏的一般指南"（4/CMP.1 附件Ⅱ附录 B 的附件 C）。

项目参与方能够通过满足置信度/精度为 90/10 的抽样来监测加工得到的生物质燃料的数量、水分和 NVC。

如果项目参与方不是可再生燃料的生产方，项目参与方与生产方应当通过合同绑定在一起，以便于项目参与方能够监测可再生生物质的来源并考虑与生物质生产相关的任何排放。该合同也应当确保减排量没有重复计入。

（2）项目边界

该方法学的项目边界是计入期内产生热能的设备的物理和地理位置。

（3）基准线和减排量计算

该方法学的基准线是使用的或在没有项目活动情况下所使用的热利用设施的燃料消耗乘以所替代的燃料的排放因子。

项目活动的减排量由如下两种方法之一来确定。

方法 1：基于避免的化石能源消耗量

该方法的减排量（ER_y）计算公式为

$$ER_y - BF_j - PE_y - LE_y$$

式中，BE_y 为基准线排放量；PE_y 为选定项目排放量；LE_y 为泄漏引起的排放量。

其中基准线排放量 BE_y 计算公式为

$$BE_y = \sum_k \sum_j N_{k,0} \times n_{k,y} \times FC_{BL,k,j} \times NCV_j \times EF_{FF,j}$$

式中，k 为项目使用的热利用设施类型索引（即沼气灶）；j 为基准线消耗的化石燃料类型索引（即煤或液化石油气）；$N_{k,0}$ 为热利用设施 k 的安装数量；$n_{k,y}$ 为 y 年 $N_{k,0}$ 中保持运行的百分数；$EF_{FF,j}$ 为化石燃料类型 j 的 CO_2 排放因子（t CO_2e/GJ）；$BS_{k,y}$ 为 y 年热利用设施 k 消耗的沼气的净量（m³）；$\eta_{PJ/BL}$ 为项目设施与基准线设施（燃煤灶或液化气灶）效率之比，按照国家或国际标准，在审定前采用同样的检测程序（如实验室检测）进行测定，官方数据或科学文献用于交叉检验；NCV_j为生物质净热值（GJ/m^3），对于沼气，使用默认值 $0.021\ 5GJ/m^3$（假定甲烷的净热值为 $0.035\ 9\ GJ/m^3$，沼气中甲烷默认含量为60%）。

年消耗的基准线化石燃料数量（$FC_{BL,k,j}$）可以通过方法（a）和（b）之一来确定：

方法（a）：基准线化石燃料消耗（$FC_{BL,k,j}$）可以采用如下选项之一。

选项一：在项目设施安装前对目标用户进行至少90天的代表性样本测量。选择的测量周期应当考虑季节性变化对燃料消耗的影响。如果用户使用的是标准规格的化石燃料，可以通过测量其数量和规格参数来确定。

选项二：在项目设施安装前通过代表性的样本抽样调查来确定一年里化石燃料平均消耗量。该年基准线消耗量的数据应当有农户提供的购买票据来交叉验证。考虑到不确定性，获得的值要乘以0.89，该方法只能用于民居家庭。

抽样调查应当选择90%的置信度和10%的误差范围。应当考虑抽样群体的可能层面（平均收入水平，家庭就业，炊事和用能习惯，气候/温度区域，燃料可得性、价格和类型等）。燃料消耗量将直接由每次消耗的数量确定。

方法（b）：建立不使用项目设施的基准线测验组。建立和考虑项目区域内相关影响的参数（如平均收入水平，家庭就业，炊事和用能习惯，气候/温度区域，燃料可得性、价格和类型等）采用90/10的抽样要求在整个计入期内对化石燃料消耗测验组进行监测。

来自所有继续使用化石燃料 j 产生的项目排放量，计算公式为

$$PE_y = \sum_m \sum_j N_{m,y} \times FC_{m,j} \times NCV_j \times EF_{FF,j}$$

方法2：基于所产生的热量

方法2不需要分别计算基准线排放量和项目排放量，而是直接计算减排量，计算公式为

$$ER_{FF,y} = \sum_k N_{k,0} \times n_{k,y} \times BS_{k,y} \times EF \times \eta_{PJ/BL} \times NCV_{biomass} - LE_y$$

$$EF = \sum_j x_j \times EF_{FF,j}$$

式中，k 为项目使用的热利用设施类型索引（即沼气灶）；j 为基准线消耗的化石燃料类型索引（即煤或液化石油气）；$N_{k,0}$ 为热利用设施 k 的安装数量；$n_{k,y}$ 为 y

年 $N_{k,0}$ 中保持运行的百分数；$EF_{FF,j}$ 为化石燃料类型 j 的 CO_2 排放因子（t CO_2e/GJ）；x_j 为沼气替代的基准线热设施中使用的化石燃料类型 j 的百分数；$BS_{k,y}$ 为 y 年热利用设施 k 消耗的沼气的净量（m^3）；$\eta_{PJ/BL}$ 为项目设施与基准线设施（燃煤灶或液化气灶）效率之比，按照国家或国际标准，在审定前采用同样的检测程序（如实验室检测）进行测定。官方数据或科学文献用于交叉检验；$NCV_{biomass}$ 为生物质净热值（GJ/m^3）。对于沼气，使用默认值：0.0215 GJ/m^3（假定甲烷的净热值为：0.0359 GJ/m^3，沼气中甲烷默认含量为：60%）

（4）泄漏

如果产生热能的设备是从项目边界外引入的，则应当考虑泄漏。

在沼气池项目未采用第三类小型项目方法学的情况下：①应当参照 AMS-Ⅲ.D."动物分别管理系统中的甲烷回收"所提供的方法，考虑由于粪便管理做法引起的所有泄漏；②应当根据 AMS-Ⅲ.D."动物分别管理系统中的甲烷回收"所给定的方法，考虑沼气的物理泄漏。

（5）监测

在安装时所有项目活动的系统都应当进行检查和验收，使其符合规格正确运行。应当记录每个系统的安装日期。

减排量只适用于那些正常运行并符合厂家要求的维护程序的系统，在计入期内至少每两年监测一次。要进行合理的抽样设计来进行监测，如果是每两年一次，必须选择的置信度/精度为 95/10，如果是每年一次，可以选择 90/10。

项目参与方应当按照方法学中列出的参数和要求来进行监测，主要监测参数包括：①安装的热设施数量；②在 y 年保持运行的热设施比例；③基准线和项目情景下的化石燃料年消耗量；④第 y 年里热设施消耗的可再生生物质或沼气的净数量；⑤生物质类型的净热值。

7.2.3 不可再生生物质热利用中的能效提高（AMS-Ⅱ.G.）

该小型项目方法学最初版本生效于 EB37 次会议后的 2008 年 2 月 1 日，目前最新版本是 EB60 次会议通过的 03 版，日期为 2011 年 4 月 15 日。

（1）适用技术

项目类型包括不可再生生物质热能利用能效提高的所有设施。这些技术和措施的示例包括引进燃烧生物质的高效炊事灶炉或炉或干燥器和/或现有燃烧生物质的炊事灶或炉或干燥器的能效提高。

项目参与方能够运用调查方式或公开发表的文献、官方报告或统计数据，说明从 1989 年 12 月 31 日起，一直使用非可再生生物质。

（2）项目边界

该项目的边界是使用生物质的能效系统的物理、地理位置。

（3）基准线及减排量计算

基准线情景假定为在没有项目活动情况下，使用化石燃料满足相应的热能需求。

项目减排量计算公式为

$$ER_y = B_{y,\,savings} \times f_{NRB,\,y} \times NCV_{biomass} \times EF_{projected\_\,fossilfuel}$$

式中，ER_y 为当年减排量（t）；$B_{y,savings}$ 为节省的木质薪柴量（t）；$f_{NRB,y}$ 为基准线情景下可视为不可再生生物质的木质薪柴分数，通过调查方法得到；$NCV_{biomass}$ 为替代的不可再生生物质净热值，（IPCC 默认值 0.015 TJ/t）；$EF_{projected\_\,fossilfuel}$ 取值为 81.6 t CO_2e/TJ。

1）确定节省的木质薪柴量 $B_{y,savings}$。

方法学给出了 3 种方法估算 $B_{y,savings}$：

方法一：

$$B_{y,\,savings} = B_{old} - B_{y,\,new}$$

方法二：

$$B_{y,\,savings} = B_{old} \times (1 - \frac{\eta_{old}}{\eta_{new}})$$

方法三：

$$B_{y,\,savings} = B_{old} \times (1 - \frac{SC_{new}}{SC_{old}})$$

式中，B_{old} 为基准线情景薪柴年使用量（t）；$B_{y,new}$ 为采用项目后薪柴年使用量

（t）；η_{old} 为被替代系统的效率，引用文献值或进行抽样测定，如有多种系统被替代，则使用加权平均值，如被替代系统是三石灶或是不具有燃烧气体供应或烟气通风设施的传统系统（如没有炉排或烟囱），默认值为 0.10，其他类型系统的默认值优先选择 0.2；η_{new} 为项目采用系统的效率，根据沸水实验确定，如果项目活动采用多种类型系统，采用加权平均值；SC_{new} 为采用项目后系统能源消耗率；SC_{old} 为基准线系统能源消耗率。

2）确定基准线情景薪柴年使用量（B_{old}）。

B_{old} 可以通过两种方法中的一种来确定：

方法一：设施数量乘以估算的每个设施年均消耗木质薪柴量（t/a），可以通过历史数据获得或使用调查方法估算。

方法二：通过项目活动产生的热能来计算，公式为

$$B_{old} = \frac{HG_{p,y}}{NCV_{biomass} \times \eta_{old}}$$

式中，$HG_{p,y}$ 是项目技术当年产生的热能量（TJ）。

3）区分不可再生生物质、可再生生物质和确定 $f_{NRB,y}$。

项目参与方应当在 B_{old} 中（基准线情景下生物质消耗量）确定可再生和不可再生生物质所占比例然后按后面的方法计算 $f_{NRB,y}$。总生物质消耗量采用国家准许的方法（如进行调查或已有官方数据）。

可再生生物质（DRB）必须满足以下两个条件之一：

条件一：木质薪柴来自属于林地的土地范围，且土地范围仍保持森林；在这些土地范围开展可持续管理来专门确保这些土地范围的碳库水平长时间内没有系统性降低（碳库可以因为收获伐木而暂时性降低）；遵守国家或地区所有森林和自然保护法。

条件二：木质薪柴来自属于非林范围（耕地，草地），且土地范围仍保持耕地和/或草地或转为了森林；在这些土地范围开展可持续管理来专门确保这些土地范围的碳库水平长时间内没有系统性降低（碳库可以因为收获而暂时性降低）；遵守国家或地区所有农业和自然保护法。

不可再生生物质（NRB）是基准线情景下生物质量（B_{old}）减去可再生生物质部分，必须满足至少 4 点：①打柴者收集薪柴花费的时间或路程有增长的趋势，或薪柴运输到项目区域的路程有增加的趋势；②调查结果，国家或地方统计，研究成果，地图或其他信息源，如远程遥感数据，表明项目区域的碳库

在减少；③因木材燃料缺乏而使得木材价格上涨的趋势；④因木质薪柴缺乏而使得用户收集炊事燃料类型变化的趋势。

由此，项目活动节省的不可再生生物质比例计算公式为

$$f_{\mathrm{NRB},y} = \frac{\mathrm{NRB}}{\mathrm{NRB} + \mathrm{DRB}}$$

式中，$f_{\mathrm{NRB},y}$ 为基准线情景下可视为不可再生生物质的木质薪柴量；NRB 为不可再生生物质；DRB 为可再生生物质。

项目方还需提供证据证明不会由于地方/国家法规的执行才导致出现这些趋势。

（4）泄漏

项目活动节省的不可再生木质薪柴有关的泄漏应该在用户和木质薪柴来源的基础上进行事后调查（采用 90/30 的精度来选择样本）。应考虑以下潜在泄漏排放源：项目活动下节省的不可再生生物质由先前使用可再生能源的非项目农户/用户使用/转移。如果该泄漏导致非项目农户/用户使用不可再生生物质的量增加，应归于项目活动，因此应在 B_{old} 中调整。一个可选方法是将 B_{old} 乘以 0.95，这样可以不需要进行调查。

如果当前使用的设备转移到项目边界外，应考虑泄漏。

（5）监测

1）至少每两年一次检查所有设施或其代表性样本的效率，确保它们仍在特定效率（η_{new}）下运行或被与之提供同样服务的设施替代，如果有替代，应确保新设施与被替代的设施效率相当。

2）至少每两年检查所有设施，确定它们是否仍在运行或被与之提供同样服务的设施替代。

3）如果燃料数量由厨具绩效测试（KPT）确定，应确保在项目活动期间每年监测燃料消耗量。

4）如果采用项目产热来确定 B_{old}（方法二），要监测项目技术当年产热量。

5）为了评估泄漏，要监测项目活动下节省的木质薪柴被此前使用可再生能源的非项目农户/用户使用的数量，以及其他有关泄漏的数据。

6）监测应确保：替换下来的低效设施被处置掉，且不会在项目边界和地区内使用；如果基准线炉灶被持续使用，这些炉灶的木材燃料消耗量要在 B_{old} 中扣除。

（6）代表性抽样方法

在抽样设计中，考虑了居住和人口统计数据差异因素下，根据抽样标准中的相关要求，可采用项目所在地点的合理统计样本来确定计算减排量的参数值。当选择每两年检查一次时，抽样参数的置信度/误差范围选择95/5，当选择每年检查时，选择90/10。如果调查结果表明不能满足准确度要求，可以选择对应90或95置信水平得到的参数下限值来重复调查过程从而达到90/10或95/5的准确度。

7.3 项目开发的技术难点和重点问题

7.3.1 方法学选择

CDM项目方法学通常是针对某一种/几种或某一类/几类减排相似的技术/措施，每个方法学都具有严格的适用条件。然而，高效生物质炉灶包括的范围很广，不仅包括各种技术类型，也包括种类繁多的相应产品，它们在燃料种类、燃烧机理、技术类型、结构构造、安装方式等方面都可能具有很大差异。这些差异使得CDM项目开发在选择方法学时必须仔细对比适用条件，采用最合适的方法学或方法学组合。

根据EB批准的可以用于生物质炉灶项目的方法学，可以将高效生物质炉灶项目按照项目地区在项目实施前后燃料类型变化情况分为3种：①将传统燃煤炉灶替换成燃烧生物质的炉灶；②将燃烧不可再生生物质（如树木薪柴）的炉灶换成燃烧可再生生物质（如农作物秸秆等）的炉灶；③不改变燃料种类，通过安装高效生物质炉灶提高热效率来节能减排。

规划类项目可以选择应用多种方法学组合，比如将第一类能源与第二类节能类以及第三类废物处置类进行组合使用，但通常每个类别里只能选择一种方法学。表7-1列出了高效生物质炉灶项目在不同项目情况下的方法学选择。

表 7-1　适用于高效生物质炉灶项目的主要方法学

基准线燃料类型	项目情景燃料类型	是否考虑效率提升	对应方法学
化石燃料	可再生物质	否	AMS-I.I
不可再生物质	不可再生物质	是	AMS-II.G
不可再生物质	可再生物质	否	AMS-I.E

根据表 7-1，进行高效生物质炉灶 PCDM 项目开发，必须先识别项目的技术/措施，并正确选择对应的方法学或方法学组合。

7.3.2　规划方案设计

规划方案设计是整个规划项目的基础和关键。在高效生物质炉灶规划方案设计中，要特别做好两个方面：一是要清晰地规划和表述项目所要包含的技术或措施，二是要明确项目开发的组织结构分工。

高效生物质炉灶可能包含多种不同技术或措施，往往涉及方法学中多种技术或措施的应用甚至不同的方法学组合。在规划方案设计时，必须要事先明确可能涉及哪些类型的生物质炉灶及其有关具体技术和对应的基准线与项目情景，并在规划方案设计文件中清晰表述出来。如果包含的技术或措施太多太复杂，那么规划方案中如何进行分类则需要认真考虑，相应的方法学应用也需要特别分类论述，一个复杂的规划方案对于规划方案设计文件的编写来说，将是一个不小的挑战；如果包括的技术措施不全面，那么一旦规划方案提交之后，没有涉及的技术措施和方法学就无法在规划方案下进行应用，考虑修改已提交的规划方案则面临巨大风险。在具体 CPA 实施的时候则无需考虑太多，只需要根据 CPA 涉及的具体技术措施在规划方案中进行相应的应用即可，因此合适的规划方案设计显得就尤为重要。

在项目组织结构分工方面，由于规划类项目涉及的利益相关方和目标群体众多，往往需要一个组织有序和执行力强的机构体系来进行。因此必须考虑如何建立这样一个组织结构，保证项目开发实施的所有工作既能够得到执行，又要有足够的效率。另外，该组织机构的有关职责分工也应当明确和具体化，最好还能设计出一个责任制度来促进项目的有效执行。

7.3.3　减排量计算中关键参数确定

对于不可再生生物质提高能效项目而言，确定减排量计算有关参数既是重点，也是难点。参数数据的获取要既保证数据尽量准确，又能提供有关证据证明该数据来源可靠。下面重点介绍如何确定每年的生物质能节约量，以及不可再生生物质在总生物质节省量中所占的比例。

（1）生物质节省量计算方法

确定项目的生物质量节约量，方法学中提供了3种方法：

1）实测项目活动前后，非可再生生物质使用量的差值计算方法是，通过厨房性能测试（kitchen performance test，KPT）测定低效率生物质炉生物质使用量，KPT是在做用户调查之后，随机选取一定数量的农户进行用户柴消耗量的测试。目的是准确测量出用户燃料的使用量，得出准确数据。①根据调查得出测试地区使用燃料的种类和习惯。②事先根据燃料种类准备足量的燃料，一般准备5天的燃料量，尽量使其足量并有剩余。③将全部数据录入Excel表，将第一次燃料量与第二次燃料量相减得出每户3天燃料消耗量，再计算出平均每户每天使用生物质燃料消耗量。

2）通过热效率差别计算生物质节约量。通过KPT测试或者历史数据计算低效生物质利用设施的年生物质使用量，测定项目活动前后，生物质能利用设施的效率差别计算节约的生物质量。

由于低效生物质利用设施的热效率，方法学已经给定了默认值。项目所采取的高效生物质利用设施的热效率，设备供应商一般能够提供由具有权威第三方机构出具的检测报告。在项目的监测工作中，每年测定项目采用设备的热效率，具有测定热效率测定资质的机构较多，国内测定标准与国际测定标准也基本一致。

3）通过单位时间内生物质消耗量差异确定生物质节省量。通过KPT测试或者历史数据计算低效生物质利用设施的年生物质使用量，测定项目活动前后，单位时间内生物质消耗量差异确定每年的生物质节省量。

通过控制做饭测试（controlled cooking test，CCT[①]）测定单位时间内生物质消耗量，为了使测定结果具有可比性，要求做饭对象一致，如相同量的水和食物；做饭器具一致，如相同的锅；所用生物质一致，如生物质类型、生物质含水量一致。

（2）确定不可再生生物质所占比例

确定不可再生生物质占的比例，即计算节约的薪柴量中，不可再生薪柴量占的比例。查阅林业部门的资料，确定当地林业的资源的储量，然后计算每年产生的薪柴量，林木资源储量减去薪柴量，即为不可再生薪柴量，然后计算不可再生生物质所占的比例。

1）林业资源储量从当地林业部门获得。

2）薪柴量的来源有 3 种情况：① 森林采伐木和木材加工的剩余物，可用作燃料量按原木产量的 1/3 估算；② 薪炭林、用材林、防护林、灌木林、疏林的收取或育林剪枝，按林地面积统计放柴量；③ 四旁树（田旁、路旁、村旁、河旁的树木）的剪枝，按树木株数统计产柴量。

假设有一片较大的地域范围，里面有几个区域，②和③中各种林木在不同的区域里拥有不同的情况，统计这片地域范围的薪柴资源量，估算公式为：

$$S_x = \left[\sum_{i=1}^{n} \sum_{j=1}^{m} (F_{ij} y_{ij} Q_{ij} + T_{ij} X_{ij} Y_{ij}) \right] + \frac{1}{3} W$$

式中，S_x 为统计地域范围的薪材资源量，10^4t；i 为范围内的区域数（1，2，3…）；j 为 i 区域内有薪炭林、防护林……共 m 种林地（1，2，3，…，m）；F_{ij} 为在 i 区域内 m 种林地各占不同的面积，10^4hm^2；y_{ij} 为某种林地的产柴率（每公顷一年产柴量），kg/hm^2；Q_{ij} 为该种林地可取薪柴面积系数（取柴系数）；T_{ij} 为在 i 区域内 m 种四旁林产柴率（每株一年产柴量），kg/株；X_{ij} 为第 i 区第 j 种四旁树株数，万株；Y_{ij} 为第 i 区第 j 种四旁树取柴系数；W 为表示地域范围内年原木产量；1/3 为从原木到加工成才剩余物的比例。

不同地区和不同林地的取柴系数和产柴率如表 7-2 所示。

---

① 具体内容参见 http://www.pciaonline.org/node/1050

表 7-2　不同地区和不同林地的取柴系数和产柴率

林种	南方地区		平原地区		北方地区	
	取柴系数	产柴率/（kg/hm²）	取柴系数	产柴率/（kg/hm²）	取柴系数	产柴率/（kg/hm²）
薪炭林	1.0	7500	1.0	7500	1.0	3750
用材林	0.5	750	0.7	750	0.2	600
防护林	0.2	375	0.5	375	0.2	375
灌木林	0.5	750	0.7	750	0.3	750
疏林	0.5	1200	0.7	1200	0.3	1200
四旁树	1.0	2（kg/株）	1.0	2（kg/株）	1.0	2（kg/株）

7.3.4　生物质炉灶行业中的系统性问题

相关能源行业分析师认为，目前就全球而言，石油和煤炭在能源消费结构中所占比例正在逐步下降，各种新能源和生物质能源所占比例持续上升。生物质能作为新能源产业中的一枝独秀，生物质炉具企业在良好的发展形势下，发展潜力巨大，但同时也面对众多困难。

1）产业链不完整，缺乏核心技术。我国生物质能炉具缺乏统一的技术规范，质量认证标准和质量监督体系，信息服务业没能及时跟进，干扰了市场的开发，整个市场处于无序状态。

2）资金需求量大，投资力度不足。由于生物质能产业覆盖面积较大，炉具投资者经常受产业链是否完善的困扰。融资障碍造成了资金来源不足限制了生物质炉具行业的发展。

3）实现生物质能对环境伤害及弥补之间的平衡还存在不确定性。生物质能主要通过燃烧木材、植物及其他有机材料获取能量，生物质能在转换过程中及其带来的利益之间的平衡状态是限制生物质炉具行业发展的最重要因素之一。

7.3.5　监测管理

方法学要求的项目监测参数并不太多，但是由于涉及的项目农户数量巨大，对监测的数据系统进行有效设计和管理就显得非常重要。下面列举了项目相应的监测工作内容。

1）为准备计算每个 CPA 的减排量，由项目协调管理机构管理的项目数据库将包括：①参与项目的每个农户的清单，包括姓名、地址、高效生物质炉安装日期或土灶炉芯改造完成日期、编号等等；②每个计入期内，每个 CPA 项目抽样农户的有关高效生物质炉运行状况的监测数据；③每个计入期内，每个 CPA 内高效生物质炉运行比率的复核数据。

2）对应每个 CPA 的监测周期，项目协调管理机构将向 DOE 提交一份监测报告用以核证。这份报告将准确列出用于计算特定 CPA 特定计入期的减排量。

3）PoA 将严格管理，避免重复计算 CPA，一个 CPA 的数据同其他 CPA 的数据严格区分。

4）一个 CPA 的抽样样本唯一确定，相关监测抽样数据仅用于计算该 CPA 的减排量。每个 CPA 农户清单不含任何两个相同的农户，同样，各个 CPA 中，参与农户的信息状况都是唯一的。

5）每个监测周期结束，将进行数据核查工作。项目数据库将记录每个监测周期的开始与结束日期，每个监测周期的减排量。将执行严格的记录保存程序，确保每个计入期的监测数据能透明准备计算相应 CPA 的减排量。

7.4　此类项目的前景、策略和实施路径

7.4.1　项目前景

近年来，我国农村居民生活用能继续呈稳步增长趋势，农村可再生能源发展迅速。其中，沼气、太阳能热利用和节能炉灶等产品的生产规模和技术水平均已处于国际领先地位。农村居民生活用能正朝着商品化、优质化的方向发展。

在农业部《关于进一步加强农业和农村节能减排工作的意见》中，要求深入开展农村生产生活节能，其中一项主要内容就是推进农村生活节能，关于推广生物质炉灶的具体工作为：加快省柴灶、节能炕升级换代，推广高效低排省柴节煤炉具（炕）；加强对农村节能炉灶检测，推行民用省柴节煤炉灶、炕和生物质炉技术标准；组织标准化生产，实现省柴节能炉灶商品化生产。

就本章所列项目案例的四川省而言，根据四川省农村能源"十二五"规划，"十二五"期间全省拟通过新购安装、重建和升级换代改造所涉及的生物

质炉灶将达到 785 万台，这也说明此类项目前景非常广阔，减排潜力很大。

7.4.2　策略和实施路径

我国现在有大量的户用沼气池、沼气工程、生物质炉灶、太阳灶、太阳能热水器、小型电源等装置和产品，碳减排交易潜力巨大，因此开展农村能源开发效益与碳交易潜力评估研究非常必要。今后要加强对农村能源开发效益的评估，研究农村能源开发的碳交易潜力，研究农村能源 CDM 和自愿减排碳交易项目中存在的风险、融资方式和技术难点。在有条件的地区建立碳资产库，开发可核证、可测量及可报告碳交易项目，引进国际先进的技术和资金，促进农村能源建设的可持续发展。

农村能源建设集农业生产、工程建筑、管理服务为一体，建设是基础，管理服务是关键。搞好管理服务既是农村能源建设发挥效益的需要，更是促进农村能源健康发展的前提。目前，农村能源建设问题是沼气和秸秆气化后续服务管理工作，要注重沼气、沼液、沼渣的综合利用，把农村沼气建设与种植业和养殖业发展结合起来，探索产业化运营与物业化服务的新模式，加强农村能源建设和管理等措施的落实，为居民生活提供现代化的绿色能源、清洁能源，改善农村生产生活条件，增加农民收入做出积极贡献。

7.5　案 例 分 析

本节以四川省高效生物质炉 PCDM 项目为例对此类项目开发进行介绍。

7.5.1　项目识别和确定组织结构

四川省 CDM 中心作为四川省推进清洁发展机制和碳交易项目并为此提供咨询和技术服务的专业机构，也向政府和有关部门提供用于决策的技术支持，同时也一直关注着四川省应对气候变化和节能减排的政策动向。四川省 CDM 中心从四川省农村能源办公室获悉，在四川省农业厅发布的《四川省农村能源建设工程"十二五"规划》里，"十二五"期间将对全省 750 万户低效炉灶实施省柴节煤炉灶升级换代，全面提高省柴节煤能力，以及在藏区推广安装藏式高效低排生物质炉 35 万台。

四川省 CDM 中心在获悉该规划内容后，经过调查论证，认为该项目符合规划类清洁发展机制项目的原则和开发条件，能产生显著的温室气体减排量，给当地农民带来很好的经济社会效益。中心于是与四川省农村能源办公室（以下简称"四川省农能办"）进行沟通，建议将四川省高效生物质炉灶项目开发为 PCDM 项目，得到了四川省农能办认可和支持，并专门安排相应科室对项目开发进行协调配合。

该规划项目确定四川五海环保生物工程有限公司作为项目协调管理机构，四川省 CDM 中心负责制定总体开发计划和指导项目开发实施，四川省农能办负责全省地方协调和具体实施工作安排。

7.5.2 确定 CPA 和开展利益相关方咨询

为了确定项目基准线情景，掌握更多项目信息和数据，项目开发方不仅向四川省农能办征询全省各市州农村基本情况和安装生物质炉灶具体方案，还对部分地区进行了现场走访调研，包括了解当地农村生活用能习惯、能源消耗数量、项目推广存在的障碍和需要注意的问题等。

在调研考察基础上，项目方确定将四川省凉山州越西县作为规划方案下的第一个子项目 CPA。该 CPA 将在越西县组织安装 2336 台藏式炉（一种高效生物质炉，半气化燃烧炉），替代当地目前普遍使用的"三石灶"。由于热能利用效率得到显著提高，当地消耗不可再生木质薪柴的数量将大大降低，从而减少 CO_2 排放。

在项目实施前，项目方进行了利益相关方咨询，征求当地利益相关方对项目实施的看法和意见，并通过发放调查问卷获得他们对项目的意见反馈。

从当地利益相关方咨询和意见调查结果来看，受调查人员均认为本项目实施可以保护当地生态环境，提高农民生活水平，改善农户卫生条件，为农民带来经济收益，并表示支持和愿意参与该项目。由此表明该项目具有很好的环境社会效益，在当地实施本项目是可行的。

7.5.3 资格准则开发

规划类 CDM 项目要求在规划方案设计文件中开发进行 CPA 添加的资格准则，用以评价 PoA 下 CPA 的合格性，并说明 CPA 是如何满足这些资格准则的。按照规划类项目资格准则开发标准，将相应的资格准则以及具体子项目 CPA 满足这些资格准则的理由论述如下：

1）必须在整个 PoA 边界之内，即四川省行政辖区范围内。项目 CPA 的地理边界是包含该 CPA 所有项目农户的区域，CPA 涉及的所有农户分布的市县，均在四川省行政辖区的范围之内。

2）CPA 内的项目农户是唯一确定的，不会产生重复计算。项目农户信息名单包含了农户所在县乡（镇）村组的唯一可确认信息，该档案信息在整个规划实施过程中由协调管理机构和地方农村能源部门进行双重检验来避免重复纳入。

3）所有 CPA 都采用符合方法学 AMS-II.G 的技术或措施。CPA 的技术或措施有两种情况，改造或替代现有生物质炊事炉灶，或全新安装高效生物质炉，这两种技术措施均符合方法学 AMS-II.G 的适用要求。

4）CPA 的开始时间以设备或部件发货时间为准。对每一个 CPA，开始时间确定为新设备或部件发货时间为准，提供发货单用以证明该开始时间。

5）在没有项目情况下，CPA 内的农户自 1989 年 12 月 31 日以来一直使用不可再生物质作为主要炊事燃料，灶具为三锅桩或传统低效炉灶。通过官方文件、公开文献或调查可以证明，CPA 涉及项目区域内的农户自 1989 年 12 月 31 日以来一直使用薪柴（不可再生生物质），炊事用的炉灶为三锅桩或传统低效炉灶。

6）CPA 分发对象为农户家庭，每个家庭的生物质炉年节能量不超过 9GW·h。根据 CPA 记录，生物质炉均分发给农户家庭，每个生物质炉年节能量远小于 9GW·h。

7）项目按照国家有关要求开展了环境影响评价，并且在规划层面或子项目活动层面开展了利益相关方调查。由于规划方案的主体是单个农户，有关部门同意对整个规划项目免予环境影响评价；CPA 在所涉及区域实施前开展了当地利益相关方咨询。

8）每个 CPA 必须说明不是其他已注册 PoA 的 CPA，也不是另一个 CDM 项目。根据农户加入项目的条件和越西县农能办统计确认，该 CPA 中的农户既不属于其他 CDM 项目活动，也不属于其他规划方案的任何子项目。

9）抽样调查必须满足如下要求：每两年检测时，置信度/精度为 95/10，每年检测时，置信度/精度为 90/10。CPA 将每年进行检测，抽样精度满足 90/10。

10）每个 CPA 每年总生物质节能量不超过 180GW·h。根据 CPA 包含的项目农户数，通过有关数据定量计算，CPA 年生物质能源节省量小于 180GW·h。

11）每个 CPA 必须满足 PoA 的非拆分原则，年节能量小于小方法学限值的 1%。CPA 采用的方法学 AMS-II.G 规定年能源节约量限值为 180GW·h，限值的 1% 为 1.8GW·h，对应的薪柴年节约量为 400t 薪柴，对一个普通农户而言，其每年消耗薪柴量远小于 400t。因此 CPA 满足拆分检验要求，不属于大型项目活动的拆分。

7.5.4 额外性论证

（1）额外性准则

根据《小型项目活动额外性论证指南》第 09 版，属于"正面清单"中的技术或项目类型的小型项目，被视为自动具有额外性，而无需书面论证项目障碍。该正面清单包含 4 条，其中第三条的表述如下：项目活动纯粹由独立单元组成，独立单元是指：技术/措施的使用者为家庭用户或社区或中小企业（SME），且每个独立单元不超过小型项目活动规定限值的 5%。

小型项目活动限值根据不同类别有 3 种：对于类别一可再生能源，项目装机容量不超过 15MW（发电），对于产热将该数值乘以 3，即 45MW；对于类别二能效项目，年节能量不超过 60GW·h（节电），换算成节热量需将该数值乘以 3，即 180GW·h；对于类别三废物处理项目，年减排量不超过 6 万 t CO_2e。

该规划项目是为四川省内的项目农户家庭分发高效生物质炉替代传统低效炉灶的使用，属于类别二能效项目。根据采用的方法学 AMS-II.G 规定年能源节约量限值为 180GW·h，限值的 5% 为 9GW·h，对应的薪柴年节约量为 2000t 薪柴，对一个普通农户而言，其每年消耗薪柴量远小于 2000t，因此该项目属于"正面清单"中的项目类型，自动具有额外性。

根据以上论证，总结出将 CPA 纳入到拟议 PoA 时需要满足的额外性准则如下：

- 生物质炉分发对象均为独立农户家庭；
- 每个农户使用生物质炉的年节能量不超过 9GW·h。

（2）论证 CPA 如何满足额外性准则

根据 CPA 实施记录，CPA 中生物质炉的分发对象均为农户家庭，每个农户使用生物质炉的年节能量远不足 9GW·h，因此该 CPA 满足额外性准则，项目具有额外性。

7.5.5 减排量计算

根据项目采用的方法学 AMS-II.G，越西县子项目 CPA 的减排量计算公式为

$$ER_y = B_{y,savings} \times f_{NRB,y} \times NCV_{biomass} \times EF_{projected\_fossilfuel}$$

式中，ER_y 为项目活动在 y 年的 CO_2 减排量（t CO_2）；$B_{y,savings}$ 为节约的薪柴量（t/年）；$f_{NRB,y}$ 为项目活动每年节省的薪柴量中非可再生生物质所占的比例；$NCV_{biomass}$ 为不可再生薪柴的净热值（IPCC 默认值为 0.015 TJ/t）；$EF_{projected\_fossilfuel}$ 为相似消费者使用的非可再生薪柴替代品的排放因子。方法学给定值为 81.6 t CO_2/TJ。

根据方法学中的选择计算 $B_{y,savings}$ 公式为

$$B_{y,savings} = B_{old} \times (1 - \frac{\eta_{old}}{\eta_{new}})$$

式中，B_{old} 为基准线情景薪柴年使用量（t/a）；η_{old} 为被替代系统的效率，引用文献值或进行抽样测定，如果多种系统被替代，则使用加权平均值，如被替代系统是"三石灶"或是不具有燃烧气体供应或烟气通风设施的传统系统（如没有炉排或烟囱），默认值为 0.10，其他类型系统的默认值优先选择 0.2；η_{new} 为项目采用系统的效率，根据沸水实验确定。如果项目活动采用多种类型系统，采用加权平均值。

根据方法学中选择确定 B_{old}：
用系统的数量乘以每个系统年薪柴使用量计算，可以由历史数据或当地使

用状况推算。

通过以下步骤计算项目的减排量：

步骤 1：确定没有项目活动时，薪柴的使用量 B_{old}

根据方法学 AMS-II. G，此值可由系统的数量乘以每个系统年薪柴使用量计算，可以由历史数据或当地使用状况推算。

根据越西县林业局的资料，越西县农户平均每户每年使用 5.58t 薪柴。本 CPA 安装 2336 台藏式炉以替代"三石灶"。

步骤 2：确定节省的薪柴量 $B_{y,savings}$

根据方法学 AMS.II. G，$B_{y,savings}$ 由下式计算：

$$B_{y,\,savings} = B_{old} \cdot \left(1 - \frac{\eta_{old}}{\eta_{new}}\right)$$

根据方法学 AMS-II. G，η_{old} 为 0.1，因为项目中被代替的系统为"三石灶"。

根据藏式炉的检测报告，其炊事效率为 0.385。藏式炉是高效生物质炉中的一种。该 CPA 中安装的高效生物质炉均为藏式炉。

步骤 3：确定非可再生生物质的比例 $(f_{NRB,y})$

根据方法学 AMS-II. G，项目参与者必须确定 B_{old} 中非可再生薪柴所占比例，可使用国家认可的方法测定，也可使用调查数据或政府数据。

根据越西县林业局提供的数据，越西县的 $f_{NRB,y}$ 为 0.87。

步骤 4：泄漏调整系数

根据方法学 AMS-II. G，B_{old} 乘以 0.95 作为对泄漏的考虑。

根据以上步骤和相应的参数数据，计算得到该 CPA 减排量为：9716 t CO_2e/y。

7.5.6 实施和监测

（1）组织机构设置

四川省农村能源办协调地方农能办在协调管理机构的指导下开展监测调查的有关具体工作。数据收集汇总之后提交给协调管理机构完成 CPA 记录保存系统，并根据数据信息编写监测报告以备核查。

项目监测组织结构如图 7-1 所示。

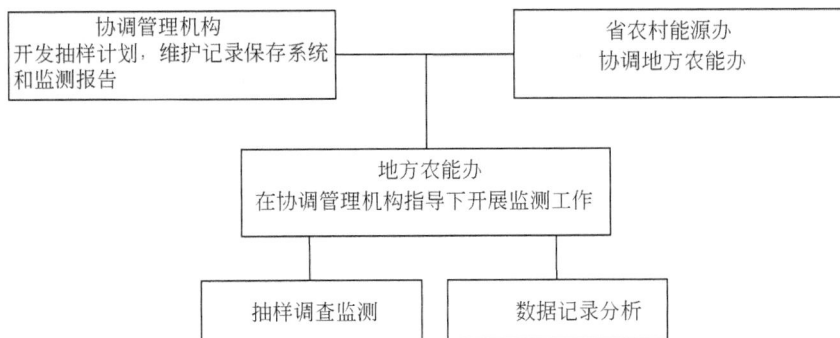

图 7-1 监测组织结构图

（2）监测参数

项目主要监测参数如表 7-3 所示。

表 7-3 生物质炉灶项目 CPA 监测参数列表

参数	描述	监测说明
农户数量	CPA 涉及的项目农户数量	农户签收记录
生物质炉灶数量	发放或改造炉灶的总量	设备发放记录
炉灶热效率	运行当年的热效率	每年抽样检测
当年正常运行炉灶比例	保持正常运行使用的炉灶占发放炉灶总量的比例	每年抽样调查
替换炉灶记录	发生炉灶替换时进行记录	生物质炉灶替换记录

（3）数据管理

地方农能办收集和汇总的数据应当发送给协调管理机构进行建档备案，以备编写监测报告和提供给 DOE 核查核证之用。协调管理机构进行数据维护应当根据项目设计文件中确定的记录保存系统和核查方法/程序来进行。

每个单独的 CPA 应该建立如下的专门的 CPA 信息记录表并填写完成该 CPA 的有关数据信息表 7-4。

表 7-4 CPA 记录保存系统信息表

项目	内容（备注）
CPA 名称	CPA-XX
CPA 所含行政区域	
CPA 内的农户数量	

续表

项目	内容（备注）
CPA 内的生物质炉灶数量	
开始日期	发货日期
计入期开始日期	最晚验收日期
预计年减排量	
CPA 操作方联系人	
电话号码	
传真	
电子邮件	
地址	
邮编	
详细农户信息	详见具体 CPA 农户名册

7.5.7 总结

目前，四川省高效生物质炉灶规划项目已经在 UNFCCC CDM 网站上完成全球公示，并完成了 DOE 现场审定。在国家申报方面，该规划项目也顺利通过了国家发展和改革委员会的审核批准。从现期已经开展的工作和体会来看，应该注意以下问题：

（1）规划方案整体设计应当清晰明确

高效生物质炉灶有很多不同的结构类型，不同类型的生物质炉灶燃烧机理可能完全不同，所使用的燃料原料也存在差异，比如可以燃烧不可再生生物质、可再生生物质、经过加工成型后的生物质以及生物质衍生燃料等。因此，规划方案中可能包含多种不同技术/措施，涉及方法学中多种技术/措施的应用甚至不同的方法学组合。这就要求在规划方案设计前，要事先明确会涉及哪些类型的生物质炉灶及其有关具体技术和对应的基准线与项目情景，并在规划方案设计文件中清晰表述出来。在具体 CPA 中，可能只涉及其中的一种或几种，进行 CPA 开发时选用对应的技术/措施和方法学体系即可。这样才能让规划项目清晰明白，易于理解和操作实施。

（2）准确掌握重要项目信息和关键参数数据

高效生物质炉灶替代的是薪柴，在项目地区特别是山区薪柴免费易得，其消耗量巨大又没有明确可得的消耗数据，而该参数数据却是影响减排量大小的一个关键因素，如何得到准确可信的参数数据对于项目方来讲既有重要意义又面临极大困难。另外，对于其他一些需要官方发布资料或第三方机构检测认证提供的资料数据，也应当设法获得权威可信的数据来源，以便减少审定和注册的麻烦和风险，提高项目开发效率和成功率。

第 8 章

Chapter 8

其他类型 PCDM 项目

开发实务

除了前文所述的节能灯、户用沼气、大中型沼气工程、太阳能以及农村高效生物质炉灶类项目，其他类型项目也适用于 PCDM，例如分布式能源、低碳交通、建筑节能等类型项目。不同类型项目由于其技术特点不同，项目开发的现状和潜力均不同，而在开发成为 PCDM 项目时，面临着各种问题和障碍，如在技术、资金、管理、政策等方面会遇到障碍。本章主要是从适用条件、开发潜力、开发现状等角度，对其他类型 PCDM 项目，包括分布式能源、低碳交通、建筑节能类型的 PCDM 项目，进行介绍并针对具体项目案例进行分析和探讨。

8.1 分布式能源

8.1.1 分布式能源介绍

分布式能源是一种分布在用户端的能源综合利用系统。分布式能源可使用天然气、煤层气等清洁燃料，也可以利用沼气、焦炉煤气等废弃资源，甚至利用风能、太阳能、水能等可再生能源。由于目前的分布式能源项目多建在城市，所以大部分分布式能源系统的燃料多为天然气或是柴油。

对于分布式能源的具体定义，有着多种不同的说法：

国际分布式能源联盟（World Alliance for Decentralized Energy，WADE）对"分布式能源"的定义是：由下列发电系统组成，这些系统能够在消费地点或很近的地方发电，即①高效的利用发电产生的废能来生产热和电；②现场端的可再生能源系统；③包括利用现场废气、废热以及多余压差来发电的能源循环利用系统。这些系统归为分布式能源系统，而不考虑这些项目的规模、燃料或技术，及该系统是否联网等条件。

北京燃气集团对"分布式能源"的定义是：相对于传统的集中供电方式而言，是指将冷热电系统以小规模、小容量（数千瓦至 50MW）、模块化、分散式的方式布置在用户附近，可独立地输出冷、热、电能的系统。分布式能源的先进技术包括太阳能利用、风能利用、燃料电池和燃气冷热电三联供等多种形式。

分布式能源高效、节能、环保，许多发达国家已将分布式能源综合利用效率提高到 90% 以上，大大超过了传统用能方式的效率，它的优点主要有以下几个方面。

1）高效：由于分布式能源可用发电后工质的余热来制热、制冷，因此能源得以合理的梯级利用，可根据自己所需来向电网输电和购电，从而可提高能源的利用效率。由于其投资回报的周期较短，因此投资回报率高，可降低一次性的投资和成本的费用；靠近用户侧的安装可就近供电，因此可降低网损（包括输电和配电网的网损）。

2）环保：采用天然气做燃料或以氢气、太阳能、风能为能源，可减少有害物的排放总量，减轻环保的压力；大量的就近供电减少了大容量远距离高电压输电线的建设，由此减少了高压输电线的电磁污染，也减少了高压输电线的线路走廊和相应的征地面积，减少了对线路下树木的砍伐。

3）可利用多种能源：由于分布式能源可利用多种能源，如洁净能源（天然气）、新能源（氢）和可再生能源（生物质能、风能和太阳能等），并同时为用户提供电、热、冷等多种能源应用方式，这是节约能源、解决能源短缺、能源危机和能源安全问题的一种很好的途径。

4）可调峰：夏季和冬季往往是电力负荷的高峰时期，此时如采用以天然气为燃料的燃气轮机等热、冷、电三联供系统，不但可解决冬夏季的供热与供冷的需要，同时也提供了一部分电力，由此可降低电力峰荷，起到了电力调峰的作用。此外，由于将天然气作为一种恒定的燃料源用于发电，部分解决了天然气供应时每日、不同季节峰谷差过大的问题，发挥了天然气与电力的互补作用。

5）安全可靠：当大电网出现大面积停电事故时，特殊设计的分布式发电系统仍能保持正常运行。虽然有些分布式发电系统由于燃料供应问题或辅机的供电问题，在大电网故障时也会暂时停止运行，但由于其系统比较简单，易于再启动，有利于大电力系统在崩溃后的黑启动，由此可提高供电的安全性和可靠性。

6）减少国家输配电投资：就地组合协同供应节省电网投资、运行费和损失。

7）解决边远地区的供电问题：由于我国许多边远及农村地区远离大电网，难以从大电网向其供电，采用太阳能光伏发电、小型风力发电和生物质能发电的独立发电系统不失为一种优选的方法。

8.1.2 分布式能源开发现状

我国能源资源相对集中，而能源消费地域逆向分布，这决定了集中式能源开发和跨区远距离输送，因此，现在乃至在不远的未来仍然是解决我国能源和电力供应问题的主要途径，而分布式能源作为我国能源利用的重要方式，是我国集中能源供应系统的有益补充。目前，分布式能源可应用的范围广泛，主要包括办公楼、宾馆、商店、饭店、住宅、学校、医院、福利院、疗养院、大学、体育场馆等多种场所。但这类能源利用方式在我国起步不久，关于分布式能源技术应用的经验还较少，缺乏系统科学的解决方案和符合中国实际的优化决策控制体系，部分核心技术关键设备依赖国外进口造成的技术应用成本较高。有关资料显示，上海地区分布式能源项目的原动机购置费占项目总投资的70%以上，全部依靠进口，进口税费占购置费的30%左右。从目前投产的分布式能源项目总体来看，一般每千瓦投资高达 15 000 ~ 18 000 元，投资回收期普遍高于 10 年。

以上这些都制约着我国分布式能源技术应用和发展，导致分布式能源在国内所占比例较小。

近年来，我国已建有约 40 多个天然气分布式能源项目，已建的分布式能源装机容量约为 500 万 kW，这些项目的建成使用，使当地区域的能源综合利用效率大幅度提升，但其中半数在运行，半数因电力并网、效益或技术等问题处于停顿状态。较为成功的案例有上海浦东机场项目（4MW）、广州大学城项目（150MW）、北京燃气集团大楼项目（1.2MW）、北京火车南站项目（3MW）。

广州大学城分布式能源项目由某新能源发展有限公司投资建设。该项目为国内首个大型、高效、环保分布式能源站，承担广州大学城区域 10 所大学及周围用户约 20 万人的供电、集中制冷、供热等综合能源供应任务，一期已建成两台 78MW 等级燃气–蒸汽联合循环机组。该项目以清洁能源天然气为燃料，采用高效的燃气–蒸汽联合循环发电机组，实现热气、电力、冷气三联供，实现能源的梯级利用，全年综合热效率达到 80% 以上，是常规电厂的两倍，而且就近满足用电负荷，运行方式灵活，增强了电网调峰能力。

此外，广州大学城分布式能源项目减排效果突出，在保障能源供应的同时，不排放 SO_2、悬浮颗粒物等污染物，排放的氮氧化物仅为常规电厂的 20％，CO_2 排放较燃煤电厂减少 70％，废水全部处理回用实现零排放。2010 年 11 月 26 日，该项目应用方法学 AM0029（并网的天然气发电方法学），成功获得联合国 CDM 执行理事会批准注册成为 CDM 项目，开辟了国内分布式能源项目成功注册 CDM 的先河，这也是国内分布式能源唯一注册成功的 CDM 项目。分布式能源项目具有高效、节能、环保等诸多优点，也是国内今后新能源产业发展方向之一，但同时也面临投资高、维护费用高和经济效益低等实际困难。该项目的成功注册，在一定程度上解决了分布式能源项目社会效益高而经济效益低的问题，为该类项目的开发和建设带来新的推动力。

根据分布式能源的定义及 UNFCCC 网站上公布的 CDM 项目方法学，分析得出，可能适用于分布式能源项目的方法学主要有：AMS-I. A.（用户自行发电类项目）、AMS-I. B.（用户使用的机械能，可包括与电能联产）、AMS-I. C.（用户使用的热能，可包括与电能联产）以及 AMS-II. H.（通过热电联产或者热电冷联产实现减排）等等。这些方法学适用于分布式能源开发的原因主要是：这些方法学是适用用户端的发电、热电联产等类型的项目活动，符合分布式能源的定义。

不同的分布式能源项目还需要依照具体项目情况以及方法学适应要求选择方法学。实际上，分布式能源项目曾运用的方法学不限于此，例如，作为目前国内唯一注册成功的 CDM 项目，广州大学城分布式能源站 CDM 项目运用的方法学为 AM0029。但是，随着 CDM 执行理事会对 CDM 项目审定要求越来越严格，分布式能源项目已经不能再使用方法学 AM0029，据了解，国内某电力集团正在寻求相关机构尝试开发新的可适用的方法学。

8.1.3　分布式能源开发潜力

目前，我国政府已经出台相关政策大力支持发展分布式能源发展，在《国民经济和社会发展第十二个五年规划纲要》中提到："积极发展太阳能、生物质能、地热能等其他新能源。促进分布式能源系统的推广应用。"此外，国家还出台了一系列专门针对分布式能源系统的支持政策。

（1）国家能源局发布《分布式发电管理办法》的征求意见函

2010年4月，国家能源局发布《分布式发电管理办法》的征求意见函，提出分布式发电装机目标：2020年装机容量达到5000万kW，而我国目前已建分布式能源装机容量为500万kW。根据报道，未来除天然气以外，风能、太阳能等新能源也将纳至分布式能源系统。

（2）国家电网制定《分布式电源接入电网技术规定》

2010年8月，国家电网公司制定了《分布式电源接入电网技术规定》，达到技术标准的电源即可接入电网。在过去，由于缺乏相关技术规定，分布式电源并网只能按照常规电源并网处理，造成分布式电源并网困难等一系列问题。而国家电网制定的相关技术规定，将有利于未来分布式电源接入电网，提高社会能源使用效率。

（3）国家发展和改革委员会、财政部、住房和城乡建设部、国家能源局联合发布《关于发展天然气分布式能源的指导意见》

2011年10月9日，国家发展和改革委员会、财政部、住房和城乡建设部、国家能源局联合发布《关于发展天然气分布式能源的指导意见》，提出目标："十二五"期间，我国将建设1000个天然气分布式能源项目，并拟建10个左右各类典型特征的天然气分布式能源示范区域。未来5～10年，我国将在分布式能源装备和产品研制应用方面取得实质性突破，初步形成具有自主知识产权的天然气分布式能源装备产业体系。该文件要求制定发展规划，统筹安排项目建设，同时给予财税金融扶持政策。这将进一步促进分布式能源的快速发展。

截至目前，我国在分布式能源领域仅成功注册了一个CDM项目，这主要源于国内分布式能源项目数量小且装机小，单个项目减排小，而项目各有特点，缺乏可直接应用的方法学，开发成为CDM项目难度、成本高。由于PCDM可以简化分布式能源CDM项目实施的程序，从而降低其交易成本、增加其市场吸引力，因此分布式能源项目更适合应用PCDM方式，特别是针对数量众多，但是分散的、单个减排规模小的、在目前CDM规则和程序下没有市场吸引力的项目。

分布式能源项目是国内今后新能源产业发展方向之一，但同时也面临投资高、维护费用高和经济效益低等实际困难。在应用合适的方法学基础上，通过PCDM 项目的开发，在一定程度上可解决分布式能源项目社会效益高而经济效益低的问题，为该类项目的开发和建设带来持久的推动力。

8.1.4 案例分析

广州大学城分布式能源站 CDM 项目，是目前国内唯一注册成功的分布式能源类 CDM 项目。该项目位于广州市番禺区南村镇，与广州大学城一江之隔，占地面积 11 万 m^2，是广州大学城配套建设项目，为广州大学城 $18km^2$ 区域提供冷、热、电三联供。项目包括液化天然气（liquefied natural gas，LNG）-蒸汽联合循环机组及配套设施、热水制备站、冷冻站等（热水制备站和冷冻站属大学城管理）。

项目总投资为 83.188 亿元，项目装机为 $2\times78MW$，由某新能源有限公司负责项目的投资、建设及经营管理，于 2008 年 7 月 28 日正式开工建设，2009年 10 月实现投产。项目以洁净的天然气为燃料，采用先进的燃气轮机发电设备，预计年 CO_2 减排量为 173 763t。

该项目的 CDM 开发进程主要包括：2009 年 6 月与英国某公司签署购碳协议；2010 年 1 月份成功获得国家发改委批准函；2010 年 7 月提交执行理事会；2010 年 11 月 26 日，该项目成功注册成为 CDM 项目。

该项目应用的方法为 AM0029（并网的天然气发电方法学），但随着执行理事会对方法学、项目类型规定的完善，该方法学已不太适用于其他同类型分布式能源项目，据了解，目前国内正在开发适合分布式能源项目的方法学。

发展分布式能源，是我国提高能效、实现能源集约化发展、保证经济社会可持续发展的重要途径之一，而针对分布式能源项目的 PCDM 开发，将对国内分布式能源项目发展带来支持、促进作用。

8.2 低碳交通

8.2.1 低碳交通简介

交通运输是石油消费的重点行业，是温室气体和大气污染排放的重要来源之一。据2009年国际能源署（International Energy Agency，IEA）出版的《运输、能源与二氧化碳：迈向可持续发展》报告表明，全球 CO_2 排放量约有25%来自交通运输，美国的大气污染50%来自运输工具，日本也占到20%。相关研究报告也显示，目前经济合作组织成员来自燃油消费排放的 CO_2 中，交通运输占比超过30%。据估算，2004年我国交通运输业的 CO_2 排放量约为2.9亿t，预计到2015年和2030年将分别达到5.22亿t和11.08亿t，我国交通能耗占全社会总能耗的20%，并呈增长趋势。交通领域已成为国际温室气体减排、缓解气候变化的重要领域。

低碳交通是一种以高能效、低能耗、低污染、低排放为特征的交通运输发展方式，更通俗一点的定义就是，在日常出行中选择低能耗低排放低污染的交通方式，这是城市可持续交通发展的大势所趋。目前城市中主要的低碳交通方式以公交、地铁、轻轨等方式为主。低碳交通的核心在于提高交通运输的能源效率，改善交通运输的用能结构，优化交通运输的发展方式。目的在于使交通基础设施和公共运输系统最终减少以传统化石能源为代表的高碳能源的高强度消耗。

建立低碳交通运输体系，对于低碳城市的建设、实现节能减排至关重要。我国目前正处于工业化、城镇化和人民生活质量提高的阶段，这一时期交通需求的总量增长和层次提高导致了运输能源需求和排放保持较快增长。发达国家发展低碳交通主要致力于交通工具和燃料的创新，而我国更关注交通结构优化、加强管理等，抑制机动化快速增长所造成的能源消费与排放量的过快增长，这就决定了现阶段低碳交通在我国体现为节能减排。在全球应对气候变化、发展低碳经济的背景下，2009年11月25日，我国政府正式对外宣布，到2020年我国单位GDP的 CO_2 排放比2005年降40%~45%，并作为约束性指标纳入国民经济和社会发展中长期规划，强调加快建设以低碳为特征的工业、建筑和交通体系。

低碳交通发展的实现途径主要有：①单种运输方式效率提升：通过技术创新研发新型的交通工具和清洁燃料；②交通运输结构优化：加速淘汰高耗能的老旧车辆，引导营运车辆向大型化、专业化方向发展；③交通需求有效调控：通过对人们交通行为方式和消费观念的有效引导与调节，减少低效和不合理的交通需求；④交通运输组织管理创新：通过货运物流化、交通智能化、系统信息化、工作高效化提高交通运输的组织、管理及服务水平，从而实现交通资源集约利用。

通过这些途径，可最终实现交通领域的全方位的低碳发展，促进社会经济可持续发展的低碳转型。

8.2.2 低碳交通开发现状

近年来，我国在节能减排方面已经做了许多工作，取得了不错的成果，同时也面临着一些突出的问题。从整体来看，主要有以下几个问题的存在，导致了我国交通领域的 CO_2 排放量很大。

(1) 能源利用效率低下

当前我国交通领域能源利用效率与世界先进水平相比明显偏低，据统计，我国平均油耗要比国外先进水平高 10%～25%，我国交通领域能源利用率比美国低 7.2%，比日本低近 10%。我国交通行业 90% 以上的能源消耗来自于燃油，而目前柴油机和汽油机的燃油能效水平非常低，只能将燃油中 20% 的能量转换成动力，对能源造成了极大浪费，并产生了大量的温室气体排放。

(2) 货运结构不够合理

相对于其他运输方式，铁路在节能减排降耗上优势明显，铁路每公里 CO_2 排放量分别是飞机、汽车的 1/6、1/3～1/20；然而，我国铁路货运周转量所占比例（不包含远洋运输）一直处于下降趋势，在 2009 年仅为 32.4%。多式联运发展水平较低多式联运是国际物流业公认的高效、安全、低成本、低排放的现代运输方式。比较国际集装箱多式联运高达 20% 的市场比例，我国作为物流业大国，多式联运的运输方式却仅占 2% 左右。我国公路运输组织化程度低，公路运输市场发展滞后，企业经营集约化与规模化水平低，空驶率居高不下，运输效率不高。

（3）私人汽车数量急剧增长

我国私人汽车保有量正呈急剧增长状态，2007 年我国私人小汽车保有量为 1522 万辆，2008 年为 1947 万辆，年增长率为 27.9%，2009 年底，私人小汽车保有量增至 2605 万辆，年增长率达到 33.8%。随着人们生活水平的不断上升，私人汽车数量还会继续快速增长，这导致了大量二氧化碳的排放。我国各大城市的交通拥挤问题都相当严重，在主要大城市中，高峰时间的平均车速普遍较低，一般只有 20km 左右，这也造成了能源的极大浪费和尾气的大量排放。

近十年来，随着我国汽车产业的发展及相关政策的鼓励支持，一、二线城市小汽车的拥有量迅猛上升，增长率超过 20%。这给地方经济带来动力的同时，也留给城市交通一大难题——拥堵。低碳交通，给城市交通管理者提供了有力工具，借助它不仅可以缓解甚至解决拥堵问题，并且在城市交通体系围绕低碳重新整合构建的过程中也将给城市经济带来新的动力。

目前，全球大部分国家在低碳交通领域，一般是从其城市的公共交通系统开始实现低碳化，最常见、效果最显著的措施主要有快速公交系统（bus rapid transit，BRT）和轨道系统的投资建设，例如轻负荷轨道（轻轨）或地铁线路等。这类低碳项目产生的温室气体减排量可通过 CDM 或 PCDM 的方式，获得财政支持，从而使这些项目投资在经济方面更为可行，也为他们的实行减少阻碍；另外也能刺激其他相关行业、企业主动降低能耗和排放，走低碳发展路线，增强社会整体环保意识，改善生存环境。

根据最近更新的 CDM Methodology Booklet（November 2011，up to EB 63）以及 UNFCCC 网站上公布的 CDM 项目方法学可得，目前适用于交通领域的方法学主要有：

AM0031（快速公交系统）

AM0090（在货物运输的模式转变——公路交通转变为水路或铁路运输）

ACM0016（大众捷运项目）

AMS-III. C. （通过低温室气体排放车辆实现减排）

AMS-III. S. （在商业车队中引入低减排量车辆）

AMS-III. T. （植物油的生产及在交通运输中的使用）

AMS-III. U. （电缆车捷运系统）

AMS-III. AA. （使用改造技术的交通能源效率活动）

AMS-III. AK. （运输应用中生物柴油的生产和使用）

AMS-III. AP. （交通能源效率活动使用后–合适怠速停止装置）

AMS-III. AQ. （在交通运输应用生物天然气）

AMS-III. AT. （商业货运船队安装数字转速表系统的运输能源效率活动）

AMS-III. AY. （将 LNG 汽车引入现有和新建公交线路）

以上均为适用于交通运输领域的方法学，包含公交、大众捷运、商业运输、货物运输等不同类型的项目活动。但由于交通领域的特殊性，例如车流、人流、出行方式、路况、突发状况等因素具有很大的随机不确定性，使得交通领域 CDM 项目的方法学很难被批准。

8.2.3　低碳交通开发潜力

对于发展中国家来说，交通领域的发展程度还远低于发达国家。初步估计我国未来一段时期内交通运输量增长与 GDP 增长的关系还无法分离，尤其我国正处于私人汽车跨越式增长的阶段，这更使得交通领域的能耗和 CO_2 等排放急剧增长。当交通运输处于不同的发展阶段，进行低碳转型对社会经济会有不同程度的影响，其发展阶段越高，进行低碳转型对社会经济产生的影响就越小，而我国所处的发展阶段决定着，进行低碳转型将会对我国经济带来巨大促进。长期以来，我国对低碳交通行业提供了很多政策支持。

2010 年 6 月国家四部委联合出台《关于开展私人购买新能源汽车补贴试点的通知》，将十城千辆节能与新能源汽车示范推广试点城市增至 25 个，从此，新能源汽车全面进入政策扶持阶段。例如，深圳市作为首批 5 个私人购买新能源汽车试点城市之一，积极探索新模式，利用碳市场机制助力新能源汽车的推广。由于新能源汽车相比传统燃油汽车，一次能源的消耗较少，可以产生一定的 CO_2 减排量。据悉，通过这一模式每辆车一年约可获得 1000 元的碳补贴资金，用于支付新能源汽车的充电费用和保养费用，鼓励新能源汽车的使用。资金虽不多，但却是在全球倡导低碳的大背景下可以自我循环的市场机制。机制中所产生的碳减排量通过出售给企业或个人，中和其生产、生活中产生的 CO_2，从而获取资金。未来随着碳市场的发展，碳减排量成为稀缺资源时，这一模式将有可能发挥更大的作用，可进一步刺激新能源汽车的购买和其他低碳产品或技术的推广应用。

2011年2月21日，交通运输部公布了《建设低碳交通运输体系指导意见》和《建设低碳交通运输体系试点工作方案》，大力建设以低碳排放为特征的交通运输体系。交通行业是国家确定的节能减排三大重点领域之一。交通运输系统耗能占全社会耗能的 8%，占全国石油消耗总量的 1/3。据了解，为了推进节能减排，我国交通运输部已从规划层面提出"十二五"总体目标、任务及配套措施；从法律法规层面，出台了贯彻节约能源法的实施细则，制定了营运车辆的燃料消耗量限制标准监督管理办法，加强了行业监管工作。交通运输部还先后推出了 4 批 80 个能够在全国有一定影响的交通运输行业节能减排示范项目，出台了建设低碳交通运输体系的指导意见，继首批十个建设低碳交通运输体系的试点城市后，2012年又确定了第二批 16 个城市试点。

随着国家节能减排政策支持和工作推进，在减排交通工具、非矿物能源、道路建设养护新技术、新材料等交通领域的节能减排潜力巨大，而且在国际碳市场和未来国内碳市场的有着很好的发展前景。在交通方面存在 3 种减少温室气体排放量的方法：减少每千米排放量、减少每运输单位排放量以及减少出行距离或次数。实际项目也可以把这 3 种可能的方法结合起来。

目前，我国在交通领域成功注册的 CDM/PCDM 项目不多，这部分源于交通领域的特殊性，车流、人流、出行方式、路况、突发状况等因素具有很大的随机不确定性，使得该领域项目很难找到适用的方法学；也源于国内企业对碳交易体系不够了解，并未充分意识到其中的商机。随着更多交通领域内方法学的开发，更多交通类项目可申请成为 CDM/PCDM 项目，获得经济支持。由于 PCDM 可以简化 CDM 项目实施的程序，从而降低其交易成本、增加其市场吸引力，相比于 CDM 项目具有更大的灵活性，因此部分交通领域项目，例如数量多、分散的、单个减排规模小的项目，更适合应用 PCDM 模式，这种模式将会为交通领域的企业提供更多的机遇。

8.2.4 案例分析

到目前为止，在众多已提交的交通领域的方法学中，方法学 AM0031（快速公交系统方法学）是运用得较为成熟的方法学。通过运用此方法学，哥伦比亚波哥大"新世纪快速公交"于 2006 年 12 月 7 日成为世界第一个注册成功的 CDM 公交项目。我国也成功注册了 2 个同类型的 CDM 快速公交项目，分别是重庆 BRT 项目和郑州 BRT 项目，其中，重庆 BRT 项目是我国第一个注册成功的快速公交领域的 CDM 项目。

2007 年 12 月 29 日，重庆 BRT 示范路正式通车。2008 年 3 月 6 日，重庆某公司与某瑞士公司正式签署温室气体减排项目合作协议，重庆从而成为全国第一、国际第二个涉足公交领域清洁发展机制的城市。2008 年 12 月 19 日至 2009 年 1 月 17 日，重庆 BRT 的 CDM 项目设计文件在联合国网站公示，并解答了日本、美国、乌克兰等国专家的质询。5 个月后，重庆 BRT 的 CDM 项目通过国家发展和改革委员会审查。2009 年 7 月 15 日，中国国家发改委正式发文批准该 CDM 项目。2009 年 10 月 23 日，瑞士政府批准该项目买家按照《京都议定书》第十二条的规定，开展中国重庆 BRT 1~4 号线 CDM 项目测算和申报工作。2010 年 10 月 19 日，重庆 BRT 项目在执行理事会注册成功，预计年 CO_2 减排量为 218 067t。

与常规公共交通方式相比，BRT 具有运输效率高、废气排放少的特点，是近年来国际公认的具有明显节能减排效应的公共交通方式，而且重庆 BRT 线路上使用的是天然气公交车，相对于普通柴油车减排效果更为明显。如果国内的 BRT 项目都按这种模式进行碳交易，将会有一笔不小的收益。通过重庆 BRT 项目的探索和实践，证明了交通行业通过运营低碳项目，不仅能够节能减排、实现可持续发展，还可以获得经济收益，它可以缓解企业由于革新技术而带来的成本增加的压力，有助于弥补项目一定程度的亏损状况并带来一定社会效益。

在联合国 CDM 执行理事会第 66 次会议上，方法学 AMS-Ⅲ. AY.（将 LNG 汽车引入现有和新建公交线路）成功获得批准，该方法学是由我国企业自主开发的，相对来说更符合中国国情。目前联合国 CDM 执行理事会已经批准了近

200 个方法学，但现有交通领域方法学仅适用于已有路线或需要对每条新路线进行复杂的调查，同时需确定运输每个人每千米的排放，无法解决在已有路线以及新路线上燃料替换带来的减排量的量化问题。该方法学既适用于已有线路也适用于新建线路，同时能够较为简便地计算出通过利用 LNG 公交车替代化石燃料公交车产生的减排量，可以说，该方法学为 LNG 公交 CDM/PCDM 项目的开发奠定了坚实基础。

目前，广东、福建等省已建设了多个 LNG 汽车加气站。以珠海市为例，据调查统计，按照现有 LNG 车 400 余辆，百公里气耗 30 ~ 40kg 计算，每年消耗 LNG 气体 10 万 ~ 20 万 t，每年可产生减排量约 1 万 t CO_2，年收益约 100 万元；加上未来规划的 LNG 车 400 多辆，每年消耗 LNG 气体将达近 30 万 t，年减排收益可达 200 万元。

利用该方法学，此类项目可开发成为 PCDM 项目，一方面可以获得额外的收益，另一方面能够推动 LNG 汽车加气业务更快速的发展，为促进交通行业节能减排做出贡献。

8.3 建 筑 节 能

8.3.1 建筑节能政策背景

(1) 建筑节能重要性

目前全球温室气体 1/3 排放量，都来自公共和民用建筑。而随着包括中国在内的亚洲、中东、拉丁美洲等地区进入一个建筑业"繁荣期"，全球温室气体的排放量，预计在未来 40 年中急剧增加。政府间气候变化专门委员会（IPCC）曾估算，仅 2004 年一年，全球建筑业就产生了 86 亿 t 温室气体（更新数据）；而到 2030 年，如不采取有力措施的话，整个排放量将达到 156 亿 t，几乎翻了一番。建筑领域节能减排异常重要，2008 年 12 月 6 日，联合国环境署（UNEP）在其发布的《京都议定书，清洁发展机制与建筑领域》报告中呼吁，应加快将建筑节能纳入 CDM 项目的进程。

我国既有建筑约 460 亿 m^2，其中 90% 以上为非节能建筑。同时，我国每年新增竣工面积约 20 亿 m^2，到 2020 年我国总建筑面积将达到 700 亿 m^2。目前，我国建筑能耗占全社会总能耗中比重约为27%。而随着我国城市化进程加快和人民生活质量改善，我国建筑耗能比例最终还将上升至35%左右。如此庞大的能耗消耗，使得建筑领域节能势在必行。

由于建筑能耗占我国总能耗近1/3，建筑节能不仅可以缓解我国能源资源紧张局面，还可以减轻大气污染，提高建筑热环境质量，提高居住者的舒适度。

（2）建筑节能发展现状

"十一五"期间，我国建筑节能取得较好成绩。在我国"十一五"节能减排总目标中，建筑节能占据其中1.1亿tce，贡献率达25%，与建筑能耗比重数据基本一致。而2011年住房城乡建设领域节能减排专项监督检查结果表明，我国建筑节能取得的进步和成效比较喜人，主要表现在：

新建建筑节能强制性标准基本执行。2011年全国城镇新建建筑设计阶段执行节能50%强制性标准基本达到100%，施工阶段的执行比例为95.5%，新增节能建筑面积13.9亿 m^2，形成1300万tce的节能能力。全国城镇节能建筑占既有建筑面积的比例为24.6%，北京、天津、河北、吉林、上海、宁夏、新疆等省（自治区、直辖市）的比例已超过40%。

既有居住建筑供热计量及节能改造按计划完成。截至2011年底，北方15省（自治区、直辖市）及新疆生产建设兵团共计完成既有居住建筑供热计量及节能改造面积1.32亿 m^2，已开工未完成的改造面积0.24亿 m^2。北京、天津、内蒙古、吉林、山东5个与财政部、住房城乡建设部签约的重点省（自治区、直辖市）共计完成改造面积7400万 m^2，其中，内蒙古、吉林、山东超额完成年度改造任务。累计实施供热计量改造面积占城镇集中供热居住建筑面积比例超过10%的省份有河北、吉林、青海、天津、黑龙江。

可再生能源建筑发展较快。截至2011年底，全国城镇太阳能光热应用面积21.5亿 m^2，浅层地能应用面积2.4亿 m^2，光电建筑已建成装机容量达535.6MW。2009年批准的可再生能源建筑应用示范城市的项目平均开工率超过80%，示范县项目平均开工率超过90%；2010年批准的可再生能源建筑应用示范城市的项目平均开工率50%，示范县的项目平均开工率超过55%。

绿色建筑与绿色生态城区建设初具成效。截至2011年年底，全国共有353

个项目获得了绿色建筑评价标志，建筑面积 3488 万 m^2，其中 2011 年当年有241 个项目获得绿色建筑评价标志，建筑面积达到 2500 万 m^2。江苏、上海、广东、浙江、北京等省（自治区、直辖市）获得绿色建筑标志项目较多，贵州、云南、海南、甘肃、内蒙古等省（自治区）尚未开展此项工作。天津市滨海新区、深圳市光明新区、唐山市曹妃甸新区、江苏省苏州市工业园区、无锡太湖新城等绿色生态城区建设实践已经取得初步成效。

（3）建筑节能发展中存在的问题

尽管我国建筑节能取得一定成绩，但与国际先进水平相比，我国在建筑节能理念、成本效益分析、体制与管理、技术集成与配套等方面仍有相对薄弱的环节，成为制约建筑节能进一步发展的瓶颈。

缺乏相应经济激励政策。我国建筑节能尚处在起步阶段，普遍存在起点低、技术水平不高、创新能力不强等问题。而且，政府政策对建筑节能技术开发、创新等方面支持力度不够。据资料统计，当房屋建筑节能 30% 以上时，支付在节能上的费用将使房屋造价增加 3% ~ 6%，在节能 50% 时将增加 6% ~ 11%。这样一来，如果项目业主按照国家要求实现了节能要求，就会使房屋建筑建造增加，但其投入却得不到政府的经济补偿，就使得业主缺少实施建筑节能的积极性。因此，政府可以利用自身在财政以及政策方面的优势鼓励企业采用节能技术，减少企业成本投入，使企业切实得到实惠，从而减少建筑节能技术推广的阻力。

对建筑节能认识不够，管理机构不健全。目前，一些地方政府领导人对建筑节能工作不够重视，管理机构人员配备不全、不得力，建筑节能重要性在广大群众中宣传教育不够，政令不通，影响了建筑节能措施的全面落实。

供热计量改革滞后。北方地区城市只有约 1/3 出台了供热计量收费办法。实现供热计量收费的住宅建筑面积约 4.2 亿 m^2，至少 30% 以上的既有居住建筑节能改造完成后，没有同步实现计量收费，严重影响了节能效果，并影响了企业居民参与节能改造的积极性。

建筑节能设计缺陷。我国设计标准与发达国家相比差距仍然较大。目前我国绝大多数采暖地区围护结构的热功性能都比气候相近的发达国家相差许多。经分析，这些能源大多是通过保温隔热性能差的外墙、屋顶、窗户损失掉了，所以我国必须对现有建筑进行大范围节能设计改造，提高设计标准。

（4）"十二五"建筑节能政策文件

我国政府非常重视建筑节能工作的开展，为促进"十二五"建筑节能工作开展和目标实现，先后出台了一系列与此相关的政策文件：

1）《国民经济和社会发展"十二五"规划纲要》首次把推广绿色建筑写入国民经济和社会发展五年规划中。

2）《国务院关于"十二五"节能减排综合性工作方案》（国发〔2011〕26号）要求制定并实施绿色建筑行动方案，从规划、法规、技术、标准、设计等方面全面推进建筑节能。要求新建建筑严格执行建筑节能标准，提高标准执行率；做好夏热冬冷地区建筑节能改造，"十二五"期间完成5000万 m^2 既有居住节能建筑改造；推动可再生能源与建筑一体化应用，推广使用新型节能建材和再生建材，继续推广散装水泥；加强公共建筑节能监管体系建设，完善能源审计、能效公示，推动节能改造与运行管理；研究建立建筑使用全寿命周期管理制度，严格建筑拆除管理；加强城市照明管理，严格防止和纠正过度装饰和亮化。

3）《国务院关于"十二五"节能减排综合性工作方案》（国发〔2011〕26号）要求加强公共机构节能减排，公共机构新建建筑实行更加严格的建筑节能标准；加快公共机构办公区节能改造，完成办公建筑节能改造6000万 m^2；建立完善公共机构能源审计、能效公示和能耗定额管理制度，加强能耗监测平台和节能监管体系建设。

4）财政部、住房和城乡建设部《关于进一步推进公共建筑节能工作的通知》（财建〔2011〕207号）要求确定各类型公共建筑的能耗基线，识别重点用能建筑和高能耗建筑，并逐步推进高能耗公共建筑的节能改造，争取在"十二五"期间，实现公共建筑单位面积能耗下降10%，其中大型公共建筑能耗降低15%；启动一批公共建筑节能改造重点城市，到2015年，重点城市公共建筑单位面积能耗下降20%以上，其中大型公共建筑单位建筑面积能耗下降30%以上。

5）住房城乡建设部关于落实《国务院关于印发"十二五"节能减排综合性工作方案的通知》的实施方案文件要求：到"十二五"期末，建筑节能形成 1.16 亿 tce 节能能力。其中，发展绿色建筑，加强新建建筑节能工作，形成 4500 万 tce 节能能力；深化供热体制改革，全面推行供热计量收费，推进北方采暖地区既有建筑供热计量及节能改造，城镇居住建筑单位面积采暖能耗下降 15% 以上，形成 2700 万 tce 节能能力；加强公共建筑节能监管体系建设，推动节能改造与运行管理，力争公共建筑单位面积能耗下降 10% 以上，形成 1400 万 tce 节能能力；推动可再生能源与建筑一体化应用，形成常规能源替代能力 3000 万 tce。

6）夏热冬冷地区省市积极推进 65% 节能标准的制定和执行工作，上海市、重庆市、江苏省和武汉市等地的地方建筑节能标准已经发布。

7）2011 年 3 月，财政部发表《关于进一步推进可再生能源建筑应用的通知》（财建〔2011〕61 号），要求切实提高太阳能、浅层地能、生物质能等可再生能源在建筑用能中的比重，到 2020 年，实现可再生能源在建筑领域消费比例占建筑能耗的 15% 以上。"十二五"期间，开展可再生能源建筑应用集中连片推广，进一步丰富可再生能源建筑应用形式，积极拓展应用领域，力争到 2015 年底，新增可再生能源建筑应用面积 25 亿 m^2 以上，形成常规能源替代能力 3000 万 tce。

8）2012 年，财政部印发《夏热冬冷地区既有居住建筑节能改造补助资金管理暂行办法》，对夏热冬冷地区既有居住建筑节能改造补助资金，地区补助基准按东部、中部、西部地区划分：东部地区 15 元/m^2，中部地区 20 元/m^2，西部地区 25 元/m^2。

这些政策文件，对于指导和促进我国"十二五"建筑节能具有重要作用。

8.3.2 建筑节能所涉及的方法学

（1）建筑节能重点领域

我国在 1980 年标准基础上初步建立了以节能 50% 为目标的建筑节能设计标准体系，国家要求新建建筑全面严格执行 50% 节能标准，4 个直辖市和北方严寒、寒冷地区实施新建建筑节能 65% 的标准。

相对于新建建筑节能水平的大幅度提高，既有建筑的节能改造任务更加突出，大量高耗能既有建筑具有较高的节能减排空间，同时具有较低的减排基准线，成为建筑减排的主战场。尽管目前这种类型的 PCDM 项目较少，但其开发潜力很大。其次，高效用能设备替换已经高效炉灶替换，成为建筑节能又一重点发展领域。

（2）建筑节能主要技术途径

建筑节能减排的主要技术途径包括提高能源利用效率、减少能源消耗和可再生能源利用三大类。其中：

1）提高能效措施又可细分为热源改进如集中供暖、热电联产、辅助热源等；吸收式空调、变风量空调、蓄能设施、节能灯和高效炉灶等。

2）降耗减排措施可细分为计量改造；管网改造；围护结构；终端设备；通风换气；智能化改造等。

3）可再生能源利用可细分为地源热泵、太阳能、可再生生物质能等。

（3）PCDM 项目开发与建筑节能协同发展

PCDM 项目开发与建筑节能相结合，可以为建筑节能实施提供资金支持，促进建筑节能技术创新和发展。PCDM 项目在建筑节能领域实施，有利于建筑新型材料研发和推广，给建筑行业带来先进技术和管理理念，改变建筑业发展模式，减少人类对于化石燃料的使用和依赖。另一方面，建筑节能的深化和发展，将激励更多 PCDM 项目诞生，为建筑节能获得更多的技术和资金支持。

（4）建筑节能 PCDM 项目方法学

按照已经批准的方法学，可用于建筑节能的方法主要有 AMS-I. C.、AMS-II. J.、AMS-II. G.、AMS-II. E.、AMS-III. AE.、AMS-I. C.、AMS-III. AR.、AMS-I. E. 等 8 种。

1）AMS-I. C.（Version 19.0）——为电力或非电力用户提供热能。该类目包含采用可再生能源替代化石燃料为私人住户或用户供热的技术。例如：太阳能热水器和干衣机、太阳能炊具、使用可再生生物质获得能量用于加热水、供暖或者用于干燥，以及其他替代化石燃料的供热技术。以生物质为基础的联合发电系统生产的热量和所发的电力属于本类目。单个项目活动的系统总装机容量不得超过 45MW。

2）AMS-II. C.（Version 13）——求方采用特定技术提高能效小规模方法学。该方法学适用于需求方使用高能效的设备替代原有设备，如灯、冰箱、空调、电机等，达到温室气体减排的目的，个项目的节能上限是6000万kW·h/a。

3）AMS-II. J.（Version 04）——高效照明技术的需求侧应用活动。该方法学适用于自镇流紧凑型荧光灯替代白炽灯的节电项目，替代现有设备的新技术必须是新增设备而非从其他项目转移来的设备，且高效照明设备的光强不得小于原有设备。为尽量增加减排量，鼓励选用符合条件的功率最低的设备，单个项目的节能上限是6000万kW·h/a，适用于住宅类建筑。

4）AMS-II. G.（Version 03）——不可再生生物质耗热设施能效提高技术。该类目包含不可再生生物质耗热设施的能效提高。例如使用高效生物质燃烧炉/烤箱/烘干箱，或者提高已有生物质燃烧炉/烤箱/烘干箱能源效率。项目参与方可以证明从1989年12月31日起，一直在使用不可再生生物质，具体方法可以使用调查、参考公布的文献或官方报告/统计。

5）AMS-II. E.（Version 10）——建筑物能效和燃料转换措施。本类目包含用于单个建筑物的能效和燃料转换措施，如商业大楼、行政大楼或住宅，或者类似的建筑群，如中、小学校、社区或大学。本类目涵盖的项目活动以能效类为主。本类目包含：技术能效措施（如能效器具、更好的隔热措施和设备优化组合）和燃料转换措施（如油气转换）。该技术可替代现有设备或者安装于新建设施。单个项目的年总节能量不得超过60GW·h。

6）AMS-III. AE.（Version 01）——住宅能源效率与利用可再生能源减排温室气体方法学。本类目包含可以降低住宅电力消耗（单个或多个家庭住户）的一种或多种技术，这些技术包括：高能效的建筑设计活动，节能技术和可再生能源技术。例如，高效用电设施设备、高效供热和制冷系统、被动式太阳能设计技术、保温、光伏系统等。项目活动中住宅所采用的设备和建筑材料必须是新的，而不是其他项目活动转移来的，所有项目活动中住宅必须遵守或超过建筑设计标准或规范的要求。该方法学不适合使用生物质作为能源的住宅。该方法学为开拓住宅领域PCDM项目开发提供了必要的基础。

7）AMS-III. AR.（Version 02）——LED/CFL照明系统替代基于化石燃料照明的方法学。该方法学适用于各类建筑内发光二极管"LED"和小型荧光灯"CFL"替代基于化石燃料的照明。

8) AM0046（Version 02）——向住户推广高效灯泡。该方法学适用于提高家庭照明设施能效的项目活动。项目由一个作为项目参与方的项目协调者实施。项目协调者以较低的价格向一个特定地区的住户销售或者捐赠紧凑型荧光灯（CFL），从而替代能效较低的灯泡，而使用这些 CFL 的住户不是项目参与方。参与项目的住户将以前使用的灯泡交给项目协调者。对于每一个交回的仍然可以使用的灯泡，住户可以从项目协调者那里获得一个新的 CFL，而且该 CFL 需要满足：比交回的灯泡节能；和交回的灯泡流明数相同或者流明数更高。

8.3.3　建筑节能项目开发的技术难点和重点问题

（1）技术障碍

基准线确定困难。建筑节能 PCDM 项目涉及多个建筑单体和实施主体，由于实施主体千差万别的，如何选取规划方案的基准线通常很复杂。以某个区域建筑节能规划方案为例：由于不同建筑单体能源种类差异、能耗用途不同、人们生活习惯和消费水平不太，能耗差别极大。在这种情况下，很难选取一个或一组"标准"作为其准线。

监测过程复杂。建筑节能 PCDM 项目活动具有小型、分散、项目活动不同时发生、项目活动地点与数量事前不确定、与终端用户密切相关、实施主体众多，节能技术复杂等特点，从而使得监测过程复杂。首先，按照常规 CDM 项目监测方法，实行安装计量表成本太高，甚至高于 CERs 带来的收益，经济上不可行；其次，如抽样监测，同样会出现工作量过大和抽样结果不可靠的问题；再次，监测结果需实施主体做好日常记录并保存完好，给实施主体增加很多额外的负担。

（2）资金障碍

PCDM 项目实施成本很高，仅项目注册的准备工作，就需要投入大量的资金，项目要进行可行性研究，邀请技术人员进行测评，聘请相关专家对实施效益进行论证。

（3）管理障碍

建筑节能具有单位面积节能少，单体建筑减排量小，但整个建筑行业节能减排潜力巨大等特点。由于建筑节能参与者众多，PCDM 实施过程中，协调机构需设计一套激励机制吸引项目实施主体参与项目活动，确保按照项目实施计划和监测计划逐步实施。由于实施主体数量多，个人利益诉求不同，项目似乎是过程存在许多不确定性，是协调管理工作异常可能，甚至可能导致整个 POA 难以实施下去，前期投入的资金可能变沉没成本，对协调机构带来极大风险 PCDM 与建筑节能协同发展。

（4）"后京都"国际碳市场不确定性

由于《京都议定书》将在 2012 年年底到期，"后京都时代"国际气候制度的走向成为当今气候谈判的焦点。"后京都时代"，人类将面临更加严峻的挑战。

国际气候谈判至今未就《京都议定书》2012 年到期之后的减排事宜达成协议，使得"后京都时代"国际气候制度走向不明，国际碳市场存在不确定性，从而造成市场参与者小心翼翼或持观望态度，一定程度上阻碍了建筑节能 PCDM 项目开发进程。

8.3.4 建筑节能项目的前景、策略和实施路径

（1）建筑节能 PCDM 项目识别

根据建筑节能所采用的多种技术，对潜在的可用来开发建筑节能的 PCDM 项目进行识别。

1）节能灯具替换。1996 年我国启动了旨在节约照明用电、减少环境污染的"绿色照明工程"，十多年来取得了显著的成果，实现了节能省钱共同突破。除节能灯外，高压钠灯、高频无机灯、金属卤化物等高效光源也得到了很大发展，尤其是近几年兴起的 LED 发光技术，具有效率高、电压低、电流小和寿命长等很多优点，正在发展成为新一代绿色照明光源。

2）高效用能设施和设备。使用或者更换高效能的电器等用能设备，可以

减少电能消耗，达到节能减排目的。

3）高效炉灶。以高效率炉灶替代低效率产品，或者以太阳能炉灶替代传统化石能源炉灶，或者不可再生物质炉灶，可以减少碳排放。

4）围护结构热工性能改进。加强建筑物围护结构热工性能是降低建筑物终端能量消耗最重要的内容。长期以来，我国围护结构的热功性能都比气候相近的发达国家差许多，外墙的传热系数是发达国家的 3.5~4.5 倍，外窗为 2~3 倍，屋面为 3~6 倍，门窗的空气渗透为 3~6 倍，与发达国家建筑能耗已经大大降低的情况相比，我国单位建筑面积采暖能耗是气候条件接近的发达国家标准 3 倍以上。

外墙是建筑围护结构的重要组成部分，保温隔热性能对控制建筑物的能耗至关重要。近些年我国高效、可靠、经济的外墙外保温技术得到大力的推广和普及，外保温技术在加强墙体保温的同时有效避免了混凝土结构的热桥导热，防止墙体表面结露和结霜问题的出现。建筑围护结构中的外窗保温隔热技术也有显著的提高，窗型材的保温、隔热和密闭性能得到加强。外窗玻璃的隔热品质不断提高，真空和中空玻璃得到大量应用，新型高效的 LOW-E 玻璃、热反射玻璃正在逐渐普及。在国家节能政策的推进下，符合建筑节能标准的新型墙材及节能建材产业发展迅速，围护结构保温技术日趋成熟并应用到外墙保温中。

5）清洁能源及各种类型的热泵技术、太阳能利用技术。发展太阳能、浅层地能、生物质能等零排放可再生能源在建筑中的应用可以有效降低温室气体和污染物的排放，实现建筑领域节能减排。

6）热网辅助热源。在热网的各个局部设置辅助热源，承担部分供热负荷，既可以灵活调节热网局部供暖的供热量，又可以保证集中热源稳定的满负荷工作状态，维护整个热网主管线的恒定输送能力，提高热源和管网的利用效率。

7）计量改造。目前城市集中供热基本上都是按热用户的采暖面积收费，缺乏必要的计量设备和调节手段，无法对用户耗热进行科学合理的计量。国家建设部在《关于城镇供热体制改革试点工作的指导意见》中要求改革现行热费计算方式，逐步取消按面积计收热费，积极推行按用热量分户计量收费办法。城镇新建公共建筑和居民住宅，凡使用集中供热设施的，都必须设计、安装具有分户计量及室温调控功能的采暖系统，并执行按用热量分户计量收费的新办法，逐步实现由按面积计收供热采暖费向按用热量分户计量收费转变。

8）管网改造。供暖管网的能源损失有压力损失和散漏损失两种，散漏损失占输送热量的5%～10%，对管网实施良好、完善的保温，加强维修与管理，可以清除散漏损失的大部分。

（2）建筑节能 PCDM 项目开发潜力

住房城乡建设部关于落实《国务院关于印发"十二五"节能减排综合性工作方案的通知》的实施方案中文件要求：到"十二五"期末，建筑节能形成 1.16 亿 tce 节能能力。其中，发展绿色建筑，加强新建建筑节能工作，形成 4500 万 tce 节能能力；深化供热体制改革，全面推行供热计量收费，推进北方采暖地区既有建筑供热计量及节能改造，城镇居住建筑单位面积采暖能耗下降 15% 以上，形成 2700 万 tce 节能能力；加强公共建筑节能监管体系建设，推动节能改造与运行管理，力争公共建筑单位面积能耗下降 10% 以上，形成 1400 万 tce 节能能力；推动可再生能源与建筑一体化应用，形成常规能源替代能力 3000 万 tce。

由于我国新建建筑一般都强制要求 50% 或 65% 的节能标准，基准线较高，进一步节能的空间不大，对于这类项目开发成 PCDM 的可能性极小。但北方采暖地区既有建筑供热计量及节能改造、公共建筑节能改造与运行管理提高、可再生能源与建筑一体化应用这 3 类项目，完全可以开发成 PCDM 项目，其形成的潜在节能能力为 7100 tce，减少二氧化碳排放 1.5 亿 t CO_2e 以上。

（3）建筑节能 PCDM 实施策略

政府层面。政府是 PCDM 相关政策的制定者，首先应多出台一些有益于 PCDM 项目实施的政策规定，让 PCDM 项目的实施有法可依、有章可循。其次，资金是项目成败的关键，对于刚刚起步的 PCDM 项目来说，政府除给予财政支持外，还可以采取减免 PCDM 项目的税收等政策，降低 PCDM 项目的准入门槛。最后，考虑到 PCDM 的申请过程复杂、手续繁多，政府相应职能部门应简化此类项目在国内的报批手续，为 PCDM 项目提供便利，鼓励该类项目的实施。

企业层面。首先，企业应该用发展的眼光看待 PCDM，加强能力建设，积极了解学习申报实施程序，切实参与到建筑节能领域 PCDM 项目实施及深层潜力挖掘中，不断开拓其在建筑节能领域的新市场。其次，企业还应积极配合政府部门，为政策制定者提供决策一句。另外，增强从业人员的专业素质，必要时可以引进第三方，如能源公司进行管理，从而达到有效实施 PCDM 的目的。

8.3.5 案例分析

截至5月1日，全球建筑节能内项目共63个，占全部 PCDM 项目的31%。其中，照明灯具替换项目24个，炉灶替换项目35个，照明/保温/太阳能项目使用多种技术的项目1个，高效家用设施类项目3个。我国建筑节能 PCDM 有6个，其中5个规划项目是属于节能灯具替换，使用的是方法学 AMS-II.J.，另1个规划项目是炉灶替代，使用的是单一方法学。这里，以印度"小额能源信贷机构"为协调机实施的"小额信贷的清洁能源产品规划项目"作为分析案例，该规划使用多种技术、多个方法学开发而成。

（1）项目简介

该规划项目的目标是在印度推广清洁能源产品，主要是激励3种类型清洁能源产品的推广，即高校炉灶、水净化器、太阳能电灯。该项目主要是通过减少低收入家庭的炊事、烧开水、提供照明所需的煤油、非可再生木材、煤等原料，减少碳排放。

（2）PoA 实施的政策或国家目标

PoA 的目标是用通过小额信贷，帮助成千上万低收入家庭使用清洁能源成为可能，帮助这些家庭改进健康、教育和经济状况；减少家庭能源支出；减少碳排放和毁林所产生的环境影响；扩大贫穷农村人口的清洁能源供应。

（3）技术/措施说明

该规划使用低成本的清洁能源产品满足低收入人口最基本需求，所有CPAs采用的技术具有环境收益，并且促进经济和社会发展。每个 CPA 采用太阳能光热/光伏系统、高效炉灶、水净化器这3类照明和加热技术，为家庭安装清洁能源产品。

（4）使用的方法学

该规划使用 3 种已批准的方法学，即：小项目方法学 AMS- I. A. (Version14)——为用户发电；小项目方法学 AMS- II. G. （Version3）——非可再生生物质供热设施能效技术；小项目方法学 AMS- III. AV. （Version2）——低温室气体排放量的水净化系统。

（5）CPA 纳入标准

纳入 PoA 中的每个 CPA 应符合 5 个标准：①印度地理边界内清洁能源产品的推广；②对于炉灶，每年最大节能量为 180GW·h，太阳能灯最大功率不超过 15MW，水净化器最大就减排量为 6 万 t CO_2e；③所有项目参与方（PO）与协调管理结构（CME）签订协议，同意将减排权益转移给 CME；④使用已批准的小项目方法学 AMS- I. A. (Version14)、AMS- II. G. (Version3) 和 AMS- III. AV. (Version2) 开发的项目；⑤CPA 的设计文件被 CME 批准同意，且递交给 DOE 合并到 PoA 中。

（6）额外性论证

额外性论证原则是：项目活动是自愿参与协调并执行的活动，在没有 PoA 的情景下，自愿参与协调并执行的活动就不会发生；如果 PoA 是在执行某些法规政策，则在没有 PoA 时，法规政策未被很好执行，或者 PoA 使得既有的法规政策得到更好的执行。

在缺少 PoA 规划时，该项目由于资金和技术障碍难以实施，主要原因为：①缺少前期投入；②缺少对清洁能源产品以及其价值的认识；③当地市场中缺少此类清洁能源产品的供给；④缺少后续服务和维护；⑤对于印度低收入人群来说，无力支付清洁能源产品。

建筑节能项目投资收益率低，缺少财务吸引力，单纯依靠市场无法推动清洁能源产品在印度推广低收入人群中使用，而在有 CERs 收益的情况下，就可以克服这些障碍，使该项目得到有效执行。

（7）监测计划

小额能源信贷机构信用跟踪平台用来保持每个 CPA 的记录，收集跟踪相关的特征信息，如记录每个 CPA 中清洁能源产品的数量、位置、安装日期和使用状况等信息。

小额能源信贷机构信用跟踪平台确保每个 CPA 的数据具有连续性，关于 PoA 中 CPAs 需要记录的数据有：①每个 CPA 的名字或者独一无二的标识码；②每个 CPA 中参与者的名称；③每个 CPA 每年的总减排量。

每个 CPA 中需要记录的详细信息有：①住户姓名；②住户地址或者 GPS 定位；③安装的产品型号；④安装日期；⑤炉灶的效率；⑥使用的产品数量。

所有电子版文件进行备份，减少数据丢失的风险。

（8）基准线识别

该规划活动使用了多种技术和方法学，项目的基准线为没有规划活动时，社区使用满足其需求所消耗的化石能源，项目基准线排放为：

$$BE_V = \sum_{i=1}^{n} BE_{i,v}$$

式中，BE_V 为没有项目活动时，周期 v 内所有灯具的排放；$BE_{i,v}$ 为没有项目活动时，周期 v 内所有 i 型灯具产生的排放。

参 考 文 献

分布式能源或获政策支持，十二五进入快速发展期——分布式能源行业深度研究报告，2011 年 4 月 20 日，机械设备/电气设备

韩淼，秦颖. 2010. 我国建筑节能领域发展 PCDM 项目的 SWOT 分析. 建筑经济，（8）：98-100

刘杨华，吴政球，涂有庆，等. 2008. 分布式发电及其并网技术综述. 电网技术，32（15）.

宿凤鸣. 2010. 低碳交通的概念和实现途径. 综合运输，（5）：13-18

徐建闽. 2010. 我国低碳交通分析及推进措施. 城市观察，4：13-20

赵黛青，王伟. 2010. 清洁发展机制与我国天然气分布式能源站的发展. 天然气工业，25（11）：120-121

周西斌. 2011. 浅析我国建筑节能问题. 科技信息，（35）：279

第 9 章
Chapter 9

PCDM 的商务模式
分析与探讨

PCDM 项目源于常规 CDM 项目，但又不同于常规 CDM 项目，因此具有常规 CDM 的基本特点及要素，同时也存在常规 CDM 项目不具有的特殊性。PCDM 项目基本的商务模式和常规的商务模式类似，但由于加入了 PCDM 项目自身的特点，其商务模式也在一定程度上增加了复杂性和多样性，决定这个复杂性和多样性的主要因素包括：新的参与方及其功能，不同于常规 CDM 的商务风险，以及其不同于常规 CDM 的融资需求等方面。本章主要基于 PCDM 项目的特点，对 PCDM 项目的商务模式进行分析和探讨。

9.1 PCDM 的商务模式

9.1.1 PCDM 项目的商务流程

商务模式的探讨立足于商务流程，因此有必要在分析前先对商务流程进行梳理。以双边开发模式①的项目为例，并对照常规 CDM 项目的商务流程，PCDM 项目的商务流程总结如下（表9-1 和图9-1）。

表 9-1 常规 CDM 项目与 P-CDM 项目商务流程比较

常规 CDM 项目	PCDM 项目
第一步，确定开发咨询方。项目业主与 CDM 开发咨询方接洽，在咨询方取得了完整的项目相关资料进行评估，与项目业主签署咨询开发服务合同（有时国际买家也具有技术开发队伍，可以充当开发咨询方角色）	第一步，首先确定项目 CME，在 CME 获得项目授权的情况下，CME 与项目咨询方签署咨询服务合同，或者 CME 与项目咨询方统一，直接作为项目的开发方
第二步，寻找买家。首先需要确定单边开发模式还是双边开发模式，在确定按双边开发模式，开发咨询方编写项目的 PIN 或者 PDD 初稿后，协助项目业主进行买家的筛选，并确定初步谈判对象；目前一般项目业主都会采取招标或询价必选的方式，对国际买家进行综合评估和筛选	第二步，寻找买家，但需要准备的文件是 PoA-DD/CPA-DD，或 PCDM 项目的 PIN 文件

---

① 双边开发项目模式为项目启动阶段即确定买家，与业主方共担项目开发成本与风险的商务模式。

常规 CDM 项目	PCDM 项目
第三步，商务洽谈及尽职调查。这个阶段国际买家对业主及项目本身开始展开尽职调查，以及初步条款洽谈。CDM 兴起之初，通常在完成初步洽谈后，签署一个不具有或部分具有法律效力的购买意向函（LoI）或主要条款（TERM SHEET），但目前签署 LoI 或 TERM SHEET 的情况越来越少，因为原先在国家申报时，提交 LoI 或 TERM SHEET 可以作为国家批准相应买家作为项目参与方的文件，但后续由于签署上述文件的买家最终不一定能够完成与项目业主签署 ERPA，造成频繁修改国家项目批准函（LoA），从而导致中国 CDM 审核理事会（有关项目参与国审核 CDM 项目的机构简称"DNA"）要求申报项目必须提供最终的 ERPA，因此导致这个环节被逐渐忽略掉	第三步，该步骤与常规 CDM 项目流程类似，但项目的尽职调查需要对后续纳入的新的 CPA 项目不断进行调查
第四步，完成尽职调查后由项目业主与国际买家签署 ERPA。有时候买卖双方会同意签署 ERPA 后完成尽职调查，但尽职调查的满意结果作为 ERPA 生效的前提条件	第四步，CME 与国际买家签署 EPRA。PCDM 项目的 ERPA 与常规 CDM 项目有不同之处，起初的 ERPA 只包括初始的 CPA 项目，后续需要不断对新加入的 CPA 项目加以确认
第五步，根据 ERPA 规定，由国际买家或项目业主与 DOE 签署审定服务合同，开始进行一系列的公示、现场审定、出具初步审定报告、答疑、技术审查、出具最终审定报告及提交注册等一系列的技术开发工作。当然，有时为了项目开发快速推进，项目业主会提前与 DOE 签署该服务合同，以尽早启动相关审定工作，此时在 ERPA 条款中将作相应规定	第五步，与常规 CDM 项目类似，由 CME 或国际买家与 DOE 签署审定服务合同。在有买家之前，CME 也可提前签署 PoA 审定服务合同。PCDM 项目的审定服务将由 PoA 审定与 CPA 审定两部分组成
第六步，完成注册。在完成一系列审定工作提交注册后，ERPA 规定的责任需要向联合国支付注册费用，从而完成后续的注册工作	第六步，完成 PoA 注册是注册工作的第一步，后续每个 CPA 项目将经过 DOE 直接纳入整个 PCDM 项目，这个"注册"过程将不断持续
第七步，监测及核证签发。项目注册成功后，将进入减排量计入期，此时需要与 CDM 咨询开发方签署监测核证服务合同，同时 ERPA 规定的责任需要与另一个 DOE 签署核证服务合同，根据 ERPA 约定针对某一时间段内产生的减排量进行核查和签发工作。完成签发后，相关方向联合国 EB 支付行政管理费后，获得 CER 签发	第七步，监测及核证签发，PCDM 项目需要对所有项目进行监测，且每次核证签发都必须包括所有的子项目

第 9 章　PCDM 的商务模式分析与探讨

续表

常规 CDM 项目	PCDM 项目
第八步，CER 转让与交付。在完成 CERs 签发后，根据 ERPA 规定，向国际买家转让与交付 CERs	第八步，CERs 转让与交付，这个工作由 CME 来完成
第九步，国际买家向项目业主支付 CERs 款项	第九步，国际买家向 CME 支付 CERs 款项
	第十步，CME 向所有项目业主根据各自减排量分配收益

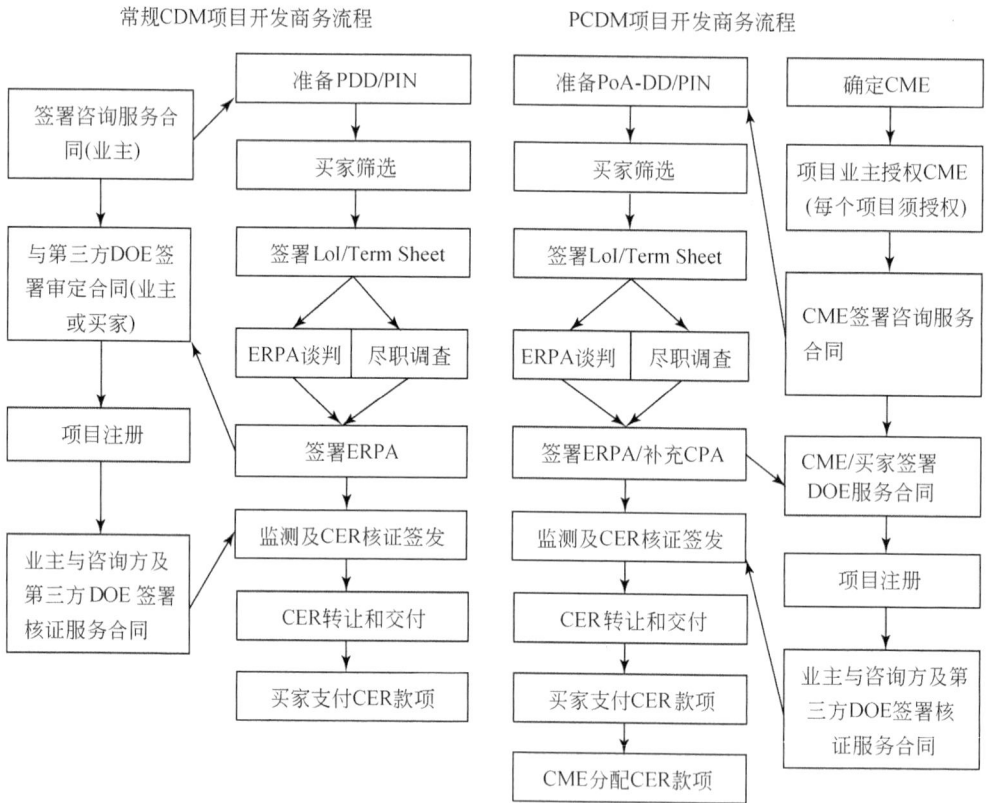

图 9-1 开发流程对比

LoI：意向书，在国际买家与国内业主进行 ERPA 条款谈判时，往往会提供意向书，表明购买意向。Term Sheet：主要条款，在国际买家与国内业主进行 ERPA 条款谈判时，国际买家通常会提供主要条款，供双方协商使用。ERPA：购碳协议，买卖双方购买 CDM 项目产生的减排量的协议。

通过上述常规 CDM 和 PCDM 项目的商务流程对比分析可以看出，两类项目主要的合同类型包括：

1）项目业主/CME 与国际买家 ERPA；

2）项目业主/CME 与 CDM 开发咨询机构签署《咨询服务合同》；

3）项目参与方（PP）与 DOE 签署审定服务合同/核证服务合同。

CDM 与 PCDM 项目涉及商务合同会有所差别，主要是增加了项目参与方与 CME 的合同：

1）项目业主与 CME 的授权；

2）项目业主与 CME 的服务协议。

这几类合同与 PCDM 项目开发的流程紧密配合，贯穿整个项目流程。而且 PCDM 项目由于 CME 角色的存在，往往需要多出一些不同类型的服务合同，尤其是确立 CME 与项目业主之间法律授权关系的相关法律文件和协议。另外，由于 CME 取代了业主作为所有业主的授权，所以虽然合同的类型相同，在具体合同商务条款上往往与常规 CDM 项目的相关合同有较大差异，此类的差异需要在实践中不断探索和完善。

9.1.2 商务模式的核心——协调管理机构

协调管理机构指的是设计和提出规划方案，并获得所有项目参与东道国 DNA 的授权，与 DOE、联合国 CDM 执行理事会沟通，并负责分配已经签发 CERs 的机构。协调管理机构可以是私人实体，也可以是公共实体。具体来说，主要的协调管理机构类型可以分为低碳产品/技术供应商、咨询中介、金融资本机构和政府机构。

要使得 PCDM 项目成功运行，协调管理机构需要提供（或协同其他各方共同提供）三大服务：

1）项目纳入与管理。CME 除了需要准备规划活动材料申请注册外，还要在 PoA 注册后管理规划方案中的所有子项目（CPA）。按照规划方案中的要求纳入和管理大批量子项目的实施本身就给 CME 带来了一定的挑战，因此 CME 必须要有稳健的项目管理体系，以帮助其降低项目管理的成本和风险。

2）对于 CERs 的管理和市场商业化运作。在 PCDM 项目中，整个规划方案的 CERs 是直接签发给 CME 而不是项目业主，而这一点也是 PCDM 项目与常规 CDM 项目的主要区别之一。这便要求 CME 能够运用科学的风险投资回报的方式来管理CERs，以帮助项目投资方获取更多的回报。

3）结构化的金融解决方案。成本问题是低碳产品和技术推广过程中面临的主要问题，按照常规CDM项目的CER收益模式，PCDM项目的推进将异常缓慢，难以实现规模化效应；因此需要结构化的金融解决方案。基于CER的贷款、以CER作为债券发行标的等都是PCDM开发过程中值得探索的方式，未来在国际碳市场进一步成熟和中国碳市场进一步发展的情况下有着实践的基础。

9.1.3　商务模式的类型与变化因素分析

如前文提到，PCDM项目是CDM的扩展和延伸，也是未来中国CDM发展的重点领域之一。与常规的CDM项目相比，PCDM项目也需要通过项目的设计文件开发、公示、审定、注册、核证、签发等一系列程序。因此，站在项目业主方的角度其商务流程和模式与常规CDM项目基本一致；但由于协调管理职能及相关新需求的出现，商务模式在一定程度上变得复杂而多样。

以CER买方是否确定为依据，PCDM的商务模式分为单边开发和双边开发两种商务模式。两种模式在常规CDM项目开发当中也都存在，优缺点相似；但由于PCDM项目的规模效应，各自的特点被显性化和放大化（表9-2）。

表9-2　PCDM单边与双边开发商务模式优缺对比表

	单边模式	双边模式
定义	单边开发商务模式：即只有CME一方作为项目的参与方进行PCDM项目的开发，并承担开发成本和风险，待项目注册后再行出售CERs的商务模式	双边开发商务模式：是有CER买方参与开发过程，与项目业主共担成本和风险，并买卖CERs的商务模式
优点	①将商务谈判节点后移，缩短项目开发时间；②增强协调管理方的议价能力，且因项目的规模和类型得以放大；③应对碳市场低迷的有效途径	项目开发成本和风险得到（部分）转移
缺点	以协调管理方为代表的项目业主方需要自担所有风险和成本	①影响项目开发效率的因素增加，项目开发时间会因CER买方及其所属国管理机构的拖延而拉长；②预期收益相对降低

CME 是 PCDM 开发中的重要角色，某种程度上它是整个规划活动的核心，由不同的参与方来承担 CME 的角色，因其各自资源禀赋的不同，其商务模式设计所需考虑的因素也有较大的不同（表9-3）。

表 9-3　不同协调管理机构的商务模式变化

协调管理机构	项目开发与实施过程中承担的基本角色	其主导给项目带来的优势	商务模式设计需要考虑的因素
低碳技术/产品供应商	项目低碳技术或产品的供应	控制项目低碳技术或产品的生产成本、供货时间和质量	（1）生产资金积压；（2）获取地方支持的能力有限，可能导致项目的实施成本大量增加
咨询机构	PCDM 项目的设计、实施与管理咨询；碳资产的出售及抵押融资咨询	基于其专业经验与行业资源，控制项目活动满足国际规则，碳资产的生产与认证、签发与出售专业化	如果集成其他三方资源的能力有限，将很难将项目推动起来
金融资本机构	项目开发与实施的资金支持	通过金融运作，确保项目开发与实施的资金充足	如果商业模式不能与其他三方（即低碳技术/产品供应商、咨询机构和政府部门）形成利益捆绑，风险很高
政府机构	项目开发与实施的能力支持	借助行政网络，确保项目能够充分获得地方政府和利益相关方的认同与配合	很难实现商业运作

　　在现阶段，对于上述不同性质的机构来担任协调管理机构而产生的 PCDM 商务模式中，最为成熟的一类模式是由低碳产品或技术生产企业来主导，目前国内主要的节能产品推广模式大都采用了这一方式。但是由咨询机构或金融资本机构来主导的模式，可以充分的发挥其在运作经验、管理能力、专业性等方面的优势，能够有效地提高项目质量、发掘市场潜力。今后随着碳市场的发展以及基于碳金融的产品推广模式不断成熟和完善，市场竞争会逐步加剧，因此由更具实力的咨询机构或者金融资本机构介入该模式将成为可能的趋势。对于

由政府机构主导的 PCDM 模式，目前除一些由于特殊原因必须要求由政府主导推动的项目活动外，政府机构在 PCDM 的中的身影将在今后越来越被淡化，我国 PCDM 申报的相关规则也明确提出了政府机构不得作为 PCDM 协调管理机构的要求。今后政府机构主要职能将放在建立和培育良好的市场环境。

9.1.4　商务模式设计需要考虑的问题

由于在 PoA 注册后，还可陆续增加许多的子项目，这是 PCDM 项目的特点，也因此在项目前期设计的时候就需要考虑相关问题：①PCDM 项目覆盖的区域范围；②单一买家与多个买家的选择；③项目前期成本如何分摊抵扣。

（1）PCDM 项目覆盖的区域范围

EB 在规则方面并没有对 PoA 的覆盖范围予以限定，而是鼓励跨国家跨区域开展规划活动。理论上，覆盖区域越广后续所能纳入的子项目就越多，整体所产生的 CER 收益也越高，但相应所带的风险也更高。在项目设计过程中需要从以下综合考虑：技术风险、商务风险、CME 的管理风险及投资回报。

首先，PoA 覆盖范围越大，纳入项目越多，技术开发的难度则越高，尤其给后续的核证签发增加难度。如果有一个项目被执行理事会发现并认定为错误纳入，一定时间范围内（离子项目纳入时间未满一年或离项目第一次签发未满 6 个月）的项目都将可能被复审。项目越多，整体的运行管理和监测质量就越难控制，一旦一个项目的监测数据出现问题，所有项目的减排量签发都可能受阻。

国家发展和改革委员会气候司于 2012 年 3 月 23 日发布的《关于澄清规划类 CDM 项目申报有关问题的公告》中要求如果 PCDM 项目跨省且须通过地方初审，则应提供规划项目涉及的所有省（自治区、直辖市）发展改革委出具的 PCDM 项目认可函。这从规则上明显限制了 PoA 的覆盖范围，因为在我国一个项目要同时获得多个省份的认可函还是存在相当难度。因此，在项目设计前期，CME 需要量力而行不可过度追求规划覆盖范围的广度；否则容易给自己设置不必要的障碍。

商务风险往往和技术风险是相关联的。没有出现开发风险、签发风险时，相应的商务工作都会比较顺利；但一旦遇到问题，由于牵涉到很多的项目业主，及其他利益相关方，产生的商务问题也会因为参与方的数量庞大而导致商务风险大幅提高。

在 PCDM 项目的开发实践中，投资收益回报往往是确定 PoA 覆盖范围的最终决定性因素。当预期规划下子项目未来的纳入数量及其减排收益能够满足适当的投资收益回报，则有必要将 PoA 的覆盖区域控制在一定范围内。

（2）单一买家与多个买家的选择

PCDM 项目是一批子项目的集合，在 CO_2 减排量上能够形成规模效应；但当规模达到一定程度时则需要考虑是将所有减排量出售给一个买家，还是以 CPA 为单位出售给多个买家。

由于 CERs 收益和市场上供求关系以及大的经济环境紧密相连，在供大于求而且经济环境低迷的情况下，如果将所有规划活动在同一市场条件下出售给同一个买家，可能会给项目业主的预期收益带来较大的不确定。反之，如果在市场行情非常好的条件下，同一买家以非常有竞争力的条件购买了所有的项目，一旦市场情况下滑，存在很大的买家违约的可能。但是，多个买家在商务和技术操作上也会给项目的实施以及后续合同履行带来较大的复杂性，因此，买家越多后期的履约成本及项目的管理成本也会越高，因此适当控制买家数量在一个可管理和可控制管理成本的水平上，是一个比较折中的选择，既要控制 1 个买家带来的风险，也需要控制多个买家导致的管理和履约成本。

具体在商务模式的设计阶段，有以下 3 种变通方式可以考虑：①在设计 PCDM 项目覆盖范围的时候，充分了解地方规划、投资方意向等相关信息，确定潜在的项目数量与规模。在确定覆盖范围时，就将一些项目排除在外，为后续重新开发一个新 PCDM 项目出售给其他买家留有余地。②对 ERPA 条款进行设计，以双方书面确认的形式纳入新的子项目，这样可以为今后是否将某个项目纳入该 PoA 的问题，留有一个互相协商的空间。③在与一个买家签署 ERPA 的同时，在合同条款中给后续新增加进来的买家留一个灵活处理的条件，避免将一个具有很大减排规模的 PCDM 项目全部锁定在一个买家。

（3）项目前期开发成本如何分摊抵扣

由于项目设计的复杂性和相应工作量的增加，一般 PCDM 项目的前期开发成本都要高于常规 CDM 项目，而后期 CPA 纳入程序的简化又能降低其开发和审定成本；因而会出现发起者的付出要明显高于后续参与者的投入。如果项目是以单边模式开发，CME 可以在 PoA 注册后再与发起者及后续参与者协商解决。但如果是双边项目，在与买家签订 ERPA 时如何设计条款抵扣买家垫付的成本，如何合理分摊项目前期开发成本就是 CME 需要提前考虑的问题。

实践中，如果买家要求前期垫付成本需要前几个 CPA 项目所产生的全部或部分 CERs 连续抵扣，那么 CME 就需要考虑如何与相关方协商与设计以分担前几个 CPA 项目的项目业主所承担的成本。以下两种处理方式可供考虑：①让渡部分收益给买家以延长抵扣期限，即与买家商议在扣除 CERs 收益的时候，按比例来扣除，但其总抵扣额相对提高。②与买家和 CPA 业主协商将第一次核证签发的时间适当延长，由于 CPA 数量增加且累计减排量增多，前期开发成本可以一次性抵扣完毕；这样对后续纳入的 CPA 负担也不会太重。无论上述哪一种方案，都会对协调管理机构管理协调能力提出很高要求，需要协调管理机构去协调各个项目业主，尤其在 PCDM 项目中所涉及的项目业主还不是同一家公司，或者同一家集团。

针对上述分析，CME 需要有全局把控意识，在项目开发过程中，要时刻把握整体运行情况。在 PCDM 项目商务模式的设计的过程中，需要充分考虑以上类似很多的问题，才能为以后的项目开发与运营减少风险，提高项目的执行效率。

9.1.5　商务风险防范

（1）ERPA 条款中的风险防范

1）关于尽职调查，买卖双方可以不将尽职调查作为合同生效的先决条件的一项，而是可以在实施过程中把尽职调查这一个环节前置；而如果将尽职调查作为合同生效的先决条件，则应当将进行尽职调查可能发生的各种后果在 ERPA 中予以明确约定，要明确和细化不符合尽职调查要求的情况，把可能出现的各种情况、出现该情况所产生的后果都要提及。

2）关于交付和付款，这个问题的争议主要在于交付的时间点。当双方约定签发视为交付时，要明确约定 CERs 所有权的转移时间，并且卖方应给予积极配合，以完成 CERs 的按时交接。当双方约定 CERs 划转到买方指定贸易账户才视为交付时，此情况下联络人不得阻碍或延误交付，并约定其在签发后向联合国 CDM 执行理事会发出划拨指令的期限。如果约定联络人没有在签发后一定期限发出划拨指令，则应约定一个日期或者时间段，以便将约定签发后的某一日视为交付日。

3）关于 CERs 的数量，当实际交付的数量超过合同约定数量时，可以约定买方应购买超过交付数量的 CERs，或约定一个上浮比例，再或约定买方的选择权。当实际交付的数量少于合同约定的数量时，可以约定卖方向买方进行超额弥补。另外需要注意的一点是，交付不足是由何种原因产生的。如果交付不足是由于卖方故意不交付已实际产生的 CERs，那么这种情况可作为卖方违约事件之一。

4）关于 CERs 的价格，在法律上认为价格波动应当属于"正常的商业风险"，买方理应按照原价款履约，但对于价格下跌过大的情况，实际上往往需要卖家退让一步，以避免双方更大的损失。对 CERs 的定价，主要有三种模式：固定价格、浮动定价方式、固定价款加上浮动定价方式。选择何种定价方式，主要取决于对未来碳市场的预期。若因市场价格走低，买方单方希望修改 ERPA，则需取得卖方的同意，并应有补偿卖方的措施。

5）关于 PCDM 项目费用的承担，应当在合同中列明各项费用（项目开发费用、核查、核证费用、适应性收益分成、行政管理收益分成、税费、监测费用等），明确约定该由谁承担。若涉及需垫付的费用，则应详细说明垫付方和费用的最终承担者，特别是项目注册不成功时费用如何承担等问题。

（2）协调管理机构的法律地位及可能遇到的风险

协调管理机构要设计项目规划，组织众多的项目实施主体参与项目活动，负责与咨询机构、指定经营实体、指定的国家主管机构沟通，落实项目实施计划和监测计划。由于 PCDM 的项目参与方以及合同签约主体上与常规 CDM 项目不同，CME 作为协调管理机构，同时作为 ERPA 的签约主体，是需要承担较大风险的。由于参与的项目业主很多，纳入的 CPA 小项目也很广泛，虽然每个项目业主都给予了 CME 足够的授权，但 PCDM 项目整体的商务和法律风险并不是所有项目各自风险之和。由于 PCDM 的规则设计，任何一个 CPA 出现问题，将导致整个 PoA 被牵连，甚至最终无法签发 CERs 的结果。因此，如果因为一个 CPA 项目的业主违约，导致整个 PoA 项目签发的失败，但是一个

CPA 业主的违约也不可能承担整个 PoA 项目无法签发的后果，因此，这种"超额"风险由谁来承担？CME 将承受来自国际买家以及其他 CPA 项目业主的压力，如果在相应的合同条款中没有能够充分规避风险，将会导致 CME 承受很大的风险。这种风险问题对 CME 将是一个很大的考验，如何通过设计合理的风险规避商务条款，将需要在实践中充分探索。

（3）与 DOE 相关的风险防范

在与 DOE 签约进行 PCDM 项目审定工作时，买方或卖方在与 DOE 签订合同时一些常规的 CDM 项目开发过程中存在的风险同样存在，应当明确项目进程、开具审定意见书的时间等条件。买方或卖方需注意对其违约责任进行细化，将能够被视为违约的情形逐一明确，并且对相应的违约行为规定清楚其所要负的法律责任。

但对于 PCDM 项目的审定来时说，还有其特有的风险需要进行控制。在 PCDM 项目的审定过程中，DOE 被赋予了决定是否将某一规划活动纳入规划方案的权力，而这一权力（职责）从 CDM 执行委员会到 DOE 的转移也得到了联合国 CDM 执行理事会在一定程度上的保证。联合国 CDM 执行理事会准备了一系列的规则允许 DNA 或联合国 CDM 执行理事会自身挑战 DOE 做出的决定，以防止规划活动被错误地纳入规划方案之中。许多 DOEs 对于批准规划方案和纳入新的规划活动的意愿并不积极，主要因为需要承担赔偿 CERs 责任。PCDM 项目在后续 CPA 纳入过程中如果因为 DOE 的问题造成错误纳入 CPA，DOE 需要因为该类错误承担向 EB 赔偿 CERs 的责任。此类损失原则上 DOE 不会真正去承担，毕竟从法律角度讲，DOE 获得的收益与其承担的风险时不相称的，其可能采取的规避办法是转嫁给 DOE 服务合同签约方。即国际买家或 CME，这个风险最终也可能转嫁到获得相应收益的项目业主，因此，此类风险的控制如何确保相应收益方按时返还相应的款项也是相应服务合同中需要重点考虑的。

买方或卖方在与 DOE 签订合同的时候，还应当明确项目进程、开具审定意见书的时间。同时，因为 DOE 在合同关系中处于一个相对的强势的地位，所以买方或卖方需注意对其违约责任进行细化，将能够被视为违约的情形逐一明确，并且对相应的违约行为规定清楚其所要负的法律责任。另外，应该在 ERPA 中对买卖双方与 DOE 的关系予以明确，并明确约定其具体的权利义务。

9.2　PCDM 项目与融资

PCDM 项目使得原本没有投资吸引力的项目降低了开发成本，增加了吸引力，那么究竟 PCDM 项目的开发成本如何，是否需要融资，潜力如何，现有融资的方式有哪些。本节将针对以上问题逐一分析解答并以案例展现 PCDM 项目的融资过程。

9.2.1　PCDM 项目的融资需求与优势

开发成本高是项目产生融资需求的直接动机，PCDM 项目均使用新兴低碳技术，因此项目实体的建设和运营投入较高。以节能灯发放 PCDM 项目为例，一盏节能灯市场价格约 20 元，每个 CPA 发放 100 万盏就需要业主投入 2000 万元，10 个 CPA 则高达 2 亿元，整体实施成本不可小视。除此以外，PCDM 项目开发的复杂性也高于常规单个 CDM 项目的管理、咨询和申报费用。

（1）协调管理机构成本

在常规 CDM 项目中，项目的实施主体直接与咨询机构和指定经营实体等沟通，不需要协调机构。

而在 PCDM 项目中，增加了协调管理机构这个参与方。并且，协调管理机构要设计项目规划，组织众多的项目实施主体参与项目活动，负责与咨询机构、指定经营实体、指定的国家主管机构沟通，落实项目实施计划和监测计划。这就要求协调管理机构具备较强的协调管理能力、沟通能力和抗风险能力，并投入大量的人力和协调管理费用。因此，PCDM 项目实施的协调管理成本比常规 CDM 项目实施的单纯的管理成本要高得多。

（2）项目咨询费用

项目的开发，除了项目业主、买家外，往往需要第三方的咨询机构，该机构负责协助项目业主搜集资料，编写 PoA 设计文件、CPA 设计模板及子项目的设计文件并按照联合国 CDM 执行理事会、国家 CDM 主管机构和 DOE 要求完成项目申报程序。由于对咨询方的技术能力要求更高，因而其咨询费要高于常规 CDM 项目。

（3）DOE 的审定、核查费用

EB 在将后续 CPA 的纳入放权给 DOE 的同时，也对 DOE 的审定要求更严格。一旦 CPA 被 EB 识别为错误纳入，DOE 将赔付该 CPA 已产生的减排量，使得 DOE 的责任更大、风险增加。因而，PCDM 项目的审定、核查费用可能要高于常规 CDM 项目。当然，由于项目总量大，业主可以要求适当降低单个 CPA 项目的审定、核查费用。

（4）项目注册费用

CDM 执行理事会已经明确规定，PCDM 项目申请注册时只需提交 PoA 设计文件和首个 CPA 项目设计文件，注册费用按照首个 CPA 项目的年预期减排量收取。后续纳入的 CPA 项目由于不需要 EB 专家的审阅，因此无须再缴纳注册费用。与常规 CDM 项目相比，前期支付的注册费用大为减少。

（5）监测费用

PCDM 项目涉及数量庞大的项目实施主体，需要更复杂的监测方法、监测计划和监测手段，监测的工作量更大，相应的监测成本比常规 CDM 项目更高。

总体来看，PCDM 项目整体开发成本较高，具有较强的融资需求。

PCDM 项目在注册成功后，一个设计良好的规划方案能够在 2 ~ 5 个月的时间内成批纳入新的 CPA 子项目。这意味后续 CPA 在项目获取核准文或开工后不久就可纳入 PoA，项目在运行的第一年便能产生碳减排量，相对降低了 CER 收益获取的时间成本。另外，PCDM 项目具有规模效应，从而使其 CER 收益的单位成本低于常规 CDM 项目。根据 CDM 执行理事会的规定，一个 PCDM 项目，只要规划方案和一个具体的 CDM 规划活动成功注册，此后无数个 CDM 规划活动可以不断地添加，而无须再走烦琐的申报审批程序，只需 DOE 审定认可，从而使添加 CDM 规划活动的边际成本很低，时间更快。因此 PCDM 项目的开发，为这些项目自身的建设提供了另外一项可以用来融资的工具，那就是项目未来产生的 CERs 收益。项目投资者可以通过利用 CERs 来进行项目融资，比如贴现，国际买家提供无担保或有担保预付款等方式，向项目提供融资。

9.2.2　PCDM 项目的融资存在的障碍

PCDM 项目因其规模效应拥有较强的融资优势，但在投资方眼中它同时存在很多不确定性因素和融资障碍。

1）PCDM 项目需要众多的实施主体参与到项目活动中，参与方越多，意味着利益关系越难协调。协调管理机构需要设计一套激励机制吸引项目实施主体参与到项目活动中；在实施过程中，协调管理机构还要确保各个实施主体能够按照项目实施计划逐步实施，能够按照监测计划做好日常记录以配合指定经营实体的监测等。如果利益关系协调不好，将直接影响到后期项目计划的实施。在项目生命周期内，如果实施主体在某个环节或一部分实施主体不能按照项目实施计划实施，可能导致整个项目活动难以持续实施下去。由于实施主体众多，每个人都有不同的利益诉求，项目实施过程中存在很多不确定性，将使协调管理工作异常困难。例如，如果项目实施过程中，一部分实施主体不满意利益分配方案，退出或者威胁退出项目活动，将使项目面临巨大的风险。

2）PCDM 存在较大的政策风险。《京都议定书》直接催生了碳金融市场，但是对于 2012 年后《京都议定书》第二履约期如何实施，充满不确定性，这对刚刚起步的碳金融市场形成了强大的冲击。作为金融机构，在政策环境不明朗的情况下，很难对 PCDM 项目进行融资。

3）PCDM 实施过程中还面临更大的碳市场波动、方法学取消等风险。PCDM 项目与常规 CDM 相比，项目生命周期更长，一个 PoA 的寿命期最长可以达到 28 年（造林再造林项目为 60 年）。项目生命周期延长虽然有利于 CDM 规划活动的添加，但同时也使 PCDM 面临更大的时间风险。现阶段气候变化领域里国际政治斗争出现不利于 PCDM 项目实施的情形、全球碳市场的波动导致 CER 价格的大幅下跌、方法学的取消导致后续的 CDM 规划活动不能添加等。许多不确定的因素都会影响 PCDM 项目的实施，同样会给融资带来障碍。

4）PCDM 项目还具有设备小而散，难以抵押的融资障碍。对于金融机构的融资，往往需要相关的抵质押措施作为保障。大部分 PCDM 项目针对的都是小型的节能设备（例户用沼气、节能灯等），且大多分散于居民家中，很难将其作为质押物开展相关的融资操作。

9.2.3　PCDM 项目融资方式

图 9-2 表示了项目在本身开发阶段以及 PCDM 项目开发阶段的流程以及比对。项目计划阶段，项目业主需要提供可研的研究、商业计划等融资基础材料，才能去申请融资。一般的投资机构在该阶段，都比较谨慎。因为，在项目本身设计阶段，项目是否可以建成、建成后是否可以正常运营等，这些都是未知数，在该阶段投资的风险非常大，因此，一般的融资方式是有抵押的借贷或者是补助金形式。

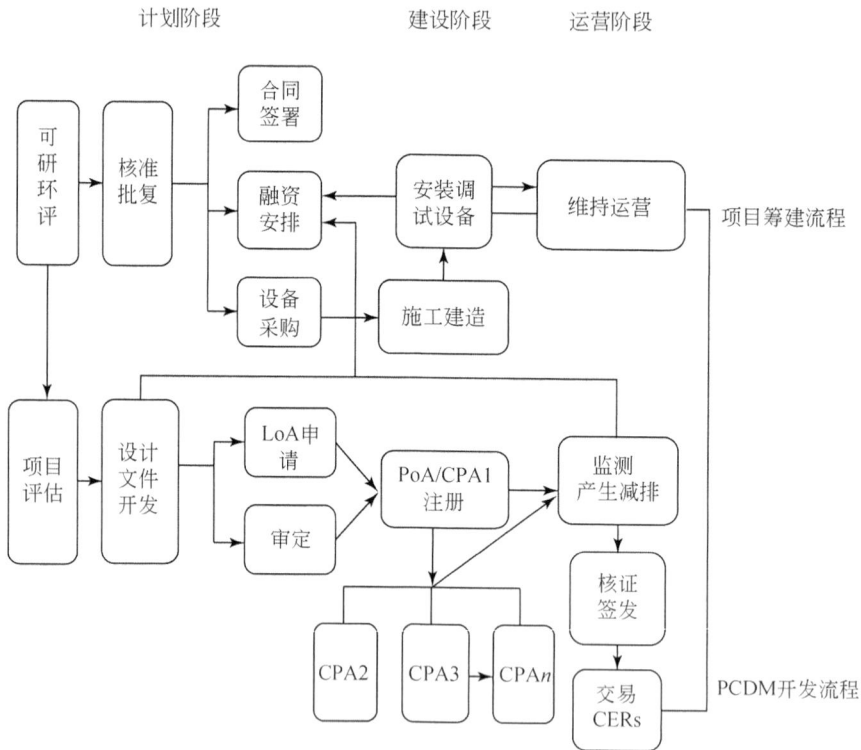

图 9-2　项目筹建流程及 PCDM 项目开发流程对比

如图 9-2 所示，除首个 CPA 外，后续 CPA 都是在 PoA 注册后的背景下纳入，风险较低。一般而言，只要卖方可以提供项目的相关批复、核准文等文件，就可以在市场上找寻买家来购买该项目产生的 CER。

相比计划阶段，已进入实质性建设阶段或投运的项目更容易吸引投资者，基于项目本身及预期的 CER 融资方式也会更加多样。接下来按项目开发费用和项目实体投资分别探究其融资方的类型。

（1）PCDM 项目开发费用的融资方类型

1）政府支持资金。一些国家政府会设立一些政策，对具有在发展中国家可持续发展的节能项目提供支持资金，以帮助其开发成 PCDM 项目，从而促进其在发展国家此类项目的推广。比如，在德国环境部的财政支持下，德意志复兴银行（KFW）成立了专门的 PCDM 支持中心，用于支持发展中国家 PCDM 项目的开发。此类资金可以往往通过无偿提供的方式予以资助。当然此类融资往往对项目要求比较高，尤其要求对贫穷地区的可持续发展有积极作用的项目。

2）国际买家。从目前中国的 CDM 市场来看，对 CDM 项目前期开发费用提供融资最多的是国际买家，这在中国的 CDM 项目逐渐兴起的过程中，几乎成了一个惯例，通常国内的 CDM 项目都是双边项目形式开发，国际买家为项目的前期 CDM 开发承担开发费用。承担的方式有全部承担，部分承担到后来随着市场低迷，变成前期全部垫付后期 CER 返还等形式。目前 PCDM 项目逐步开始加快发展，却正是国际碳市场进入长期低迷的阶段，因此当前国际买家对该项费用的融资，采取的是全部或部分垫付的方式居多。

国际买家的类型很多，包括国际各类型的碳基金，金融机构，单纯的碳交易商，以及一些具有碳指标需求或参与碳市场交易的能源企业或贸易商。

此类融资方对 PCDM 开发费用的融资，都是具有利益诉求的，他们需要通过后续 CERs 产生及买卖，获取收益，同时还需要从项目业主的 CERs 收益中收回前期承担的全部或部分费用，因此与第一类融资方具有本质的区别。

（2）项目实体建设的融资方类型

目前国内开发的 PCDM 项目主要有沼气回收利用、节能灯发放和太阳能发电等项目。这些项目实体建设投资会占用大量的资金。而 PCDM 项目产生收益有较长时间滞后性，因此对企业来说会造成很大的资金压力。因此，项目自身建设资金的融资比 PCDM 项目前期开发费用的融资规模大很多，故而项目实体的融资成败往往决定着项目本身建设的顺利与否，也从根本上决定了 PCDM 项目开发的速度和规模。

1）银行、大型金融机构的借贷。对于PCDM项目实体的融资，国内商业银行等大型金融机构仍然是主要的融资方。但银行和大型金融机构的借贷有着严格的要求，不仅要求业主的抵押或担保，而且要求项目实体的管理水平、盈利能力达到一定水平。PCDM项目的开发可以在一定程度上增强项目盈利能力，对项目业主获得银行融资，具有比较好的作用。

2）政府机构。国内政府近些年也出台了许多优惠政策，促进企业低碳发展，对一些节能减排的项目通过补贴、减税等一系列政策，支持促进低碳发展的项目的建设。因此，中央政府或地方政府对一批可以开发成PCDM项目提供的补贴，不仅在很大程度上直接缓解项目的资金压力，而且使得企业有更多的机会获得商业银行等金融机构的融资。

3）国际买家。国际买家对PCDM项目自身建设的融资，有多种类型的方式，包括无担保的预付款，有抵押或担保的贷款融资，股权投资。

预付款方式是较常规的一种，尤其一些政策性银行，或者具有政府背景的银行作为PCDM项目买家时，他们代表政府来购买一些符合条件的PCDM项目的CERs，通常会主动提供预付款条款，这些预付款的比例也可以较高，在很大程度上可以促进项目实体的建设。

另外，国际买家也会有选择地提供贷款融资或股权投资，以促进项目的开发和建设，从而在投资获得收益的同时，获取CERs收益。贷款融资模式与CERs交易结合实质上与有担保的预付款模式没有什么本质区别。股权投资模式涉及项目业主的股权结构的变化，相对更加复杂，一般不会仅仅为了购买CERs而进行股权方面的投融资。

4）融资租赁机构。融资租赁是传统融资模式的一种，将融资租赁应用到节能减排领域，尤其与PCDM项目相结合，也是一种新的组合，融资租赁机构会以融资租赁的方式，帮助业主解决设备采购中部分融资问题。项目业主在使用租赁设备的过程中既产生运营收益，同时可以产生CERs收益。从这个角度来看，PCDM项目的开发也能够促进融资租赁业务在低碳领域的应用。

9.2.4 典型案例分析

有关PCDM项目的融资，下面介绍一个节能灯发放的典型案例。该案例不仅仅是 PCDM 项目的融资，也与项目实体融资相联系，在设计阶段就引入了 PCDM 融资的概念，将实体融资与项目融资紧密联系起来。

（1）节能灯发放 CDM 项目的尝试

该案例发生在中国的某节能灯出口厂家，由于人民币升值、全球经济下滑、国内劳动力成本增加等原因，节能灯的出口利润显著下降，因此，就在设想是否可以引入 CDM 的概念，用 CER 的收益来支持节能灯发放，帮助该厂家另辟一条商业模式。

首先，引入一个常规 CDM 项目，即，该节能灯厂家先将节能灯免费或者以很低价格将节能灯发放到某一地区的农户手中，替换原来农户家中使用的白炽灯。在这一阶段，灯厂几乎没有任何利润，还需要承担白炽灯的生产成本以及发放成本。当节能灯使用一段时间后，比如，一年后，这些节能灯替换白炽灯就会产生减排量，该减排量可以被联合国 CDM 执行理事会认定为符合 CDM 项目规则的减排量，即 CERs 后，业主将 CERs 出售，所得的款项可以作为厂家的销售收入。

经过测算，这种方式，3~4 年的 CERs 出售所得金额可以覆盖厂家的成本。按照灯的寿命 7 年（也即项目减排量计入期）来计算，后 3 年的 CERs 收益，都可以视为厂家的利润。

通过该项目最后的签发，以及交付，业主已经拿到两笔 CERs 的收益。证明这种方式的可行性。

（2）节能灯 CDM 项目的推广

一个项目 100 万盏节能灯，作为项目业主的节能灯厂家可以前期垫付成本；但若想推动规划下数十个项目上千万盏节能灯在同一时间段内大范围推广出去，资金压力将成为 PCDM 项目商业模式设计面临的首要问题。

这种情况下就需要引入金融机构，来支持该类项目的继续推广。案例中，相关的金融机构提供了以下两种主要的融资方式：

1）给予 CERs 预付款。具体融资程序如图 9-3 所示。

从图 9-3 对于这种融资方式，其核心点是，如何使 CERs 的预付款可以覆盖节能灯生产和发放的全部或者部分的成本。对于单个 CDM 项目而言，节能

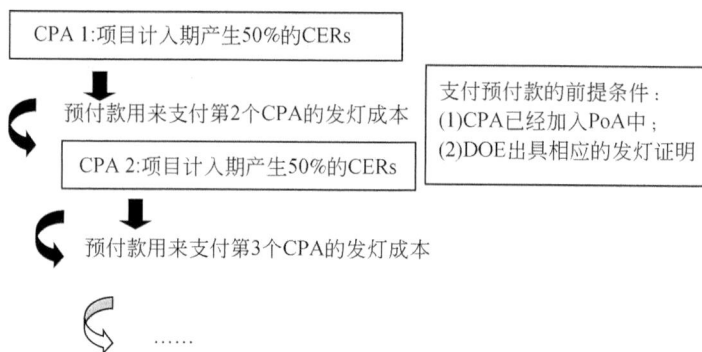

图 9-3　节能灯发放 PCDM 项目预付款支付商务模式

灯厂家提前承担了灯的成本以及 CDM 项目开发的前期费用，需要 3 年左右才可以收回成本。也就是说需要项目生命周期所产生的 1/2 减排量才可以覆盖节能灯的生产和发放成本。根据这个测算结论，在设计商务模式的时候，就需要以这一小项目即规划活动所产生的 50% 的 CERs 的价格为预付款，当然这也需要经过严格的测算，考虑不同地方可能运输成本、发灯成本不同的因素。

对于 CERs 的价格而言，一般会以某个时段的价格为准，计算价格的时候往往会比该时段的价格略低。毕竟，买家承担了一定风险，而且提前支付了 CERs 的转让价格。

有关预付款的支付时间，对于业主而言当然是越早越好，对于买家而言当然是越晚越好。在这个案例中，预付款的支付时间要在 CPA 项目纳入时，也就相当于项目在联合国注册，并且 DOE 出具相应的发灯证明。这就相当于业主承担了注册的风险以及前期运营的风险，买家承担了运营风险以及签发风险。

那么除了预付款比例的 CERs 以外，其他 CERs 的购买价格要如何确定呢？本案例设计了一个灵活机制，也就是说以 CERs 作为预付款的时候，预付款所设定的 CERs 的价格可能会和以后每年 CERs 的签发时候的价格不同，如果对于这部分价格不做调整的话，对于业主或者买家都会显失公平，因此，确立了一个多退少补的机制。如果，在签发价格低于预付款支付价格的时候，业主需要当年多返还一部分 CERs；如果签发的价格高于预付款支付的价格时候，业主就可以少返还一部分 CERs。当然，双方可以就每年的返还比例进行约定。对于返还后的 CERs，买卖双方可以约定一个价格买卖。

总体而言，这个方案在项目未产生 CERs 的时候，就支付一定的 CERs 款项作为预付款。然后业主每年按照一定比例返还 CERs，CERs 的预付款与签发时候的价格不同时，要多退少补。这样，第一个规划活动拿到预付款后，业主可以投资第二个规划活动了。与小项目的负担相同，业主只需承担第一个项目灯的成本。

2）给予这家节能灯生产厂家直接投资，比如，借贷、股权投资等方式。对于第二种融资方式，其实不是以 PCDM 项目方式融资，而是企业因为有成功的 PCDM 项目，更容易、更吸引投资者去融资。案例中出现过两种方式去融资：①借贷；②股权投资。对于借贷而言，买方对于抵押物的要求较高，本来建议以节能灯作为抵押物，但是收集节能灯的成本太高，并且发放节能灯后，所有权也就转移了，无法作为抵押物。买方建议是否可以以大型设备、厂房作为抵押物，业主也有一些顾虑，觉得一旦 PCDM 有任何风险，那么自身承担的风险太大。而对于股权投资，由于买方是外资公司，也会对投资公司的股权、结构有些要求，所以这类方式对业主而言也不是很可行。

参 考 文 献

郭胜，彭斯震，霍竹，等 . 2010. 碳市场 . 北京：科学出版社

中国欧盟商会 . 2009/2010. European Business in China Position Paper

Deutsche Gesellschaft fur Technische Zusammenarbeit（GIZ）Gmbh. 2003. Unilateral CDM- Chances and Pitfalls

Institute of Global Environmental Strategies. 2011. Role and Trend of Coordinating/Managing Entity

South Pole Carbon Asset Management Ltd. 2010. A Guidebook：PoA Developing CDM Programmes of Activities

UNDP. 2007. Guildbook to Financing CDM Projects

UNFCCC EB55 Report Annex 38

第 10 章

PCDM 市场前景展望

近年来，在低碳发展观念席卷全球的背景下，作为在 CDM 基础上产生的一种新的履约机制，PCDM 不仅仅承担着履行国际间气候谈判所达成的减少温室气体的承诺，在一个更广阔的市场层面来看，PCDM 这一创新的商业模式，也为全社会落实低碳发展的理念提供了有效地推动机制。凭借 PCDM 这种基于市场的碳交易机制，一些原本不具备投资吸引力的低碳项目，获得了可用于项目融资的优质碳资产，这有效地降低了众多低碳项目融资的难度，大大拓宽了开发低碳减排项目的平台。

PCDM 机制的特点、优势以及基于项目类型的应用案例已经在本书前面的章节中进行了详细的介绍。对于这种基于国际碳市场而建立的新兴的商业模式而言，其未来的发展前景也是一个值得深思的问题。PCDM 的兴衰前景，显然与其所赖以建立的国际碳市场的发展有着密切的关系，与此同时，作为一种商业模式，能发挥其作用的空间和需求同样也决定着 PCDM 未来的前景。本章首先介绍未来国际碳市场的发展形势，探讨 PCDM 机制赖以发展的基础是否具有支持其广泛应用的前景；其次，结合中国低碳产品市场推广的需求，以及政府在实现低碳发展、落实低碳政策方面的需求，进一步分析 PCDM 机制在国内低碳发展和转型过程中将起到的作用及其发展前景。

10.1　国际气候谈判现状及影响

国际气候谈判的成果对碳市场未来的发展其中至关重要的作用，国际气候框架如何制订也必然会影响到建立于国际碳市场格局上的 PCDM 项目。

10.1.1　德班气候大会的成果

在 2011 年 11 至 12 月召开的德班会议上，经过各方异常激烈的谈判与交锋，一个相对平衡的一揽子协议被参会各方所接受。会议通过了一系列成果文件，包括《联合国气候变化框架公约》（以下简称《公约》）第 17 次缔约方会议通过的 19 项决定，《京都议定书》（以下简称《议定书》）第 7 次缔约方会议通过的 17 项决定，其中最为引人瞩目、最具深远影响的有 3 份文件，即《关于设立加强行动的德班平台特设工作组的决定》《关于公约长期合作行动特设工作组工作结果的决定》以及关于《京都议定书》附件1——《国家进一步承诺特设工作组工作结果的决定》。

这3份成果文件体现了德班一揽子协议的核心，标志着国际社会已基本完成了落实巴厘路线图双轨谈判的任务，并确定了2013~2020年应对气候变化国际合作的基本框架和主要安排。巴厘路线图下设《公约》和《议定书》两个特设工作组在2012年完成相关后续任务后，于多哈会议上结束使命，正式退出历史舞台。启动了一个旨在确定2020年后国际气候安排的谈判进程，相关谈判将通过在《公约》下新设立的"加强行动德班平台特设工作组"开展，并计划于2015年完成任务，最终目标是要达成一项全球参与减排的议定书或取得有法律效力的结果。从时间跨度上看，2013~2020年的合作机制可以称作为过渡期安排，在过渡期内，京都议定书第二承诺期将继续执行，在《公约》下也已经就减缓、适应、资金、技术和能力建设等问题做出了相应的安排。2020年之后，如果谈判进展顺利，届时极有可能会开始实施一项所有主要国家都参与减排的法律文件。

在发展中国家的强力推动下，以欧盟为主要代表的部分发达国家，包括欧盟、挪威、澳大利亚与新西兰最终同意加入第二承诺期。为避免两个承诺期之间出现空档，各方原则同意第二承诺期从2013年1月1日起开始实施。2012年，各方将继续就如何将发达国家承诺的减排目标转化为量化减限排义务展开谈判，并在2012年底的多哈会议上完成任务，最终将这些量化减排义务纳入第二承诺期。

此外，各方还就适用于《京都议定书》第二承诺期的有关实施规则达成了共识，包括就灵活履约机制，土地利用、土地利用变化与林业（LULUCF）规则，温室气体种类、排放源、计算温室气体排放量的共同标准等方法学通过了相关决定，并就如何应对发达国家减排措施对发展中国家经济的潜在环境、经济与社会影响达成了相关共识。

总体上，第二承诺期的相关实施规则和方法学基本沿用了第一承诺期的相关规则，特别是清洁发展机制、联合履约和排放贸易3种灵活履约机制得到了保留与延续。与此相对应，针对CDM，本次会议还通过了对执行理事会进一步指导的决定，就如何进一步提高CDM的效率、环境完整性及实现公平地域分配等问题给出了指导意见。会议还通过了有关CDM项目实质性标准（Materiality

Standard）的决定，这有助于提高透明度，提高 CDM 项目审定与注册的效率。

10.1.2　国际气候谈判对碳市场的影响

在 2011 年底召开的德班会议上，一个重要的成果便是主要发达国家对《京都议定书》第二承诺期的实施达成了政治承诺，确保了国际碳市场能以某种方式得到延续。德班会议的成果也使得 CDM 继续成为向碳市场提供合法、合规的碳减排信用的生产手段。然而要推动碳市场长期发展，尤其是满足强制减排需求的抵消类碳交易市场的发展，使未来碳市场重新走向繁荣，还有赖于有效需求的增长。

目前，国际碳市场处于低谷，国际气候谈判也仍然处在僵局中。随着《京都议定书》第一承诺期的即将结束，包括 PCDM 在内的国际碳交易均出现了一定程度的衰退。然而，尽管在这样悲观的预期下，利用 PCDM 来推动低碳技术的应用与发展依然被主要买家和开发机构视为优质的项目类型，并得到了联合国清洁发展理事会的积极评价。因此可以说这类项目是后京都时代最被看好的 CDM 项目。另一方面从长远看，全球碳市场也不会消失。国际社会应对气候变化的进程不太可能出现停滞或倒退，各国应对气候变化与推进低碳绿色发展的政策行动已没有回头路可走，在京都议定书第二承诺期尚不能就具体减排量达成国际协议的情况下，作为目前最大的碳市场，欧盟仍然将继续按其既定目标实施减排方案，这个最大的碳市场依然存在。此外诸如澳大利亚、韩国、美国加利福尼亚州等地区的一些新兴碳市场也在快速建立。总体而言，国际碳市场发展处在长期看好、短期存在不确定性的特殊阶段。

10.2　碳市场的发展趋势

10.2.1　欧盟碳市场的需求

目前，欧盟仍是国际碳市场的最主要参与方，也是国际碳市场最大的需求方，其相关政策和立场走向对碳市场的未来发展仍具有举足轻重的影响，但目前面临经济下滑、碳抵消信用供过于求的问题，导致欧盟温室气体排放贸易机制第三期对抵消信用的需求不足，再加上欧盟有关在 2012 年后只购买最不发达国家及与其订立双边协议的国家的减排量的规定依然没有改变，短期内欧洲买家大量购买 CDM 减排量的可能性不大。尽管碳市场的整体预期显示出不景气，但是对于 PCDM 而言，却有利好的信息。欧盟已明确对 2012 年底前注册的 PoA，后续 CPA 可以在 2012 年后继续纳入，且其产生的减排量欧盟依然接受。对于中国这样的 CDM 大国来说，一方面需要我们做好准备以应对欧盟对风电、光伏发电、水电等传统低碳项目愈发严格的购买要求；另一方面也需要我们进一步拓宽低碳项目开发的思路，充分利用好欧盟对 PCDM 给予的优惠条件，将有价值的低碳技术或产品进一步向普通居民推广应用，启动低碳技术产品的广阔的民用市场。

德班会议前夕，受欧盟委员会环境与气候行动总司的委托，英国 AEA 技术服务公司、斯德哥尔摩环境研究所、欧洲政策研究中心、CO_2 逻辑（CO_2 Logic）等机构联合发表了一份题为《清洁发展机制有效性的研究报告》，对 CDM 的优势和存在的缺陷进行系统全面的分析，并对 CDM 的改革以及设立新的市场机制提出了相关政策建议。报告虽然不是欧盟的政策文件，但分析该报告的内容，有助于从另一个侧面了解欧盟相关政策的深层次考虑与出发点，有助于我们了解欧盟的立场及其未来政策走向。

欧盟在该报告中指出了目前 CDM 项目实施中存在的 5 方面的问题：①认为在 CDM 项目实施中不能有效地实现可持续发展目标；②基准线的设定与额外性存在问题；③存在排放泄漏的风险和扭曲竞争的问题；④对技术转让的贡献有限，且只集中在少数一些国家和行业；⑤缺乏规模和成本效益。

针对上述缺陷和不足，报告主要提出了针对 CDM 的两大类改革措施：第一类改革措施针对 CDM 管理机构执行理事会，主要影响 CDM 的供应；第二类改革措施针对欧盟及其成员国，重点针对需求侧。

尽管近期欧盟由于其自身经济原因，在碳市场上无法像过去几年那样作为强大的需求方来带动碳市场的繁荣，但也应该看到一些积极的信号：在德班会议上，正是由于欧盟的坚持最终使得包括 35 个工业化国家在内的主要经济体同意从 2013 年 1 月 1 日开始继续《京都议定书》第二承诺期，使得碳市场仍能继续发展。此外，欧盟已确定了其排放权交易体系不仅将会延续到 2020 年，期间其范围亦将不断扩大。例如将航空业纳入其管制范围，规定自 2012 年 1

月 1 日起，所有在欧盟机场起降的航班对超出核定限额部分需要购买相应排放额度。甚至欧盟内部一些专家已在考虑将 2020 年的减排目标提高至 30%，而原来的目标是比 1990 年排放水平减少 20%。

上述内容中可以看出，受经济不景气拖累的欧盟仍然寄希望于领导全球碳市场来体现其国际地位，进而占领未来全球低碳发展的主导地位，因此坚持碳市场长期发展的信心十分坚定。有理由相信，当欧盟从其自身的经济危机中解脱出来以后，仍然会成为全球最主要的碳市场需求方。

10.2.2 即将开启的澳大利亚减排信用新需求

2012 年 7 月 1 日起，澳大利亚固定碳价机制正式进入实施阶段，并将于 3 年后自动过渡为碳交易机制。目前，澳大利亚政府正在积极开展启动碳交易机制的相关准备工作，包括研究未来浮动碳价的定价机制问题，相关抵消机制的利用，以及与新西兰、欧盟等探讨相关碳交易机制对接的问题。从效果上看，这 3 方面的准备工作都与合理控制碳交易机制的未来运行成本相关，由此看出经济可承受性是澳大利亚政府在推进碳交易机制时所关注的一个重要问题。

一般而言，放宽对抵消机制的使用限制有助于降低运行成本，为此澳大利亚已在国内启动了"农业碳汇机制"（CFI），并正在与印尼协商通过实施相关森林减排计划帮助澳大利亚企业完成义务的可能性。但澳大利亚在处理相关抵消机制时，采取了内外有别、国内优先的原则。这主要体现在，不对国内抵消机制 CFI 产生减排量的使用设置上限，也不进行价格干预，但却对国际抵消机制产生的减排量设置使用上限，并进行价格干预。

澳大利亚相关立法明确规定，未来在碳交易阶段，企业每一遵约年度内可提交的国际抵消信用不能超过其当年实际排放量的 50%。目前，澳大利亚对国际抵消机制的类型和来源尚未最终做出清晰界定，未来这一市场的容量有多大，可为国际碳市场提供多大的需求，仍需要持续观望。但可以肯定的是，澳大利亚气候变化部发言人表示，澳大利亚的碳交易机制立法允许参与者使用 CERs 来实现其减排目标。这一表态表明，澳大利亚政府对使用 CERs 满足国内减排需求充满了信心，一个新的碳市场需求方正在逐步形成。

10.2.3　加拿大魁北克省2013年启动碳交易机制

在加拿大政府宣布退出《京都议定书》之时，加拿大魁北克省却通过了一项意在建立温室气体总量控制与贸易的机制。该计划将促使魁北克省实现2020年实现比1990年减排20%的目标。2012是过渡年，政府将允许纳入的排放实施及市场参与方熟悉该体系的运作流程，排放设施可以进行任何必要的调整以满足相应要求。2013年1月1日起，该交易机制将正式启动。

魁北克省75家温室气体年排放量超过25 000t的高能耗企业将被纳入这一体系，涉及铝业、采矿及水泥等行业。企业最初将被要求其温室气体年排放不能超过25 000t，如果超标则需要从其他公司购买配额抵消。政府设定的初始碳价为每吨10加元。该交易机制将在2015年扩展到其他行业。

10.2.4　美国国内碳市场的潜在需求

2000年之前，全球气候谈判都是由美国推动和主导的，但2000年美国以"减排活动会增加美国企业成本"为由，拒绝签订《京都议定书》，宣布放弃气候变化的领导权。美国围绕气候问题的国内政治氛围跌入谷底，在联邦政府层面，气候变化甚至成为一个政治家们不敢触碰的禁区。奥巴马政府上台后，一改布什政府抵制联合国气候变化框架协议的立场，表示将"建设性"地参与气候谈判，并提出了《清洁能源安全法案》，希望在联邦层面建立交易体系，以此刺激新能源产业发展，促进经济复苏。在此大环境下，加利福尼亚州的碳交易体系也让人看到了美国国内碳市场发展的希望。按计划，加利福尼亚州碳交易体系即将于2013年正式启动运行，相关准备工作也在有条不紊地进行。2012年初，加利福尼亚州公共事业委员会（PUC）可能还会进一步批准太平洋煤气与电力公司（PG&E）、爱迪森南加利福尼亚公司（SCE）、圣迭戈天然气和电力公司（SDG&E）三大私营公用事业的温室气体采购计划。

加利福尼亚州的碳交易计划是其主导的西部气候倡议（WCI）的一部分。目前加利福尼亚州和魁北克省仍在积极努力促成倡议的落实，加利福尼亚州和魁北克计划在今年8月15日联合建立EUETS之外第二大跨境碳排放交易市场。如果按计划完成对接，加利福尼亚州和魁北克省届时将统一举行第一次排放配额拍卖会。魁北克省在2013年预算了2370万t碳排放配额，而加利福尼亚州则为1.65亿t配额。不列颠哥伦比亚等其他加拿大省份目前还仍未就加入WCI排放交易体系做出明确表示。不列颠哥伦比亚省表示，将排除多方面干扰因素，以便做出最终的明智决定。

美国另一个温室气体排放交易机制——东北区域温室气体倡议（RGGI）在陷入困境后于2011年底出现了微弱复苏的迹象。RGGI包括的9个州按计划将拍卖1.41亿t用于2012年交付的排放配额，拍卖将按季度进行。RGGI已发布了年度配额拍卖时间表，并确定最低报价从去年的1.89美元/t上涨到1.93美元/t。RGGI还宣布，6个成员州已决定将2009~2011年间未出售的6700t到8700万t的配额将从市场流通中退出，且不能够重新出售，这将有利于碳市场价格回归到合理水平。

随着美国碳市场的发展，以及美国政府对承担应对气候变化责任的态度发生转变，美国碳减排市场也将对可用于抵消的减排量释放出大量的市场需求。尽管目前我们还不清楚美国碳市场最终的发展走向和速度，但是考虑到美国巨大的排放总量，如果这个市场需求方真正形成，那么对于国际碳市场的繁荣将起到极大的刺激作用。

10.2.5 韩国碳交易机制建立取得实质进展

作为亚洲第四大经济体的韩国，韩国承诺到2020年将在1990年的基础上减少30%的碳排放，面对非常紧迫的减排形势。2012年5月，韩国国会高票通过全国碳交易体系法案。该碳排法案2015年1月正式生效，为韩国与世界其他地方的减排机制接轨创造了条件。根据法案，企业可以买卖碳排许可或者去购买联合国清洁机制框架下的碳汇，满足自身的排放要求。目前阶段，韩国碳交易机制的具体内容还在研究中，不过据最新的法案草案，韩国碳交易将囊括全国60%的温室气体排放量。排放限制将适用于每年CO_2排放量超过12.5万t的企业，或年排放量达2.5万t的工作场所。

综上所述，在全球气候谈判的博弈中，各国为了更多地争取和维护自己的利益，使得全球达成一直的减排目标在短期内成为一个无法实现的目标。然而主要发达国家和发展中国家在应对气候变化领域所持有的积极态度却是明确的。正是基于此，各国才能在仍然存在很多争议的前提下就《京都议定书》第二承诺期的实施达成妥协。也正因为应对气候变化已经成为世界各主要大国致力于解决的问题，因此一个旨在以 2020 年达成一项全球参与减排的议定书为目标的国际气候谈判进程被正式启动。这些努力将为碳市场的长期发展奠定坚实政治基础和长期看好的市场预期，而眼下的全球碳市场发展低迷则仅仅是阶段性的。随着欧盟经济复苏、世界其他国家或地区的碳市场逐渐发展成熟，整个碳市场对碳减排量的需求将会不断增加。建立在此基础上的 CDM 作为最成熟和有效地低成本减排机制，显然具有很大的应用空间，而 PCDM 这种创新的模式也将会随着不断地完善成为一种更为有效的开发优质碳资产的机制。

10.3　PCDM 对于我国低碳发展和转型的推动

伴随全球低碳理念的不断深化，低碳所带来的已不是一个简简单单的观念和思考，也不仅仅是处于应对气候变化的需要而被动回应。实际上，一场深刻的低碳变革已经展开，从我国政府在"十二五"规划纲要中提出的实现低碳发展和转型的总体规划方案可以预期，低碳的影响力将在方方面面发挥其影响力。在这个背景下，从企业到政府，都已经意识到了需要对自己传统的经营管理方式有所创新和改变，以适应低碳发展和转型的需要。在这个过程中，我们相信，基于国际碳市场的发展而建立起来的 PCDM 对企业和政府来说，将在其转变过程发挥积极地推动力。

10.3.1　PCDM 成为低碳经济下创新的商业模式

为应对气候变化、实现低碳发展，节能减排成为目前公认的最有效的措施。在各种节能减排的项目中，民用低碳产品与技术的推广使用尽管从单个个体上看，减排效果并不显著，但由于其覆盖群体广泛，产品类型多样，因而在宏观层面能够产生巨大的减排效益。例如，以澳大利亚和欧盟主要国家为代表的一些发达国家率先提出了淘汰白炽灯的倡议，希望通过照明系统节电，带动全球应对气候变化的实际行动。中国政府也高度重视节能产品的推广应用，

2007 国家发展和改革委员会与财政部联合发布《高效照明产品推广财政补贴资金管理暂行办法》，支持高效照明产品的推广使用。2009 年为加快推进节能减排、推广节能灯，国家发展和改革委员会主持研究编制了《中国逐步淘汰白炽灯、加快推广节能灯行动计划》。

对于节能灯一类的民用低碳产品的推广使用而言，每一个低碳产品的使用所产生的减排量是很微小的，但当推广使用数量累积到一定量后，其整体减排效益则非常巨大，正如本书第四章中介绍的节能灯推广案例，类似的这种商业推广模式对于 PCDM 来说是发挥其效益的理想平台。

在节能减排，低碳发展的大环境下，国家对节能产品的推广应用给予了越来越高的重视。在政策方面，国家逐步实施了一系列推广节能产品的鼓励政策，并且不断地出台一些新的激励措施。在市场方面，考虑到当前我国节能产品的市场普及率，以及民众对节能产品认可程度的逐渐增加，未来节能产品将具有很大的市场需求空间。以节能灯为例，据统计，2008 年至今中央已通过财政补贴方式推广节能灯数量超过 4 亿盏，取得了良好的环境效益。但在推广节能灯的实践过程中，"淘汰难，推广难"的问题仍然不可避免，尤其是在我国广大的农村地区和经济欠发达地区，由于成本收益的原因，使得通过节能照明设施的使用来实现节能减排的措施没有得到足够的重视，显然这是一个被忽略的巨大的市场空间。2011 年 11 月 1 日，国家出台了《关于逐步禁止进口和销售普通照明白炽灯的公告》，决定从 2012 年 10 月 1 日起，按功率大小分阶段逐步禁止进口和销售普通照明白炽灯。该措施的出台，对于节能灯的推广和普及无疑是重大的政策支持，但由于节能灯的价格高于普通白炽灯，缺乏市场竞争力，目前并不被民众普遍接受；而政府也无力承担高额的补贴成本，因此政策实施效果的体现还需要采取有效措施予以落实，利用 PCDM 和国内即将形成的碳市场机制便能够成为有效地解决目前机制障碍的一个抓手。通过 PCDM 建立合理的市场机制来带动节能灯的普及应用是真正可持续的方式，通过碳资产开发将节能灯的节能减排潜力通过经济方式量化出来，提高节能灯产品推广的成本收益，是用市场机制推广应用节能灯的重要思路。这种思路，对于其他节能产品和服务的推广应用同样具有指导意义。

对于企业来讲，PCDM 作为低碳产品销售模式创新的基础，使节能产品或技术的生产研发企业可以不再依赖于批发商和零售商等传统市场渠道，不仅打破了"一手交钱,一手交货"的传统交易模式,还有效地提升了企业融资能力。近年来,国电龙源电力技术工程有限责任公司、华能新能源股份有限公司和大唐国际发电股份有限公司等新能源企业纷纷上市融资,而其招股说明书中专门对碳减排予以描述,将销售核证减排量和自愿减排量纳入业务介绍中,并指出碳减排收益占其净利润的比重逐年增加。如此着墨,无不传递出碳减排收益可以作为企业融资资产的一部分,并给投资者建立较强的预期。而由于PCDM项目的注册代表着一个规模不限的集团式规划或地域规划的形成,并且规划下项目的纳入程序简化(项目是否符合纳入标准由协调管理机构判断,DOE审查确认即可),其可给投资者带来的收益预期则会更强。

另一个不容忽视的方面是由于PCDM的信息化、透明化和标准化的要求,企业利用PCDM项目推广其产品与技术、获取碳减排收益的同时,其管理水平也无形中得到了很大提升,由于PCDM的相关规则、要求源于公认的国际规则,再加之PCDM项目本身的规模化效应,这种质量管理体系的推行将对产业规则产生重大影响,并可能改变行业规则,从而成为国家量化考核低碳试点示范可参考的标准体系。而对这种管理模式的长期坚持,将有助于企业逐渐形成一种文化,渗透到企业经营的各个角落,推动企业的可持续发展。

应对气候变化和低碳发展的趋势不会改变,国际碳市场类似于股票市场同样会有"熊市"和"牛市",碳价总会有回升的时候。预测未来碳市场的发展,最值得我们关注的利好信息是中国国内碳市场的建立。根据"十二五"规划中明确提出的中国将逐步建立碳排放交易市场,在《"十二五"控制温室气体排放工作方案》和《关于开展碳排放权交易试点工作的通知》等政策的指导下,目前国内碳交易市场建立的宏观政策环境已逐渐形成,具备了碳交易的需求前提和供应前提、具备了利用市场手段完成减排目标的政策前提。2012年6月国家发展和改革委员会出台了《温室气体自愿减排交易管理暂行办法》(简称《暂行办法》),这也标志着中国国家层面碳市场的建设开始启动。此外,各试点省份已经完成了碳交易方案的制订,并提交国家批准,预计在2013年国内地方试点碳市场将建立起来。根据《暂行办法》相关规定,现有联合国清洁发展机制下的相关方法学和规则将被接受用于国内的自愿减排交易项目,由此可以断定,各地方碳交易试点也将基于现有的CDM规则机制开展起碳交易,这为PCDM在我国碳市场的应用奠定了基础。

具备了对国内碳市场发展前景的良好预期，也有了对 PCDM 在国内碳市场应用的规则基础，相信 PCDM 作为一种低碳经济下的创新商业模式将有很好的应用潜力。

10.3.2 PCDM 成为低碳发展下高效的政策工具

PCDM 具有"易于规模推广，申请流程简单"的特点，因此政府可以考虑将已有政策工具与 PCDM 捆绑使用，提高政策目标的可操作性，降低低碳技术的实施成本。PCDM 工具可以帮助政府实现扶贫目标、新能源发展目标、分布式能源推广目标，同时，PCDM 工具还能帮助区域政府进行低碳试点工作。

我国政府十分重视扶贫开发工作，随着《国家八七扶贫攻坚计划（1994–2000 年)》和《中国农村扶贫开发纲要（2001–2010 年)》的实施，扶贫事业取得了巨大成就。为进一步加快贫困地区发展，促进共同富裕，实现到 2020 年全面建成小康社会奋斗目标，制定了《中国农村扶贫开发纲要（2011–2020 年)》（以下简称《纲要》)。《纲要》提出，坚持政府主导，坚持统筹发展，更加注重转变经济发展方式。沼气利用、节能灯、太阳灶等低碳技术技能改善贫困地区人民的生活质量，同时，又能为实现节能环保减碳目标做出贡献。"十二五"规划中，也提出了要在农村大力发展沼气和太阳能等技术。但上述技术实施成本较高，不利于大范围推广，如果引入 PCDM 工具可以很好地解决成本。

对于新能源技术发展而言，"十二五"规划纲要明确提出培育发展包括新一代核能、太阳能热利用和光伏光热发电、风电技术装备、智能电网、生物质能在内的新能源产业。由于光伏光热发电项目规模相对规模较小，不适合作为 CDM 项目进行开发，但 PCDM 不受规模限制，可以作为此类项目的开发工具。新能源汽车产业重点发展插电式混合动力汽车、纯电动汽车和燃料电池汽车技术。现有 CDM 方法学中适用于新能源汽车的是 AMS III. C.，由于该方法学属于小方法学，单个项目的减排量要求小于 6 万 t。目前，新能源汽车都是在一定区域（大城市）进行推广，小项目方法学减排量的限制不适合此种新能源汽车的推广模式，PCDM 可以很好地解决这个问题，从而推动该项技术的规模应用。

"十二五"规划纲要提出了促进分布式能源系统应用推广的战略目标。2011年10月，国家发展和改革委员会等四部委联合印发了《关于发展天然气分布式能源的指导意见》（发改能源［2011］2196号），其中明确了"十二五"期间分布式能源示范项目的规模，建设1000个左右天然气分布式能源项目，2020年，在全国规模以上城市推广使用分布式能源系统，装机规模达到5000万kW。分布式能源单个项目装机较小，一般在6～15MW，非常适合采用PCDM。

2010年7月，国家发展和改革委员会印发了《国家发展改革委关于开展低碳省区和低碳城市试点工作的通知》（发改气候［2010］1587号）。在城市范围内，建筑耗能是主要的温室气体排放源，做好建筑节能工作，才能做好低碳城市的试点工作。目前，有3个小项目方法学（AMS II. E.，AMS II. M.，AMS III. AE.）适用于PCDM。因此利用好PCDM工具，推动建筑节能减碳技术的应用，可成为低碳试点省区市着力用好的政策执行工具。

正如前文所提到的诸多方面，为落实国家低碳发展的战略，政府层面需要制定各地区相应的低碳规划、经济发展政策等。这些规划与政策是否落实到位，温室气体排放的约束性指标是否达到考核要求等等问题成为低碳发展中政府面临的新问题。而PCDM由于具备了与政府规划结合的特点，并且在实施过程中存在独立的第三方对项目质量进行审核，因此将PCDM与这些政策、规划配合实施，为国家考核各级政府的低碳发展成绩提供量化的、透明的、客观的考核依据和参考是新的形势下值得深入探讨的一个方向。可以相信，随着我国政府行政体系制度建设的不断深化和行政能力的不断提升，利用PCDM作为政策工具的空间还有很大。

10.4 结 论

从各国的长期发展来看，低碳发展是不可逆转的趋势，因此无论是欧盟碳市场、中国碳市场、或是其他国家的新兴碳市场都具有良好的发展前景。在大趋势向好的情景下，基于市场机制的碳交易量会逐渐增加。尤其对中国而言，可能成为世界上最大的温室气体排放国，中国的碳排放交易潜力巨大，需要有更完善的交易机制来使我国碳交易机制更合理的服务于节能减排的目标。我们不仅需要有风电、光伏发电之类的大规模减排项目引导一些新能源产业的发展，也同样需要有开发一些单个减排量小但数量大范围广的减排项目，使低碳发展很好地带动社会发展的各个层面，因此从 PCDM 的特点来看，其极有可能成为这样一个市场工具。

考虑到我国碳市场对节能低碳产品和技术的巨大需求，利用好 PCDM 不仅仅实现了更低成本的减排路径，同时也能有效地带动国内对节能低碳产品的巨大消费市场。在这一过程中，企业实现盈利，而广大经济不发达地区居民则获得了价格低廉的优质低碳产品，使 PCDM 这个模式链上的参与方实现双赢。对于政府而言，PCDM 能够成为其规划与政策有效地执行工具，甚至可以成为客观的政绩考核工具。

作为配合国家低碳发展战略实施的具体措施，我国国内碳市场的建立和逐步完善，将为我国低碳经济转型提供强大的推力。因此充分利用 PCDM 助力节能产品、低碳产品和技术的推广将有非常广阔的前景。

附　录
Annex

附录1 小型 CDM 项目规划设计表

小型 CDM 规划方案

规划设计文件表（FCDM-SSC-PoA-DD）

（02.0 版）

规划方案设计文件（PoA-DD）

部分 I. 规划方案（PoA）

章节 A. PoA 一般描述

A. 1. PoA 名称

A. 2. PoA 目的和一般描述

A. 3. PoA 协调管理机构及参与方

A. 4. 相关方

东道国名称	项目参与方 私营或公共实体	是否愿意将东道国 作为项目参与方（是/否）
名称 A（东道国）	私营实体 A 公共实体 A	
名称 B	私营实体 B 公共实体 B	
…	…	

A. 5. PoA 的物理/地理边界

A.6. 技术/措施

A.7. PoA 政府资金

章节 B. 额外性论证及资格准则开发
A.8. PoA 额外性论证

A.9. 将 CPA 纳入 PoA 的纳入准则

A.10. 方法学应用

章节 C. 管理体系

章节 D. PoA 周期
A.11. PoA 开始日期

A.12. PoA 年限

章节 E. 环境影响
A.13. 开展环境分析的层面

A.14. 环境分析

章节 F. 当地利益相关方评论
A.15. 请求当地利益相关方进行评论

A.16. 收到的评论概要

A.17. 对收到的评论作何考虑的报告

章节 G. 批准与授权

部分 Ⅱ. 共通子项目活动（CPA）

章节 A. 共通 CPA 一般描述

A.1. 共通 CPA 的目的和一般描述

章节 B. 基准线和监测方法学应用

A.2. 所选的经批准基准线和监测方法学参考

A.3. 方法学应用

A.4. 排放源和温室气体

A.5. 基准线情景描述

A.6. 共通 CPA 的额外性准则

A.7. 共通 CPA 的减排量估算

A.7.1. 方法学选择的解释

A.7.2. 需要事前报告的数据和参数（为每一个数据和参数复制该表）

数据／参数	
单位	
描述	
数据来源	
采用的值	
数据选择或测量方法及程序	
数据用途	
额外说明	

A.7.3. 减排量事前计算

A.8. 监测方法学应用和监测计划描述

A.8.1. 每个共通 CPA 需要监测的数据和参数（为每一个数据和参数复制该表）

数据／参数	
单位	
描述	
数据来源	
采用的值	
测量方法和程序	
监测频率	
QA/QC 程序	
数据用途	
额外说明	

A.8.2. 一般性 CPA 的监测计划描述

附录 1. 负责 PoA 的机构/个人的联系信息

机构	
街道/邮箱	
建筑	
城市	
州/省	
地区代码	
国家	
电话	
传真	
电子邮件	
网站	
联系人	

职位	
称谓	
姓	
中名	
名	
部门	
手机	
直拨传真	
直拨电话	
个人电子邮件	

附录 2. 有关政府资金的申明

附录 3. 方法学应用

附录 4. 减排量事前计算的更多背景信息

附录 5. 监测计划的更多背景信息

文档历史

版本	日期	版本属性
02.0	EB 66 2012 年 3 月 13 日	版本确保与"小型 CDM 规划方案设计文件填写指南"保持一致 (EB 66,附件 13)
01	EB33,附件 43 2007 年 7 月 27 日	初次采用
决议等级:规则 文档类型:表格 业务功能:注册		

附录2 小型子项目设计文件格式

小型子项目
子项目设计文件格式（F-CDM-SSC-CPA-DD）
（02.0 版）

子项目设计文件（CPA-DD）

章节 A. CPA 一般描述

A. 1. 拟议或注册的 PoA 名称

A. 2. CPA 名称

A. 3. CPA 描述

A. 4. 负责 CPA 的实体/个人

A. 5. CPA 技术描述

A. 6. 相关方

东道国名称	CPA 执行方 私营或公共实体	是否愿意将东道国 作为 CPA 执行方（是/否）
名称 A（东道国）	私营实体 A 公共实体 A	
名称 B	私营实体 B 公共实体 B	
…	…	

A.7. 地理参考或其他识别方法

A.8. CPA 周期

A.8.1. CPA 开始日期

A.8.2. CPA 预期生命年限

A.9. 计入期选择及有关信息

A.9.1. 计入期开始日期

A.9.2. 计入期长度

A.10. 估算温室气体减排量

计入期内对减排量	
年份	每年的年温室气体减排量（t CO$_2$e）
年 A	
年 B	
年 C	
年 …	
计入期总年数	
计入期内年平均温室气体减排量	
总估算减排量（t CO$_2$e）	

A.11. CPA 政府资金

A.12. 小型子项目拆分

A.13. CPA 确认

章节 B. 环境分析

B.1. 环境影响分析

章节 C. 地方利益相关方评价

C.1. 请求地方利益相关方进行评价

C.2. 收到的评价概要

C.3. 对收到的评价进行考虑的报告

章节 D. CPA 合格性及减排量估算

D.1. 所选经批准基准线及监测方法学的名称和参考

D.2. 方法学应用

D.3. 排放源和温室气体

D.4. 基准线情景描述

D.5. CPA 合格性论证

D.6. 减排量估算

D.6.1. 方法学选择的解释

D.6.2. 需要事前报告的数据和参数（为每个数据和参数复制该表）

数据／参数	
单位	
描述	
数据来源	
采用的值	
数据选择或检测方法及程序	
数据用途	
额外说明	

D.6.3. 减排量事前计算

D.6.4. 减排量事前估算概要

年份	基准线排放（t CO$_2$e）	项目排放（t CO$_2$e）	泄漏（t CO$_2$e）	减排量（t CO$_2$e）
年 A				
年 B				
年 C				
年…				
总量				
计入期总年数				
计入期内年平均				

D.7. 监测方法学应用和监测计划描述

D.7.1. 需要监测的数据和参数（为每个数据和参数复制该表）

数据/参数	
单位	
描述	
数据来源	
采用的值	
检测方法及程序	
监测频率	
QA/QC 程序	
数据用途	
额外说明	

D.7.2. 监测计划描述

章节 E. 批准与授权

附录 1. 负责 CPA 的实体/个人联系信息

机构	
街道/邮箱	
建筑	
城市	
州/省	
地区代码	
国家	
电话	
传真	
电子邮件	
网站	
联系人	
职称	
称谓	
姓	
中名	
名	
部门	
手机	
直拨传真	
直拨电话	
个人电子邮件	

附录 2. 有关政府资金的申明

附录 3. 所选方法学的应用

附录 4. 减排量事前计算的更多背景信息

附录 5. 监测计划的更多背景信息

文档历史

版本	日期	版本属性
02.0	EB 66 2012 年 3 月 13 日	版本确保与"小型子项目的子项目设计文件表格填写指南"（EB 66，附件 17）一致
01	EB33，附件 44 2007 年 7 月 27 日	首次采用
决议等级：规则 文档类型：表格 业务功能：注册		

附录3　关于样本量和可靠性计算的最佳实践范例

附件6
关于样本量和可靠性计算的最佳实践范例（01.0版）

Ⅰ　简　介

1. 清洁发展机制项目执行理事会（CDM EB，以下简称"EB"）在其第50次会议上批准了"小型CDM项目活动抽样调查指南"（简称抽样指南）。此后，在其第60次会议上，EB同意建立一个由方法学专家组成员以及小型工作组组成的联合特别工作组，来进一步编制一套通用抽样准则以及最佳范例，以涵盖大型和小型项目以及规划类项目（简称规划方案或PoA）。其还同意将该准则的内容作为指定经营实体（DOE）的指导准则，以引导其如何审定项目设计文件（PDD）中的抽样调查计划，以及如何将抽样应用于核查/核证工作。

2. EB在第65次会议上批准了"CDM项目活动和规划方案抽样调查标准"（简称抽样调查标准）。

3. 本文件列举了一些涉及大型和小型项目活动的最佳实践范例，还提供了范例来检验通过抽样调查收集到的数据的可靠性。

4. 本文件不包括下述内容，这些内容将包含在年内将要发布的另一文件中：

■ 可靠性目标中没有包含减排量保守估算时，采用的可能处理方法；

■ DOE进行审定/核查的抽样调查最佳实践范例。

A. 样本量计算的一般说明

5. 对于不同的情况，计算所需样本量的公式不同。本文件中的绝大多数范例是针对有限样本总群的，比如家用炊事炉灶或者节能灯（CFL）；也有一个污水处理厂的范例，是监测废水排放的连续流。

6. 公式使用的选择取决于：

抽样的目标参数，例如：

（Ⅰ）百分比，比如每年正常运行的炊事炉灶的比例；

（Ⅱ）平均值，比如节能灯平均运行小时数，干燥抗压强度的平均值（用于检查所生产的砖块是否具有特定质量）。

7. 也存在其他参数，如比值，但本文件指南仅包括百分比和平均值。本文件包含了使用以下 5 种抽样方法的公式和范例：①简单随机抽样；②系统抽样；③分层随机抽样；④整群抽样；⑤多级抽样。

8. 影响所需样本量的因素有若干个，其具体描述如下：

（a）该抽样参数的期望值，如通过抽样来验证已安装的炊事炉灶具有 80% 的正常运行率，还是具有 65% 的正常运行率，其所需样本量是不一样的。对于平均值来说，也是如此。

（b）方差大小会影响所需的样本量。同等置信度和精度下，抽样目标参数的方差越大，所需样本量就越大。

（c）精度水平（即±10%，参数真值的相对值），以及该精度下希望达到的置信度（即 90% 或者 95%），也影响样本量。所要求的置信度越高，精度范围越窄，样本量越大。

9. 在计算样本量时需要用到抽样参数的估算值（比例值、平均值和标准差），可以通过以下方式获得这些数值。

（a）可以参考之前的调查结果，并且使用这些结果；

（b）如果无法从之前的调查中获得任何信息，可以进行初步抽样试验，并使用该抽样结果来提供预估值；

（c）可以基于调研人员的自身经验，选用"最佳假设"。

10. 注意，如果标准差未知，但其范围（最大值～最小值）是已知的，那么，可以通过大致的"经验法则"，将其范围除以 4 作为标准差的预估值。

11. 此外，对于不同的抽样方案，还需要额外的信息，比如除了样本总群信息之外，还需要对"组群"进行预估。

12. 在有关的样本量计算中，需要额外提出 3 点。

（a）如果抽样数量计算是人工进行的话，尽可能多地保留相关的小数位数，直到获得最终的计算结果，这个做法是至关重要的。只有在获得最终结果的时候才可以进行四舍五入。但是，为了进行清楚描述，虽然实际计算中使用的小数位数远多得多，在本文件中显示的详细计算则仅仅显示少量的小数位数。

（b）鼓励调研人员进行多次样本量计算。精确的抽样参数估算值很有可能无法获得，所以，应该对可能的估算值进行计算（比例值，或平均值及标准差），并且选择最大的抽样数量。这样有助于保证所选择的样本能满足所要求的可靠性标准。

（c）这里所包含的范例的试验调查有意设置较小的样本量，以便容易对这些计算进行举例说明。在现实情况中，其应该比在本文中所使用的例子大得多。

样本量计算–小型项目范例

13. 对于以下所有的小型项目范例，均要求置信度达到90%，估算的误差范围相对值不超过±10%。

14. 本章节基于抽样参数的比例值作为项目（炊事炉灶项目）目标，在4种不同的抽样方案下计算样本量。不管采用哪种抽样方案来估算样本量，都应该事先确定以下值：①该比例预计采用的数值；②精度水平以及在该精度下的置信度（对于所有小型项目，为90/10）。

15. 对于以下所有的炊事炉灶范例，相应的比例是指炊事炉灶分发3年后仍在正常运行的数量占比；默认该比例是0.5（即50%）。假设总共分发640 000台炊事炉灶，每户1台。

范例1–简单随机抽样

16. 假设持续使用炊事炉灶的总群特征是一致无差别的。那么，简单随机抽样则是用于估算仍在正常使用的炊事炉灶的比例的合理方法。所需样本量 n 的计算公式为

$$n \geqslant \frac{1.645^2 NV}{(N-1) \times 0.1^2 + 1.645^2 V} \qquad (1)$$

式中，$V = \frac{p(1-p)}{p^2}$；n 样本量，N 总的家庭数量（640 000）；p 预期比例（0.50）；1.645代表所要求的90%的置信度；0.1代表10%的相对精度（0.1×0.5 = 0.05 = 5%指 p 的任意一侧）。

17. 代入数值，得出

$$V = \frac{0.5 \times (1 - 0.5)}{0.5^2} = 1 \qquad (2)$$

$$n \geqslant \frac{1.645^2 \times 640\,000 \times 1}{(640\,000 - 1) \times 0.1^2 + 1.645^2 \times 1} = 270.5 \qquad (3)$$

18. 因此，所需样本量最少为 271 户。其中假设有 50% 的炊事炉灶在正常运行和使用。如果改变之前认为的炊事炉灶实际运行百分比 p，则需重新计算样本量。

19. 注意，271 户这个数，是指实际调查后具有调查数据进行分析的 271 户家庭。如果我们预期所抽样的家庭的反馈率仅为 80%，那么就需要相应增加样本量。于是，需要对 271/0.8 = 339 户家庭进行抽样。

20. 如果我们没有相应增大样本量，仍只有 80% 的反馈率，那么我们则只能收集 216（271×0.8 = 216）户家庭/炉灶的资料，从而使得精度水平受到不利影响。我们可以将 $n = 216$ 带入以下公式，来计算实际达到的精度水平：

$$\frac{1.645^2 \times 640\,000 \times 1}{(640\,000 - 1) \times \text{precision}^2 + 1.645^2 \times 1} = 216$$

式中，precision 为相对精度。

21. 这样得到的相对精度为 0.111 9 或者是 11.2%，而不是所要求的不超过 10%。所以，如果不考虑预期反馈率，进而调整估算的样本量，就会使误差范围增大。

22. 对此，一个解决方法是进行补充抽样。该补充抽样将需要调查 69 户家庭，其中，假设反馈率为 80%，从而获得另外 55 户家庭的资料（69 户家庭的80%）。将补充的样本添加到现有 216 户家资料中，得到 271 户家庭的资料，从而满足所要求的 90/10 的可靠性。

近似公式

23. 上面所使用的公式是简单随机抽样理论的准确方程。当总群数量很大（或者无限）的时候，则可以使用近似公式，忽略总群大小的实际数量（N）。用于 90/10 的置信度/精度的近似公式是

近似公式		前述范例的样本量
比例数据 $n = \dfrac{1.645}{0.1^2}$	$V = \dfrac{p\,(1-p)}{p^2}$	$271 = \left(\dfrac{1.645^2 \times 1}{0.1^2}\right)$

对近似公式的几点说明：

24. 因为该范例中样本总群量很大，由精确公式和近似公式计算的样本量没有差异。但是，总群数量较小（$N<5000$）以及 p 值较小（小于 0.5）的话，就会存在差异。

25. 由于精确公式能够方便计算，我们推荐使用精确公式，而不是近似公式。这有助于避免判断总群数是否足够大到可以使用近似公式。

26. 由于不反馈而需要增大样本量的情况也适用于近似公式。

范例 2-分层随机抽样

27. 这次，炉灶分发到个不同的区，并且特定区里的炉灶正常使用率有别于其他的区[①]。在这种情况下，我们希望在进行抽样的时候考虑区之间的差异，确定每个区仍在正常运行的炉灶比例，以及各区总群数量，分别从各个区进行独立抽样。

区	该区内分发炉灶的户数（g）	该区内仍正常运行炉灶的比例（p）
A	76 021	0.20
B	286 541	0.46
C	103 668	0.57
D	173 770	0.33

注：所有的区涵盖了总群的总数量（各区总数之和＝总群数量）。

28. 用于计算总样本量的公式是

$$n \geqslant \frac{1.645^2 NV}{(N-1) \times 0.1^2 + 1.645^2 V}$$

式中：$V=\dfrac{\mathrm{SD}^2}{\bar{p}^2}$；$\mathrm{SD}^2$ 是指总方差；$\bar{p}$ 是总体比例。

29. 然后，为了决定每个区抽样户数，我们可以使用比例分配，让各区单元数与样本总数比例保持相同来确定各区的样本量。由此可得

$$n_i = \frac{g_i}{N} \times n \quad (i = 1, \cdots, k)$$

式中，k 是在该地区中的各个区域的编号（本范例中，$k=4$）；g_i 即 i 组（区）的样本总量（$i=1, \cdots, k$）；N，总群的样本总量。

---

① 如果每个区的预期正常比例都一致，则应该使用简单随机抽样。

30. 我们使用上表中的数字来计算总体方差①，以及仍在正常使用的炊事炉灶的比例。

$$SD^2 = \frac{\begin{array}{c}(g_a \times p_a(1-p_a)) + (g_b \times p_b(1-p_b)) + \\ (g_c \times p_c(1-p_c)) + \cdots + (g_k \times p_k(1-p_k))\end{array}}{N}$$

$$\overline{p} = \frac{(g_a \times p_a) + (g_b \times p_b) + (g_c \times p_c) + \cdots + (g_k \times p_k)}{N}$$

式中，p_i 是第 i 组（区）的比例，$i = a, \cdots, k$。

将表格中的 SD^2 和 $\overline{p}$ 数值代入以上的公式中，可得：

$$SD^2 = \frac{\begin{array}{c}(76\ 021 \times 0.20 \times 0.8) + \cdots \\ + (173\ 770 \times 0.33 \times 0.66)\end{array}}{640\ 000} = 0.23$$

$$\overline{p} = \frac{\begin{array}{c}(76\ 021 \times 0.20) + (286\ 541 \times 0.46) + \\ (103\ 668 \times 0.57) + (173\ 770 \times 0.33)\end{array}}{640\ 000} = 0.41$$

因此：

$$V = \frac{SD^2}{\overline{p}^2} = \frac{0.23}{0.41^2} = 1.37$$

将 V 代入我们的抽样数量公式中，可得

$$n \geqslant \frac{1.645^2 \times 640\ 000 \times 1.37}{(640\ 000 - 1) \times 0.1^2 + 1.645^2 \times 1.37} = 367.0$$

31. 所需要的总抽样数量为 367 户家庭。那么，其需要根据每个区的数量进行分配，以获得每个区应该进行抽样的家庭数量。

总公式为

$$n_i = \frac{g_i}{n} \times 11$$

区 A：$n_a = \frac{76\ 021}{640\ 000} \times 367 = 43.7$

区 B：$n_b = \frac{286\ 541}{640\ 000} \times 367 = 164.8$

区 C：$n_c = \frac{103\ 668}{640\ 000} \times 367 = 59.6$

---

① 比例值的方差计算为：$p(1-p)$。

附 录

区 D：$n_d = \dfrac{173\ 770}{640\ 000} \times 367 = 99.9$

32. 对各个区的抽样数量进行进位取整，得到每个区中抽样的家庭数量，区 A 为 44，区 B 为 165，区 C 为 60，而区 D 为 100（由于各个区的抽样数量进行取整，这些数量的总数比所需要的抽样数量略大）。

33. 注意，这些抽样数量并没有考虑无反馈的情况。如果所有区的预计反馈率为 75%，那么则用每个区的抽样数量除以 0.75；当考虑到无反馈的情况时，会导致更大的样本量。

范例 3–整群抽样

34. 现在考虑另外一种情景。这些家庭并非位于不同片区，而是被"组群化"或者分割到若干村落。我们无需考察大量的单个家庭，而是考察其中一部分村庄，并对各村庄中的每户家庭进行抽样。

35. 在这个范例中，样本总群由 120 个村庄组成，各村庄所含的样本总数都大致相等。为了了解仍在正常使用的炉灶比例和这些比例值之间的方差，已经进行了一个小规模的初步抽样。

村庄	各村庄中仍在正常使用的炉灶的预估比例
1	0.37
2	0.48
3	0.50
4	0.27
5	0.68
平均（p）	0.46
方差 SD_B^2	0.024

36. 其平均值（p）$\dfrac{0.37+0.48+0.50+0.27+0.68}{5} = \dfrac{2.3}{5} = 0.46$，而群集之间的方差为

$$SD_B^2 = \frac{1}{n-1}\sum_{i=1}^{n=5}(p_i - \bar{p})^2 = \frac{(0.37-0.46)^2 + (0.48-0.46)^2 + \cdots + (0.68-0.46)^2}{4}$$

$$= \frac{0.0946}{4} = 0.0237$$

需要抽样的村庄数量的计算公式为

$$c \geqslant \frac{1.645^2 MV}{(M-1) \times 0.1^2 + 1.645^2 V}$$

式中，$V = \dfrac{\mathrm{SD}_B^2}{\bar{p}^2}$ 为组群之间的方差（村庄）/平均比例；c 为需要抽样的组群数量（村庄）；M 为群集的总数（村庄），其必须包括总群的全部数量；1.645 代表所要求的 90% 置信度；0.1 代表所要求的 10% 相对精度。

37. 将数值代入到上述公式中，得出所需要抽样的村庄数量为

$$V = \frac{\mathrm{SD}_B^2}{\bar{p}^2} = \frac{0.0237}{0.46^2} = 0.11$$

$$c \geqslant \frac{1.645^2 \times 120 \times 0.11}{(120-1) \times 0.1^2 + 1.645^2 \times 0.11} = 24.3$$

38. 因此，需要对 25 个随机选择的村庄内每户家庭进行抽样。这个抽样方法假设各个村庄之间是一致的。在这个范例中，这意味着，在一个村庄中仍在正常使用的炉灶的比例是独立于所有其他因素的，这些因素包括：片区（参考范例 2-分层抽样）、经济状况等等。如果这些比例与其他某个因素有关联的话，则可以在该因素的每个"层"中进行组群抽样。

39. 因为整群抽样是处理来自整个组群的数据（在本范例中，即各个村庄），除非在一个村庄中存在较高的无反馈率，否则该村内存在无反馈样本（在本范例中，即家庭）则不是个大问题。如果在一个村庄中只有一两个数据无法收集，但其他用户的数据都能正常收集的话，仍可获得该村庄内的有用比例值。

范例 4-多级抽样

40. 多级抽样可以看做是先抽取一定数量的组群，然后再对抽取的每个群组中的单元进行抽样。仍以炊事炉灶为例，我们希望抽取一定数量的村庄，然后在抽取的每个村庄中抽取一定数量的家庭用户。

41. 现在 120 个村庄，平均每个村庄有 50 户家庭，我们计划在每个村庄内抽取 10 个家庭用户。在一个小规模的试验调查中，我们已经获得如下信息：

村庄	炉灶的正常使用比例
A	0.37
B	0.48
C	0.50
D	0.27
E	0.68

42. 需要进行抽样的村庄数量的公式为

$$
c \geqslant \cfrac{\cfrac{SD_B^2}{\bar{p}^2} \times \cfrac{M}{M-1} + \cfrac{1}{\bar{u}} \times \cfrac{SD_W^2}{\bar{p}^2} \times \cfrac{(\bar{N}-\bar{n})}{(\bar{N}-1)}}{\cfrac{0.1^2}{1.645^2} + \cfrac{1}{M-1}\cfrac{SD_B^2}{\bar{p}^2}}
$$

式中，c 为应该进行取样的群组数量；M 为在抽样总数中的群组总数（120 个村庄）；$\bar{u}$ 为在每个群组中所需抽样的单位数量（预先确定为 10 户家庭）；$\bar{N}$ 为每个群组中的平均单元数量（每个群组 50 户家庭）；SD_B^2 为单位方差（村庄之间的方差）；SD_W^2 为群组方差的平均值（村庄变量中的平均值）；p 为总体比例；1.645 为代表所要求的 90% 置信度；0.1 代表 10% 相对精度。

43. 通过试验研究表格信息，可以计算出上述公式中的未知参数。

村庄	正常使用的炉灶比例（p_i）	各村的方差 $[p_i(1-p_i)]$
A	0.37	0.2331
B	0.48	0.2496
C	0.50	0.2500
D	0.27	0.1971
E	0.68	0.2176
$\bar{p}$	0.46	$SD_W^2 = 0.2295$
SD_B^2	0.0237	

式中：$\bar{p}$ 为烹调火炉的平均比例，$\cfrac{0.37+\cdots+0.68}{5} = 0.46$；$SD_W^2$ 是各村的平均方差，$SD_W^2 = \cfrac{0.2331+\cdots+0.2176}{5}$；$SD_B^2$ 是所有村的总体方差，即 0.37 和 0.48 等比例值之间的方差，它可以通过普通的方差计算方法来进行计算，公式为

$$
SD_B^2 = \cfrac{\sum\limits_{i=1}^{n}(p_i-\bar{p})^2}{n-1} \quad SD_B^2 = 0.0237
$$

44. 将我们的数值代入群组抽样数量公式中，可得

$$
c \geqslant \cfrac{\cfrac{0.0237}{0.46^2} \times \cfrac{120}{(120-1)} + \cfrac{1}{10} \times \cfrac{0.2295}{0.46^2} \times \cfrac{(50-10)}{(50-1)}}{\cfrac{0.1^2}{1.645^2} + \left(\cfrac{1}{(120-1)} \times \cfrac{0.0237}{0.46^2}\right)} = 43.4
$$

45. 因此，如果要从每个村庄中抽取 10 户家庭，应该抽取 44 个村庄，从而满足所要求的置信度/精度。

46. 通常采用自动计算这一有效方法，以便考察使用不同 u 值（组群下的单元数量）时需要的组群数量。

需要在每个村庄中抽取的家庭数量 u	所选抽取的村庄数量 c
5	68
10	44
15	36
20	32
30	28
50	25

47. 在这个范例中，通过将每个村庄中需要抽取的家庭数量从 10 户倍增到 20 户，所需调查的村庄数量则从 44 个减少到 32 个。

48. 注意，当 $u=$ 各村的平均家庭户数（50）时，就变得和整群抽样一样，对村内的所有家庭用户都进行调查。当 u 小于平均家庭数量时，在多级抽样中需要抽取的村庄数量将大于整群抽样中的村庄数，因为没有对抽取的村庄内的所有家庭用户进行调查。

抽样参数的平均值（节能灯项目）

49. 本章节基于抽样参数的平均值作为项目目标，在 4 种不同的抽样方案下计算样本量。不管采用哪种抽样方案来估算样本量，都应该事先确定以下值：

（a）预期平均值（所需的可靠性已在平均值的相对术语中表述）；

（b）标准差；

（c）精度水平以及在该精度下的置信度（对于所有小型项目范例，为 90/10）。

50. 以下范例基于节能灯平均每天使用小时数这一目标参数，假定为 3.5h，标准差为 2.5h。样本总群为向 420 000 个用户分发节能灯，并假定每个用户分发一只节能灯。

范例 5-简单随机抽样

51. 为了让简单随机抽样能够适用，假定在每户家庭中节能灯的使用是一致的。

52. 使用以下公式来计算样本量：

$$n \geqslant \frac{1.645^2 NV}{(N-1) \times 0.1^2 + 1.645^2 V}$$

式中，$V = \left(\frac{SD}{mean}\right)^2$（mean 是指平均值）；$n$ 为样本量；N 为总群样本总量，即家庭总数；mean 为预期平均值（3.5 小时）；SD 为预期标准差（2.5 小时）；1.645 代表所要求的 90% 置信度；0.1 代表 10% 的相对精度。

经计算

$$V = \left(\frac{2.5}{3.5}\right)^2 = 0.51$$

$$n = \frac{1.645^2 \times 420\,000 \times 0.51}{(420\,000 - 1) \times 0.1^2 + 1.645^2 \times 0.51} = 138.0$$

53. 因此，所要求的样本量最少为 138 户家庭。

54. 注意，如果我们预期抽样的家庭反馈率仅为 70%，那么将需要相应增大样本量。于是，决定抽取 138/0.7 = 198 户家庭进行调查。

55. 上述所使用的公式是准确公式。当总群样本数量很大（或者无限）的时候，则可以使用一个近似公式，忽略总群样本量（即 N）的实际大小。

近似公式

56. 遵循 90/10 的置信度/精度原则的近似公式为

$$n = \frac{1.645^2 V}{0.1^2}$$

式中，$V = \left(\frac{SD}{mean}\right)^2$；mean 为指平均值；上述范例的样本量为 $\frac{1.645^2 \times 0.51}{0.1^2} = 138$。

57. 关于近似公式的说明，请参见炊事炉灶项目抽样参数为比例值，**范例 1-简单随机抽样**下的"近似公式"部分。

范例 6-分层随机抽样

58. 本范例的关键是，和简单随机抽样不同，该方法下假定总群特征不是一致的——总群下的不同部分其使用节能灯的平均小时数不相同。

59. 假设节能灯分发在不同的片区，而每个片区对节能灯的使用情况不同（由于每个片区经济背景差异）。现在要对所有片区的节能灯用户进行抽样，以确保具有代表性。

60. 每个片区使用节能灯的家庭户数、平均时间和标准差如下：

区域	该片区内分发 CFL 的家庭户数	平均值（h）	标准差（h）
A	146 050	3.2	1.9
B	104 474	2.4	0.8
C	38 239	4.5	1.6
D	74 248	1.6	1.7
E	56 989	2.3	0.7

61. 所有 5 个片区的家庭抽样样本量为

$$n \geqslant \frac{1.645^2 \times NV}{(N-1) \times 0.1^2 + 1.645^2 V}$$

式中，$V = \left(\dfrac{\text{SD}}{\text{mean}}\right)^2$；SD 为总体标准差；Mean 为总体平均值。

62. 通过使用上述表格数据，可以估算出总体平均值和标准差。这两个公式都根据每个片区中的样本总量进行加权。

63. 总体标准差为

$$\text{SD} = \sqrt{\frac{(g_a \times \text{SD}_a^2) + (g_b \times \text{SD}_b^2) + (g_c \times \text{SD}_c^2) + \cdots + (g_k \times \text{SD}_k^2)}{N}}$$

式中，SD 为加权求得的总体标准差；SD_i，第 i 个群组中的标准差，其中 $i = a, \cdots, k$（注意，这些数值都是二次幂的，所以，群组数量实际上是群组方差自乘后的数值）；g_i 为第 i 组（片区）的数量，其中 $i = a, \cdots, k$；N 为总群样本总量。

$$\text{mean} = \frac{(g_a \times m_a) + (g_b \times m_b) + (g_c \times m_c) + \cdots + (g_k \times m_k)}{N}$$

式中，mean 为加权求得的总体平均值；第 i 组（片区）的平均值，其中，$i = a, \cdots, k$

64. 将我们范例的数值代入以上公式，得出：

$$\text{SD} = \sqrt{\frac{(146\ 050 \times 1.9^2) + (104\ 474 \times 0.8^2) + \cdots + (56\ 989 \times 0.7^2)}{420\ 000}} = 1.49$$

$$\text{mean} = \frac{(146\ 050 \times 3.2) + \cdots + (56\ 989 \times 2.3)}{420\ 000} = 2.71$$

65. 将这些数值代入求 V 的公式中，得出：

$$V = \left(\frac{SD}{mean}\right)^2 = \left(\frac{1.49}{2.71}\right)^2 = 0.3$$

因此，样本量为

$$n = \frac{1.645^2 \times 420\,000 \times 0.3}{(420\,000 - 1) \times 0.1^2 + 1.645^2 \times 0.3} = 81.7$$

66. 本范例假设按比例分配，即希望从每个片区中抽取的样本量比例，与该片区内样本总量占总群样本总量的比例是一致的。

用于计算每个片区抽取样本量的公式为

$$n_i = \frac{g_i}{N} \times n$$

片区 A：$n_a = \frac{146\,050}{420\,000} \times 82 = 29$，片区 B：$n_b = \frac{104\,474}{420\,000} \times 82 = 21$

片区 C：$n_c = \frac{38\,239}{420\,000} \times 82 = 8$，片区 D：$n_d = \frac{74\,248}{420\,000} \times 82 = 15$

片区 E：$n_e = \frac{56\,989}{420\,000} \times 82 = 12$

67. 由于进行了进位取整，所有片区样本量之和（29+21+8+15+12＝85）稍微大于通过直接计算抽样样本量得到的数值（82）。

68. 和先前的范例一样，考虑到存在无反馈的情况，应相应增大样本量。

范例7-整群抽样

69. 假设节能灯分发给50个村庄的家庭使用。我们不是从使用节能灯的所用家庭总群中进行抽样，而是抽取一定数量的村庄（村庄＝群组），然后对这些抽取的村庄中的所有家庭进行数据收集。

70. 所需抽取的整群数量 c 的计算公式是：

$$c \geq \frac{1.645^2 MV}{(M - 1) \times 0.1^2 + 1.645^2 V}$$

式中，$V = \left(\frac{SD}{Cluster\ mean}\right)^2$（Cluster mean 为群集平均值）；$M$，群集的总数（50个村庄）；1.645代表所要求的90%的置信度；0.1代表所要求的精度。

71. 为了进行样本量计算，需要村庄层面的节能灯使用情况，而不是家庭层面的。如果没有现成数据，可以开展试验调查来收集这些数据信息。本范例假设已经从 5 个村庄的试验调查中获得数据。

村庄	该村庄中所有家庭的总使用小时数[①]
A	30458
B	27667
C	31500
D	28350
E	19125

①在试验调查中，这些数据可以通过对村庄中所有家庭进行数据收集得来，或者对村庄中一部分家庭进行抽样调查，并将样本结果相应扩大到整个村庄所有家庭。

72. 计算这些数值的平均值和标准差，可得出

$$\text{Cluster mean}(\bar{y}) = \frac{1}{n}\sum_{i=1}^{n} y_i = \frac{30\ 458 + 27\ 667 + \cdots + 19\ 125}{5} = 27\ 420$$

$$\text{SD} = \sqrt{\frac{1}{n-1}\sum_{i=1}^{n}(y_i - \bar{y})^2}$$

式中，y_i 是这些村庄的使用总数；$\text{SD}_B^2 = 23\ 902\ 660$，所以 $\text{SD}_B = 4889$。

73. 这些统计数据（即平均值和标准差）可以使用统计软件轻易算出。将这些数值代入到求解所需组群（即村庄）数量的公式中，可得出

$$V = \left(\frac{4889}{27\ 420}\right)^2 = 0.03$$

$$c \geqslant \frac{1.645^2 \times 50 \times 0.03}{(50-1) \times 0.1^2 + 1.645^2 \times 0.03} = 7.5$$

74. 由此，需要抽取 8 个村庄进行调查才能满足 90/10 的置信度/精度要求。一旦抽取了一个村庄，就要对该村庄中所有家庭进行调查。

75. 上述公式假设在一个村庄中节能灯的使用情况是独立于任何其他因素的，比如经济状况。如果节能灯在某一因素下有不同的使用情况，那么可以在该因素的每一个层面上应用整群抽样。

范例 8-多级抽样

76. 多级抽样将整群抽样和简单随机抽样结合到一个二级抽样方案中，以便选取一定的群组（村庄）并在选取的群组（村庄）中随机抽取一定的单元（家庭）。如同简单随机抽样和整群抽样一样，我们假设在各个村庄中节能灯的使用情况是一致的。现在有 420 000 户使用节能灯的家庭分布在 50 个村庄中。

77. 假定希望在每个村庄中抽取 10 户家庭进行调查，通常用 u 来表示这个数据（单元）。

78. 要进行样本量计算需要以下信息：

SECTION A. 村庄内各家庭之间的方差；

SECTION B. 各个村庄之间的方差；

SECTION C. 家庭平均使用小时数；

SECTION D. 村庄层面平均使用小时数。

79. 之前的调查已经提供了 5 个村庄的用户数据，结果汇总如下。注意，在本范例中，各村庄所含的家庭数量是不相同的。

节能灯平均每天使用小时数（小时）				
村庄	家庭数量	村庄内每户家庭平均使用小时数	所有家庭总使用小时数	标准差（村庄内各家庭之间）
A	8 500	3.58	30 458	2.60
B	8 300	3.33	27 667	2.70
C	8 400	3.75	31 500	0.66
D	8 100	3.50	28 350	0.75
E	8 500	2.25	19 125	1.50
总户数	41 800			
每户总体平均使用小时数	3.28			
每个村庄平均使用小时数		27 420		
SD_B＝各个村庄之间的标准差（列数据的标准差）		4 889		
SD_W＝村庄内加权平均标准差				1.86

80. 在上表中，总体平均节能灯使用小时数是每户家庭的平均使用小时数，即

$$总体平均值 = \frac{30\ 458 + 27\ 667 + \cdots + 19\ 125}{41\ 800} = 3.28$$

81. 组群或者村庄平均节能灯使用小时数是村庄使用小时数的平均值，即

$$群集平均值 = \frac{30\ 458 + 27\ 667 + \cdots + 19\ 125}{5} = 27\ 420$$

82. SD_W^2 是村庄内的家庭之间的平均方差；其平方根（SD_W）是村庄内的平均标准差。SD_W^2 的公式是

$$SD_W^2 = \frac{8500 \times 2.60^2 + \cdots + 8500 \times 1.50^2}{41\ 800} = 3.48$$

83. 因此 $SD_W = 1.86$

式中，SD_B^2 是每个村庄使用小时数之间的方差，其平方根是每个村庄使用小时

数之间的标准差。可以使用普通的方差公式计算获得，即

$$SD_B^2 = \frac{\sum_{i=1}^{n} (y_i - \bar{y})^2}{n - 1}$$

式中，y_i 是各个村庄的总使用小时数，可以是所有家庭的平均值、可以是样本家庭的平均值。也可以是基于所有家庭或样本家庭的标准差。

$$SD_B^2 = 23\ 902\ 660$$

则

$$SD_B = 4889$$

84. 我们已经预先规定我们想要在每个村庄中对 10 户家庭进行抽样，所以我们需要计算我们需要对多少个村庄进行抽样，才能满足所要求的 90/10 的置信度/精度。

$$c \geqslant \frac{\left(\dfrac{SD_B}{Cluster mean}\right)^2 \times \left(\dfrac{M}{M-1}\right) + \left(\dfrac{1}{n}\right) \times \left(\dfrac{SD_W}{Over\ all\ mean}\right)^2 \left(\dfrac{\bar{N} - u}{\bar{N} - 1}\right)}{\left(\dfrac{0.1}{1.645}\right)^2 + \dfrac{1}{M-1}\left(\dfrac{SD_B}{Cluster\ mean}\right)^2}$$

式中，Cluster mean 为群集平均值，Over all mean 为总体平均值；M 为组群的总数（50 个村庄）；每个群集中的平均单元数量（每个村庄约 8400 户家庭）；u，预定每个组群需要抽取的单元数量（预设每个村庄抽取的家庭数 = 10 户）1.645，代表所要求的 90% 置信度；0.1，代表所要求的精度。

$$c \geqslant \frac{\left(\dfrac{4889}{27420}\right)^2 \times \left(\dfrac{50}{50-1}\right) + \left(\dfrac{1}{10}\right) \times \left(\dfrac{1.86}{3.28}\right)^2 \left(\dfrac{8400-10}{8400-1}\right)}{\left(\dfrac{0.1}{1.645}\right)^2 + \dfrac{1}{50-1}\left(\dfrac{4889}{27420}\right)^2} = 14.9$$

85. 因此，如果我们打算每个村庄抽取 10 户家庭进行调查，需要对 15 个村庄进行抽样，才能满足所要求的置信度/精度。

86. 自动计算通常是一种有效方法，这样，可以了解取不同 u 值时（在每个群组中需要抽取的单元数量）对需要进行抽样的群组数量的影响。

每个村庄中需要抽取的家庭数量 u	需要抽取的村庄数量 c
5	23
10	15
15	13
20	12
25	11

87. 和整群抽样的范例相比，在多级抽样方案中，每个村庄里要抽取的家庭数量较少，所以需要抽取更多的村庄。

88. 注意，上述范例中各村庄的家庭数量有所不同，尽管具体数量未必可知，实际情况却往往如此。这对样本量计算来说并不是关键所在。重要的是，对组群层面（村庄层面）和单元层面（家庭层面）的平均值和标准差进行合理估算，它们都要用于样本量计算。

抽样参数的平均值（砖项目）

89. 本章节包含一个基于系统抽样来计算样本量的范例，这里的研究目标是抽样参数的平均值。

对于范例的所有抽样参数平均值，需要事先知道①预期平均值（所要求的可靠性由平均值的对应项来表达）；②标准差；③精度水平以及在该精度下的置信度（对于所有小型项目范例，为90/10）。

90. 以下范例用于评估生产的砖是否符合最低质量要求；将干燥抗压强度作为检测质量的一项合适指标。事先信息表明平均干燥抗压强度为158千克/平方厘米，标准差为65千克/平方厘米。

范例9-系统抽样

91. 本范例以生产工艺为基础；计划从年生产500 000块砖的生产线上系统地每 n 块砖抽取一块砖。现在需要知道需要抽取多少块砖才能确保在90/10的置信度/精度下，平均干燥抗压强度达到158千克/平方厘米。

92. 在所需的90/10的置信度/精度下，样本量计算公式如下

$$n \geq \frac{1.645^2 V}{0.1^2}$$

式中，$V = \left(\dfrac{\text{SD}}{\text{mean}}\right)^2$。

93. 将上述平均值和标准差代入，可得出：

$$V = \left(\frac{65}{158}\right)^2 = 0.17$$

$$n \geq \frac{1.645^2 \times 0.17}{0.1^2} = 45.8$$

94. 因此，应该抽取46个样本，以满足所要求的置信度和精度水平。假定每年生产500 000块砖，而我们要抽取46个样本，就应该每 N/n 块砖抽取一

块砖——即每 10 917 块砖抽取 1 块砖。

95. 为了确保抽样是随机的，可以在第 1 块和第 10 917 块砖块之间随机选取一个起始点（起始砖块），并将其作为第 1 个样本——如从第 6505 块砖开始。持续对此后的每第 10 917 块砖进行抽样，于是第 2 个样本砖块是第 17 422 块，第 3 个样本是第 28 339 块，以此类推。实践中，对每第 10 000 块而非每第 10 917 块砖进行抽样可能更加容易，只是这样会稍微增大样本量。

范例 10-沼气项目测量

96. 现要通过调查来估算一个废水处理厂的平均化学需氧量（COD）。废水是从工厂排出的连续流。全年中常规情况下从连续废水流中每次提取 500mL 水样（于水处理厂入水口处）并进行一次 COD 检测（单位 mg/L）。

97. 该抽样方式属于系统抽样，它基于常规情形，但起始日期可以是随机的。

98. 该废水处理系统已经存在了一段时间，认为其运行稳定。在入水口 COD 全年都是稳定的（不会随意改变）。

99. 之前定期进行的测量工作表明，处理前的废水平均 COD 是 31 750mg/L，而其标准差（SD）为 6200mg/L。

100. 因为废水是连续流，调查的总群可以认为是在一年中所有可能提取的 500mL 水样——总样本量大到可以认为是无限的。样本量计算中不用再包括总群的总样本量（即 N 值）。

101. 如果其抽样时间足够长，则该数据可以认为是通过简单随机抽样得到的一系列独立观测结果。为了达到 90/10 的可靠性，需要抽样检测 COD 次数为：

$$n = \left(\frac{t_{n-1} \times \mathrm{SD}}{0.1 \times \mathrm{mean}} \right)^2$$

102. 其中 t_{n-1} 为，当样本量是 n 时，90% 置信度下 t 分布的值（由脚注 $n-1$ 确定，称为 t 值的自由度）。但是，样本量还是未知数，因此，第一步是，当抽样数量很大的时候，使用 90% 置信度的对应值，即 1.645，然后进行精确计算。

$$n = \left(\frac{1.645 \times \mathrm{SD}}{0.1 \times \mathrm{mean}} \right)^2$$

$$n = \left(\frac{1.645 \times 6200}{0.1 \times 31\,750}\right)^2 = 10.3$$

103. 计算得出 $n = 10.3$，取整 n 取 11。

104. 现在需要使用 90% 置信度的 t 值和 $n = 11$ 进行递归计算。

105. t 值的准确数值可以查阅普通统计文献表格获得，或者使用标准差软件得到。对于样本量为 11 的对应 t 值是 1.812。

106. 于是，计算 $n = \left(\frac{1.812 \times 6200}{0.1 \times 31\,750}\right)^2 = 12.5$，取整为 13。

107. 该计算过程需要一直重复，直到 n 值不再发生变化。最终，重复计算会得到 t 值等于 1.782，对应计算得出 $n = 12.11$，取整为 13。计算出该样本量表明，要满足 90/10 的可靠性，需要每 4 周进行一次采样。

108. 上述范例相对简单，但并不是所有情况都会得出恰好是"一月一次"或者"每 4 周一次"的数值。如①如果计算结果显示需要进行 48 次测量，就需要在一年中每周进行一次采样；②如果计算结果显示需要进行 16 次抽样，就需要每三周进行一次采样。然而，因为这个计划不太容易执行起来不容易，我们可以选择每两周进行一次抽样。于是将搜集到 26 个可分析的样本，这样可以充分保证达到所要求的精度（当然，得假定在样本量计算中所使用的平均值和标准差很好地反映了真实情况）。

109. 我们不用尝试去遵循"不可行"的计划，而是使用以下更合适的简化采样方案：

根据样本量计算确定的需要检测的次数	拟议采样检测方案
少于或者等于 12	每月一次
13 ~ 17	每三周一次
18 ~ 26	每两周一次
26 ~ 51	每周一次
大于 52	每周两次

110. 上述范例展示了如何使用确切的标准差数值来进行样本量计算。但是，有时候调查人员很难提供标准差的绝对数值，却可以用相对值来表示。比如，在该废水范例中，当提及 COD 的误差时，研究人员或许只能给出其相对值为 20%。

111. 方差系数（CV）是一个大体总测量值，用来表示平均值的误差大小。实际的公式是 $CV = \dfrac{SD}{mean}$。有时，将它乘以 100，表示平均值的标准差百分比。那么样本量公式可以表示为

$$n = \left(\frac{t_{n-1} \times CV}{0.1} \right)^2$$

式中，t_{n-1} 是 n 次样本测量中 90% 置信度下的 t 值。同样，可以用 1.645 替代第 1 次计算的 t 值，因此该范例中，第 1 步计算为

$$n = \left(\frac{1.645 \times 0.2}{0.1} \right)^2 = 10.8$$

样本量计算–大型项目范例

112. 对于大型项目范例，需要达到 95% 的置信度，且相对误差范围不超过 ±10%。

抽样参数为比例值（交通运输项目）

113. 这个章节涵盖各个抽样数量计算，其是在四个不同的抽样方案下，基于抽样目标的比例值来进行的。不管所使用的抽样方案如何，应该先决定以下的内容，以估算抽样数量。

（a）该比例要采用的期望值。

（b）精度水平以及在该精度下的置信度（对于所有大型项目范例，为 95/10）。

114. 以下范例是关于波哥大市（哥伦比亚首都）的一个交通运输项目。该项目中每天有 1 498 630 名乘客乘坐该项目的交通工具；该参数的总群是乘客，在该交通项目之前他们之中被认为有 45% 的人乘坐公共汽车。

范例 11–简单随机抽样

115. 假设总群特征是一致的。在简单随机抽样中所需要的样本量计算公式为

$$n \geqslant \frac{1.96^2 NV}{(N-1) \times 0.1^2 + 1.96^2 V}$$

式中，$V = \dfrac{p(1-p)}{p^2}$；n 为总群样本总量为有限值时的抽样样本量；N 为总群数量，即每天乘客总数；p 为预估比例（45%）；1.96 代表所要求的 95% 置信度；0.1 所要求的精度。

116. 将数据代入上述公式，得到

$$V = \frac{0.45 \times (1 - 0.45)}{0.45^2} = 1.22$$

$$n \geqslant \frac{1.96^2 \times 1\,498\,630 \times 1.22}{(1\,498\,630 - 1) \times 0.1^2 + 1.96^2 \times 1.22} = 469.4$$

117. 所要求的样本量最少为 470 名乘客，以获得一个之前以公交车作为交通工具的估算乘客比例，以获得 95/10 的置信度/精确度。注意，抽样数量会根据估算的比例数值而变化。

118. 上述样本量并没有考虑样本无反馈的情况，即乘客对调查的问题不做回应。假设 90% 的乘客会回应（而 10% 不会回应），那么应该通过用样本量除以反馈率来增大样本量：470/0.9 = 523。于是，考虑到 10% 的乘客无反馈的情况，应该对 523 名乘客进行抽样。

119. 关于近似公式的说明，请参见炊事炉灶项目——抽样参数为比例值，**范例 1：简单随机抽样**下的"近似公式"。注意，对于大型项目由于增大了置信度，应该使用 1.96 来代替 1.645。

范例 12-分层随机抽样

120. 假设在本交通运输项目中，之前乘坐公共汽车的乘客所占的比例在本项目运行的八个区域之间各不相同。希望能确保在进行抽样的时候，这些样本能代表各区域中乘客的比例；为了计算样本量，需要之前每个区域中使用公共汽车作为交通工具的乘客的估算数量和比例。

区域	每个区域中乘客的数量（g）	之前乘坐公共汽车的乘客的估算比例（p）
A	19 865	0.43
B	21 358	0.57
C	301 245	0.4
D	65 324	0.71
E	654 832	0.32
F	50 213	0.46
G	12 489	0.26
H	373 304	0.68

121. 用于计算总样本量的公式为

$$n \geqslant \frac{1.96^2 NV}{(N - 1) \times 0.1^2 + 1.96^2 V}$$

$$V = \frac{\text{SD}^2}{\overline{p}^2} = \frac{\text{overall variance}}{(\text{overall proportion})^2}$$

式中，overall variance 为总体方差；overall proportion 为总体比。

122. 要确定每个区域的乘客样本量，可以按比例分配，即各区域的抽样样本量占总样本数量的比例是相同的。于是得出：

$$n_i = \frac{g_i}{N} \times n \quad (i = 1, \cdots, k)$$

k 取值见范例8。

式中，g_i，即第 i 组（区域）的总样本量，其中 $(i = 1, \cdots, k)$；N，总群的总样本量。

123. 使用上述的表格中的数值，可以计算出总体方差和总体比例：

$$\text{SD}^2 = \frac{\begin{array}{c}[g_a \times p_a(1 - p_a)] + [g_b \times p_b(1 - p_b)] + \\ [g_c \times p_c(1 - p_c)] + \cdots + [g_k \times p_k(1 - p_k)]\end{array}}{N}$$

$$\overline{p} = \frac{(g_a \times p_a) + (g_b \times p_b) + (g_c \times p_c) + \cdots + (g_k \times p_k)}{N}$$

其中，g_i 和 N 如上，而 p_i 是第 i 组（区域）的比例，其中 $(i = 1, \cdots, k)$。

$$\text{SD}^2 = \frac{\begin{array}{c}(19\,865 \times 0.43 \times 0.57) + (21\,358 \times 0.57 \times 0.43) + \\ \cdots + (373\,304 \times 0.28 \times 0.72)\end{array}}{1\,498\,630} = 0.22$$

$$\overline{p} = \frac{(19\,865 \times 0.43) + (21\,358 \times 0.57) + \cdots + (373\,304 \times 0.28)}{1\,498\,630} = 0.45$$

124. 因此

$$V = \frac{\text{SD}^2}{\overline{p}^2} = \frac{0.22}{0.45^2} = 1.09$$

125. 代入 V 值，可得出

$$n \geqslant \frac{1.96^2 \times 1\,498\,630 \times 1.09}{(1\,498\,630 - 1) \times 0.1^2 + 1.96^2 \times 1.09} = 419.6$$

126. 所需要的抽样样本总量为420名乘客。然后根据每个区域中的总样本量将抽样样本总量分摊到每个区域，得到各区域的抽样样本量

总公式： $$n_i = (g_i/N) \times n$$

区域 A： $n_a = \dfrac{19\,865}{1\,498\,630} \times 420 = 5.6$

区域 B：$n_b = \dfrac{21\ 358}{1\ 498\ 630} \times 420 = 6.0$

区域 C：$n_c = \dfrac{301\ 245}{1\ 498\ 630} \times 420 = 84.4$

区域 D：$n_d = \dfrac{65\ 324}{1\ 498\ 630} \times 420 = 18.3$

区域 E：$n_e = \dfrac{654\ 832}{1\ 498\ 630} \times 420 = 183.5$

区域 F：$n_f = \dfrac{50\ 213}{1\ 498\ 630} \times 420 = 14.1$

区域 G：$n_g = \dfrac{12\ 489}{1\ 498\ 630} \times 420 = 3.5$

区域 H：$n_h = \dfrac{373\ 304}{1\ 498\ 630} \times 420 = 104.6$

127. 将各个区域中的样本量舍入取整，得到每个区域中需要抽取的乘客数量（由于进行了取整，各区域样本量之和会稍大于直接计算得到的抽样样本量）。由于各区域的乘客总数量差别较大，各区域的抽样样本量的差别也较大。

128. 注意，这些样本量并没有考虑无反馈样本。假设所有区域的预期反馈率为85%，则需将各区域的样本量除以0.85，由此会增大实际样本量。

范例 13-整群抽样

129. 现在不是对单个的乘客进行抽样，而是抽取一定数量的公共汽车（群集），然后对抽取出的各辆公共汽车内的所有乘客进行询问调查，如果他们在该交通运输项目实施前乘坐公共汽车作为交通工具。为了计算样本量，需要得到组成样本总群的组群数量，即该运输项目中的公共汽车数量，本范例假定使用12 000辆公共汽车；同样还需根据一定数量的公共汽车来预估在本项目实施之前乘坐公共汽车作为交通工具的乘客比例，本范例假定已经事先调查了四辆公共汽车，各自比例如下：

公共汽车	预估比例
1	0.37
2	0.46
3	0.28

公共汽车	预估比例
4	0.52
平均值（$\bar{p}$）	0.4075
方差（SD_B^2）	0.011

130. 需要抽取的公共汽车数量的计算公式为

$$c \geqslant \frac{1.96^2 MV}{(M-1) \times 0.1^2 + 1.96^2 V}$$

式中，$V = \dfrac{SD_B^2}{\bar{p}^2} =$ 群集（公共汽车）之间的方差/各群集的平均比例。

131. 其平均比例为 $\dfrac{0.37+0.46+0.28+0.52}{4} = \dfrac{1.63}{4} = 0.41$，而群集的方差为

$$SD_B^2 = \frac{1}{n-1} \sum_{i=1}^{n=5} (p_i - \bar{p})^2 = \frac{(0.37-0.4065)^2 + (0.46-0.4065)^2 + \cdots + (0.52-0.4065)^2}{3}$$

$$= 0.0110$$

式中，c 为需要抽取的群集数量（公共汽车）；M 为群集总量（公共汽车）——必须包括整个总群；1.96 代表所要求的 95% 置信度；0.1 代表 10% 相对精度。

132. 将数值代入上述公式，得到：

$$V = \frac{SD_B^2}{\bar{p}^2} = \frac{0.0110}{0.41^2} = 0.07$$

$$c > \frac{1.96^2 \times 12\,000 \times 0.0664}{(12\,000-1) \times 0.1^2 + 1.96^2 \times 0.0664} = 25.5$$

133. 因此，需要对 26 个随机抽选的公共汽车内的每名乘客进行调查。

134. 该抽样方法假定样本总群的特征是一致的。在本范例中，这意味着项目之前可能乘坐公共汽车作为交通工具的乘客比例独立于其他任何因素，如区域（参看范例 12-分层抽样）、经济状况等等。如果项目之前乘坐公共汽车的预期乘客比例因区域不同而不同，那么应该在每个区域内使用整群抽样。

135. 在使用整群抽样时，无反馈的情况可以不予考虑，除非组群中的个体数量为 0（公共汽车内没有乘客）。如果认为需要考虑，那么应该按比例相应增大样本量。

范例 14-多级抽样

136. 现在不对所抽取的一定数量公共汽车上的每名乘客进行调查，而只打算对每辆公共汽车上部分乘客进行调查，这就是多级抽样：先抽取一定数量的公共汽车（群集），然后在每个群组内抽取一定数量的单元（乘客）。

137. 现在，有 12 000 辆公共汽车，平均每辆公共汽车有 30 名乘客，计划每辆车上抽取 15 名乘客。从已经开展的小型试验调查中获得如下信息：

公共汽车	项目实施前乘坐公共汽车作为交通工具的乘客比例
1	0.37
2	0.46
3	0.28
4	0.52

138. 需要抽取公共汽车的数量的公式如下：

$$c \geqslant \frac{\dfrac{SD_B^2}{\bar{p}^2} \times \dfrac{M}{M-1} + \dfrac{1}{\bar{u}} \times \dfrac{SD_W^2}{\bar{p}^2} \times \dfrac{(\bar{N}-\bar{u})}{(\bar{N}-1)}}{\dfrac{0.1^2}{1.96^2} + \dfrac{1}{M-1}\dfrac{SD_B^2}{\bar{p}^2}}$$

式中，c 为需要抽取的群集数量；M 为总群中的群集总数（12 000 辆公共汽车）；$\bar{u}$ 为在每个群集中所需抽取的样本单元数（预先规定为 15 名乘客）；$\bar{N}$ 为每个群集的平均单元数（每辆公共汽车上 30 名乘客）；SD_B^2 为单元的方差（各辆公共汽车之间误差的方差）；SD_W^2 为群集的方差平均值（公共汽车内的误差平均值）；$\bar{p}$ 为总体比例；1.96 代表所要求的 95% 置信度；0.1 代表 10% 绝对精度。

139. 利用试验调查数据，可以计算出上述公式中的未知变量。

公共汽车	项目实施前使用公共汽车作为交通工具的乘客比例 p_i	公共汽车内的误差 p_i（$1-p_i$）
1	0.37	0.2331
2	0.46	0.2484
3	0.28	0.2016
4	0.52	0.2496
方差平均值	$SD_B^2 = 0.0110$ $\bar{p} = 0.41$	$SD_W^2 = 0.2332$

其中，$\bar{p}$ 为乘坐公共汽车作为交通工具的乘客比例的平均值，即

$$\bar{p} = \frac{0.37 + \cdots + 0.52}{4} = 0.41$$

SD_W^2是每辆公共汽车内乘客的方差的平均值，即

$$SD_W^2 = \frac{0.2331 + \cdots + 0.2496}{4} = 0.2332$$

SD_B^2是公共汽车比例值之间的方差，及在0.37、0.48等之间的方差，可以使用通用的方差计算方法来计算，即使用以下公式

$$SD_B^2 = \frac{\sum_{i=1}^{n}(y_i - \bar{y})^2}{n-1}$$

$$SD_B^2 = 0.0110$$

140. 将数值代入群组的样本量计算公式中，可得

$$c \geqslant \frac{\dfrac{0.0110}{0.41^2} \times \dfrac{12\,000}{(12\,000-1)} + \dfrac{1}{15} \times \dfrac{0.2332}{0.4075^2} \times \dfrac{(30-15)}{(30-1)}}{\dfrac{0.1^2}{1.96^2} + \left(\dfrac{1}{(12\,000-1)} \times \dfrac{0.0110}{0.41^2}\right)} = 44.0$$

141. 因此，如果要在每辆公共汽车上抽取15名乘客进行调查，应该抽样选取44辆公共汽车才能满足所需的置信度/精度。以下表格给出了打算从每辆公共汽车上抽取不同乘客数量（u）时，需要抽取的公共汽车样本量（c）。

每辆公共汽车上打算抽取的乘客数量 u	所需抽取的公共汽车数量 c
5	119
10	63
15	44
20	35
30	26

142. 整群抽样范例中所需抽样样本量为26，当 $u=30$（从每辆公共汽车上抽样的乘客数量）的时候，这个样本量和在多级抽样方案下所需的样本量一致。这是因为在范例计算中，假设每辆公共汽车上的乘客数量平均为30位，所以当我们取 $u=$ 假设的平均乘客数量的时候，这两种抽样方案算出的样本量是一样的。

附

录

抽样参数的平均值（交通运输项目）

143. 本部分包含在四种不同抽样方案下关于抽样项目目标为平均值的样本量计算。对于样本量计算，需要知道：

（a）预期平均值（所要求的可靠性在平均值的相对术语中进行了描述）；

（b）标准差；

（c）精度水平以及在该精度下的置信度（对于所有大型项目范例，为95/10）。

144. 以下范例中的抽样参数是以轿车（家用轿车或出租车）为交通工具的人们的平均行程距离（千米），以及以公共汽车为交通工具的平均行程距离（千米）。

范例 15-简单随机抽样

145. 假设要考察波哥大市一天中轿车的平均行程距离（千米）（包括家用轿车和出租车），并假定所有行程的特征都是一致的。现在知道，每天总共车程为 2 000 000 次，每次平均路程为 8km，标准差为 3.5km。使用简单随机抽样的样本量计算公式为

$$n = \frac{1.645^2 NV}{(N-1) \times 0.1^2 + 1.645^2 V}$$

式中，$V = \left(\dfrac{\text{SD}}{\text{mean}}\right)^2$；$n$ 为样本量；N 为车辆出行总次数（2 000 000）；Mean 为预期平均行程（8km）；SD，预期行程的标准差（3.5km）；1.96 代表所要求的 95% 置信度；0.1 代表 10% 的精度。

$$V = \left(\frac{3.5}{8}\right)^2 = 0.19$$

$$n = \frac{1.96^2 \times 2\,000\,000 \times 0.19}{(2\,000\,000 - 1) \times 0.1^2 + 1.96^2 \times 0.19} = 73.5$$

146. 因此，所需的样本量最少为 74 次行程，以保证平均行程距离满足 95% 置信度以及 10% 的相对误差范围。

147. 上述计算并没有考虑样本无反馈的情况。如果预计在抽样中存在一定的无反馈率，则样本量应该相应增大。例如，如果预期在行程抽样中 95% 的人们会做出回应，那么应该对此予以考虑，需要抽样 74/0.95 = 78 次行程，而不是 74 次。

148. 样本量计算存在一个近似公式，有关近似公式的说明请参见在节能灯项目——抽样参数的平均值，范例5：简单随机抽样下的"近似公式"章节。

范例16-分层随机抽样

149. 本抽样方案的主要方面是，家用轿车与出租车的平均行程距离不相同（如前述范例所假设，其特征是不一致的）。由于车辆类型影响行程距离，需要让抽样的家用轿车和出租车数量具有代表性。每个分层群组的大体情况如下：

分层群集	每天的行程距离（km）	平均值（km）	标准差（km）
家用轿车	1 595 169	9	3.7
出租车	982 224	7	2.5

150. 使用上表资料，可以估算出总体平均值和标准差。

总体平均值为

$$\text{mean} = \frac{(g_a \times m_a) + (g_b \times m_b) + (g_c \times m_c) + \cdots + (g_k \times m_k)}{N}$$

式中，mean 为加权总体平均值；g_i 为第 i 组样本总量，其中 $i = a, \cdots, k$；m_i 为第 i 组的平均值，其中 $i = a, \cdots, k$；N 为总群的样本总量。

将范例中的数值代入以上的公式，得出

$$\text{mean} = \frac{(1\ 595\ 169 \times 9) + (982\ 224 \times 7)}{(1\ 595\ 169 + 982\ 224)}$$

$$\text{mean} = 8.2$$

总体标准差：

$$SD = \sqrt{\frac{(g_a \times SD_a^2) + (g_b \times SD_b^2) + (g_c \times SD_c^2) + \cdots + (g_k \times SD_k^2)}{N}}$$

式中，SD 为加权总体标准差；SD_i 为第 i 组的标准差，其中 $i = 1, \cdots, k$，（注意，这些数值都是二次幂的——所以，群组样本总量实际上是群组方差自乘后的数值）。

151. 使用范例中的数值，可得出：

$$SD = \sqrt{\frac{(1\ 595\ 169 \times 3.7^2) + (982\ 224 \times 2.5^2)}{(1\ 595\ 169 + 982\ 224)}}$$

$$SD = 3.3$$

152. 利用上面计算得到的总体平均值和标准差计算样本量大小的公式为

$$n \geq \frac{1.96^2 \times NV}{(N-1) \times 0.1^2 + 1.96^2 V}$$

153. 代入范例中的数值，可得出：

$$V = \left(\frac{SD}{mean}\right)^2 = \left(\frac{3.3}{8.2}\right)^2 = 0.16$$

$$n = \frac{1.96^2 \times 2\,577\,393 \times 0.16}{(2\,577\,393 - 1) \times 0.1^2 + 1.96^2 \times 0.16} = 61.4$$

154. 上面的公式给出了要在家用轿车和出租车中抽取的车程总次数。后面的计算假定按比例进行分配——就是说从每种车辆类型中抽取的车程次数与总群内每种车辆类型的车程总数的比例是一样的。

基本公式：$n_i = \dfrac{g_i}{N} \times n$

家用车：$n_{Car} = \dfrac{1\,592\,169}{2\,577\,393} \times 62 = 38.4$　　出租车：$n_{Taxi} = \dfrac{982\,224}{2\,577\,393} \times 62 = 23.6$

155. 将计算数值取整，得到 38 次家用轿车行程，以及 24 次出租车行程，两者之和（39 + 24 = 63）稍大于通过样本量计算公式得出的数值。

156. 假设上述计算得到的样本量为 100% 的反馈率，但是如果会发生无反馈的情况，则需要相应增大样本量。

157. 该范例的样本量小于简单随机抽样中的样本量，这是因为在分层内的标准差小于整个总群的标准差（通常情况都是这样）。

范例 17 - 整群抽样

158. 现在考虑另一种不同的情景，抽样参数是乘客乘坐公共汽车的平均行程距离。计划从抽取的一小部分公共汽车中（组群）对每个人进行调查，而不是在所有乘车的大量的个人乘客中进行抽样。已知在波哥大市每天有 12 000 辆公共汽车，那么在 95/10 的置信度/精度下需要抽取多少辆公共汽车呢？

159. 需要抽取的整群 c 的数量的计算公式为：

$$c \geq \frac{1.645^2 MV}{(M-1) \times 0.1^2 + 1.645^2 V}$$

式中，$V = \left(\dfrac{SD}{Cluster\ mean}\right)^2$；$c$ 为需要抽取的群集数量（公共汽车）；M 为群集

总量（公共汽车）；1.96 为代表所要求的 95% 置信度；0.1 为所要求的精度（该公式考虑其为相对值）。

160. 要进行计算，需要知道公共汽车的行程距离数据，即：在一辆公共汽车上所有乘客行程距离的总和。如果没有这些数据，可以通过试验调查来收集这些信息。本范例假设这些数据来源于 4 辆公共汽车：

公共汽车	行程距离总和（平均）[①]（km）
A	195
B	96
C	63
D	159

①该数据可以通过调查一辆公共汽车上的所有乘客来获取，或者调查车上部分乘客并将数据扩大到针对所有乘客

161. 对一辆公共汽车行程距离总和进行平均值和标准差计算，得出：

群集平均值：

$$\bar{y} = \frac{1}{n} \sum_{i=1}^{n} y_i = \frac{195 + 96 + 63 + 159}{4} = 128.25$$

$$SD = \sqrt{\frac{1}{n-1} \sum_{i=1}^{n} (y_i - \bar{y})^2}$$

$$= \sqrt{\frac{(196 - 128.25)^2 + \cdots + (159 - 128.25)^2}{3}} = 59.7180$$

162. 这些统计数据（即平均值和标准差）可以使用标准统计软件轻易算出。将这些数值代入到该公式中，可得出所需的组群数量，即公共汽车的数量为

$$V = \left(\frac{59.7180}{128.25}\right)^2 = 0.22$$

$$c \geqslant \frac{1.96^2 \times 12\,000 \times 0.22}{(12\,000 - 1) \times 0.1^2 + 1.96^2 \times 0.22} = 82.7$$

163. 应该抽取的公共汽车总数量为 83 辆。要满足 95/10 的置信度/精度标准，需要对抽取的这 83 辆公共汽车上的每名乘客的行程距离进行调查。

范例 18-多级抽样

164. 继续前面的范例，假设要抽取一定数量的公共汽车，但只想对每辆公共汽车上的一部分乘客进行调查（不像整群抽样那样需要调查抽取的车上的

所有乘客）。这个范例属于多级抽样，也就是抽取一定数量的组群（公共汽车），然后对抽取的公共汽车上的一部分单元（乘客）进行调查。

165. 假设要对所抽选的每辆公共汽车上的 5 名乘客进行调查。通常，把这个数据称为 u（单元）。

166. 为了进行样本量技术，需要得到以下信息：①公共汽车上各乘客行程距离之间的误差；②公共汽车行程距离之间的误差；③每名乘客的平均行程距离；④在公共汽车层面上的平均行程距离（所有乘客行程距离总和）。

167. 之前的调查已经提供了在 3 辆不同的公共汽车上的乘客数据，其结果汇总如下。

168. 并不是所有的公共汽车都搭乘同样数量的乘客。

行程距离（km）				
公共汽车	乘客数量	平均行程距离	公共汽车上所有乘客行程距离总和	标准差（在同一辆公共汽车上的乘客之间）
A	26	6.9	179	3.30
B	21	7.5	157	6.21
C	30	6.7	200	3.78
乘客总数	77			
每名乘客的总体平均行程距离	7.0			
总行程距离平均值（每辆公共汽车）		179		
SD_b =公共汽车之间的标准差（行程距离总和列的标准差）		4889		
SD_w =乘客（乘坐公共汽车的）的平均标准差				4.44

169. 在上述表格中，总体平均行程距离是每名乘客的平均距离，即 Overall mean，总体平均值

$$\text{Overall mean} = \frac{179 + 157 + 200}{77} = 7.0$$

170. 群集平均行程距离是每辆公共汽车的平均行程距离，即

$$\text{Cluster mean} = \frac{179 + 157 + 200}{3} = 179$$

171. SD_w^2 是乘坐公共汽车的乘客之间的平均方差。其平方根（SD_w）是公共汽车内乘客行程距离的标准差的平均值。求 SD_w^2 的公式如下：

$$\mathrm{SD_W^2} = \frac{26 \times 3.30^2 + 21 \times 6.21 + 30 \times 3.78^2}{77} = 19.75$$

所以

$$\mathrm{SD_W} = 4.44$$

172. $\mathrm{SD_B^2}$ 是每辆公共汽车平均行程距离之间的方差。其平方根是公共汽车之间的标准差。可以使用普通方差公式进行计算

$$\mathrm{SD_B^2} = \frac{\sum_{i=1}^{n} (y_i - \bar{y})^2}{n-1}$$

式中，y_i 是不同公共汽车的行程距离。

$$\mathrm{SD_B^2} = 467$$

所以 $\mathrm{SD_B} = 22$

173. 除了上述表格中的信息，我们还需要知道公共汽车的数量，以及整个样本总群中每辆公共汽车上的平均乘客数。在本范例中，共使用了 12 000 辆公共汽车，每辆公共汽车上平均有 30 名乘客。

$$c \geqslant \frac{\left(\dfrac{\mathrm{SD_B}}{\mathrm{Clustermean}}\right)^2 \times \left(\dfrac{M}{M-1}\right) + \left(\dfrac{1}{n}\right) \times \left(\dfrac{\mathrm{SD_W}}{\mathrm{Overallmean}}\right)^2 \left(\dfrac{\bar{N}-u}{\bar{N}-1}\right)}{\left(\dfrac{0.1}{1.645}\right)^2 + \dfrac{1}{M-1}\left(\dfrac{\mathrm{SD_B}}{\mathrm{Clustermean}}\right)^2}$$

式中：M 为群集总数（12 000 辆公共汽车）；N 为每个群集的平均单元数量（每辆公共汽车上 30 名乘客）；u 为预先规定要在每个群集中抽取的单元数量（事先确定每辆公共汽车上抽取的乘客数 = 5 名）；1.96 所要求的 95% 置信度；0.1 所要求的精度。

$$c \geqslant \frac{\left(\dfrac{22}{179}\right)^2 \times \left(\dfrac{12\,000}{12\,000-1}\right) + \left(\dfrac{1}{5}\right) \times \left(\dfrac{4.44}{7.0}\right)^2 \left(\dfrac{30-5}{30-1}\right)}{\left(\dfrac{0.1}{1.96}\right)^2 + \dfrac{1}{12\,000-1}\left(\dfrac{22}{179}\right)^2} = 32.6$$

174. 因此，如果要在每辆公共汽车上抽取 5 名乘客进行调查，应该抽取 33 辆公共汽车，以满足需要的置信度/精度。

175. 生成如下使用不同 u 值的表格，可以在仍旧满足 95/10 的置信度/精度前提下，分配有限的资源完成抽样调查。

每辆公共汽车上进行抽样的乘客数量 u	所需要的公共汽车数量 c
5	33
10	17
15	12
20	9
25	7

176. 在这个范例中，将每辆公共汽车中需要调查的乘客数量从 5 名倍增到 10 名，需要抽取的公共汽车数量从 33 辆显著减少到 17 辆。

177. 注意，在上述范例中，不同公共汽车上的乘客数量是不同的，尽管真实乘客数可能是未知的，但实际情况往往如此，这对于样本量计算并不重要。关键在于，要对组群层面（公共汽车）和单元层面（乘客层面）的平均值和标准差进行准确估算，它们是要用于样本量计算的。

抽样参数的平均值（交通运输项目）

178. 本部分的范例是基于系统抽样的样本量计算，其研究目标是关于抽样参数的平均值。

179. 对于所有绝对数值参数的范例需要知道：①预期平均值（所要求的可靠性是以平均值的相对值来表示的）；②标准差；③精度水平以及在该精度下的置信度（对于所有大型项目范例，为95/10）。

180. 下面范例的抽样参数是一条特定线路上的各辆公共汽车的平均行程时间。已经知道在该线路上每月有 960 次行程，其平均行程时间是 18min，标准差为 6min。

范例 19-系统抽样

181. 要使用系统抽样，对该路线上每第 n 次行程进行调查。在所要求的 95/10 的置信度/精度下，其样本量计算公式如下：

$$n \geqslant \frac{1.96^2 V}{0.1^2}$$

式中，$V = \left(\dfrac{\text{SD}}{\text{mean}}\right)^2$。

182. 代入上面平均值和标准差，可得出

$$V = \left(\frac{6}{18}\right)^2 = 0.11$$

$$n \geqslant \frac{1.96^2 \times 0.11}{0.1^2} = 42.7$$

183. 于是总共需要抽取 43 次行程进行调查。要对每个月所发生的 960 次行程进行均匀抽样，应该抽取每 N/n 次行程进行调查——即每 22 次行程进行一次抽样。

184. 为了确保抽样是随机的，可以在第 1 次到第 22 次行程之间选择一个随机起始点进行随机抽样，比如从第 18 次行程开始抽样，然后从这个点开始每 22 次行程进行一次抽样：即，18，40，62，84，106 等等，直到 960。这样会得到一个在该月中均匀分布的样本，该样本可以估算平均行程时间，并且样本量足够满足 95/10 的置信度/精度。

185. 每 20 次行程进行一次抽样可能比每 22 次行程进行一次抽样更加切实可行。这样会导致样本量大于计算得到的 43 次——却只会增加抽样精度，更能满足要求。

当 N 很小，或者 p 非常低或者非常高的时候，如果对比例参数进行抽样

186. 以下是如何处理在简单随机抽样中出现非常小或者非常大的比例的例子。

187. 如果 N 值（总群的样本总量）非常小，或者 p（参数的比例）非常低或者非常高的话，上面描述的样本量计算方法则不适用。这是因为正常近似值（$N \times p$）将变得不合理，而样本量公式是基于正常置信区间的，所以这是一个隐含假定。本文件之前所展示的公式仅仅推荐用于当 $N \times p$ 和 $N(1-p)$ 都大于 10 的情况；否则，应该使用以下的公式

$$n = -z^2(1 - 2\theta) + z^2 \sqrt{\frac{1}{(2 \times \mathrm{precision} \times p)^2} - 4\theta + 4\theta^2}$$

式中：$\theta = \dfrac{p(1-p)}{(2 \times \mathrm{precision} \times p)^2}$；$n$ 为所需的样本量；z 为置信度水平对应的 Z 值（95% = 1.96，90% = 1.645）；p 为参数的预估比例；precision 为相对精度。

188. 例如，假设参数比例为 0.03，在置信度和精度为 95%/10% 下，那么

$$\theta = \frac{0.03(1 - 0.03)}{(2 \times 0.1 \times 0.03)^2} = 808$$

$$n = -1.96^2(1 - 2 \times 808) +$$

$$1.96^2 \sqrt{\frac{1}{(2 \times 0.1 \times 0.03)^2} - 4 \times 808 + 4 \times 808^2} = 12\,447$$

189. 一旦抽样完成，并且抽样比例（$\bar{p}$）计算出来，那么95%的置信区间应该按照以下所示进行计算

$$\frac{A-B}{C} \sim \frac{A+B}{C}$$

式中，$A = 2n\bar{p} + 1.96^2$；$B = 1.96\sqrt{1.96^2 + 4n\bar{p}(1-\bar{p})}$；$C = 2(n + 1.96^2)$（使用1.645代替1.96，以获得90%的置信区间）。

II. 可靠性计算

A. 简述

190. 下面所示的两个范例展示了如何估算一个数值参数和一个比例参数，以及如何检验它们的可靠性。在这两个范例中所使用的抽样方法都是简单随机抽样。这两个范例都假定为小型项目活动，其所要求的可靠性标准为90/10，即90%的置信度和10%的精度。

191. 如果是进行手工计算的话，非常重要的一点是尽可能多地保留相关数值的小数点位数，直到获得最终的计算结果，才能进行四舍五入。为了强调这一点，本文中所示的计算都使用多个小数位数的数值。

范例1-节能灯项目——数值参数

192. 在这个范例中的研究参数是：在一个国家的特定地区分发的所有节能灯样本总群中，每支节能灯每天平均使用的时间均值（小时数）。

193. 总群样本为分发到420 000户家庭的节能灯，每户家庭一支。通过简单随机抽样抽取了140户家庭，对每支节能灯每天平均使用小时数进行了记录，如下表所示：

节能灯（CFL）平均使用时间量（小时数）

CFL 使用时间	CFL 使用时间	CFL 使用时间	CFL 使用时间	CFL 使用时间	CFL 使用时间	CFL 使用时间
3.78	3.63	2.81	4.17	3.62	2.24	0.58
3.12	3.17	4.57	4.68	2.46	4.79	6.09
4.42	3.26	3.56	2.99	6.14	4.59	0.39
4.09	6.97	4.41	3.34	0.67	3.27	3.69
1.15	0.48	3.26	5.37	4.73	1.86	2.04
2.87	2.50	0.30	2.17	1.03	0.00	4.51
4.79	2.92	5.48	2.36	2.34	6.70	4.39

续表

CFL 使用时间	CFL 使用时间	CFL 使用时间	CFL 使用时间	CFL 使用时间	CFL 使用时间	CFL 使用时间
4.20	6.82	1.75	3.12	4.66	3.36	3.58
1.13	0.92	3.38	4.69	2.40	5.39	4.23
3.68	2.35	1.24	5.40	5.28	2.04	5.28
2.91	0.19	3.62	4.22	5.90	3.58	3.71
2.47	4.19	7.41	1.27	0.60	6.27	2.41
3.46	3.15	1.74	2.93	5.85	0.41	1.58
2.19	3.19	3.60	2.17	1.22	4.55	3.96
2.25	7.15	2.18	4.24	7.76	2.61	5.86
2.37	1.70	4.12	6.07	4.50	6.37	5.46
2.38	2.98	4.88	5.26	5.68	4.30	2.90
3.23	5.00	2.92	2.46	2.81	3.08	3.17
1.78	0.99	0.82	1.33	4.03	3.17	4.17
3.57	6.54	3.16	2.55	0.24	6.24	6.93

194. 目标参数——节能灯总群样本中每支灯每天平均使用时间均值（小时数）——根据样本平均值进行估算。该参数一般写为 $\bar{y}\left[\bar{y}=\frac{1}{n}(y_1+y_2+\cdots+y_n)\right.$，或者简写成 $\left.\frac{1}{n}\sum_{i=1}^{n}y_i\right]$。$n$ 是样本量，即 140。

195. 这 140 支节能灯样本的平均使用时间为 3.4686h。作为样本结果，将该值四舍五入到 1 位或 2 位小数，即节能灯样本平均使用时间估算为 3.47h。

置信度、精度和可靠性

196. 使用置信区间来表示抽样结果，比仅仅得到一个估算值要好。在本范例中，90% 置信度范围是 3.22 ~ 3.71h。本范例中 90% 置信区间是 3.22 ~ 3.71h，就是说，有 90% 的把握总群的真值介于 3.22h 和 3.71h。尽管计算中使用的仅是样本的估算平均值这一数据，还是建议始终在报告中一并给出该值的置信区间。

197. 样本总群平均值的 90% 置信区间表示为：样本平均值±t 值×平均值的标准误差。

198. 如果调查的精度——"t 值×平均值的标准误差"——在预定的可靠性精度范围内，那么抽样估算得到的这个 3.47h 则被认为是可靠的。对于小型

附录

297

项目来说，精度为平均值的 10%。

199. 详细计算列举如下。在本范例中，其精度是平均值的 7.1%，所以，3.47h 这个样本估算值满足预定要求。

可靠性检查

（i）平均值的标准误差

200. 在使用简单随机抽样收集数据时，平均值的标准误差计算公式为

$$\sqrt{(1-f)\frac{s^2}{n}}$$

式中，f 为是样本量分数——即抽样样本量占总群样本总量的比例；本范例中为：$\frac{140}{420\,000}=0.000\,03$；$s^2$ 是抽样方差（s 是抽样标准差）；对于本范例的 140 支节能灯样本来说，$s^2=3.082\,6$；$s=1.755\,7$；n 是样本量，即 140。

201. 将上述信息整合，可得出

$$\sqrt{(1-f)\frac{s^2}{n}}=\sqrt{\left(1-\frac{140}{420\,000}\times\frac{3.082\,6}{140}\right)}$$

$$=\sqrt{0.999\,67\times\frac{3.082\,6}{140}}=\sqrt{0.0220}=0.1484$$

所以，平均值的标准误差为 0.1484。

（ii）t-值

202. 其数值取决于（i）置信水平，和（ii）样本量。其确切数值可以从 t-分布统计表格中获得，或者使用标准统计软件得出。该值还可以在微软的 Excel 软件中使用 TINV[①] 功能函数得到。

样本量为 140 的对应 t 值是 1.655 9。

（iii）精度

203. 估算值的精度是：t 值×平均值的标准误差。

因此，假设本范例中置信度为 90%，节能灯平均使用时间（小时数）这一平均值的精度为：$\pm(1.6559\times0.1484)$，即 ±0.2457。

节能灯使用时间平均值的相对比率是 $\frac{0.2457}{3.4686}=0.0708$，即相对精度为

---

① TINV（0.10，（样本量减1））将会给出 90% 置信度对应的 t 值。比如，在范例中，TINV（0.10，139）就会给出 140 个样本量和 90% 的置信度下的 t 值。

7.1%。所以，该数据是符合预定要求的。

可靠性检查的其他方式

204. 置信区间的范围是，抽样平均值±t 值 x 平均值的标准误差，它可以更一般地表示为"抽样平均值±精度"，其下限是平均值减去精度，上限是平均值加上精度。

205. 因此，可以使用下面的算式来检验可靠性：

$$\frac{1/2 \text{ width of confidence interval}}{\text{mean}} \times 100\%$$

width of Confidence interval 为置信区间宽度；mean 为平均值。

206. 例如，这里，节能灯的平均使用小时数为 4.4686，其 90% 的置信区间为 3.2230 ~ 3.7143h。因此，其可靠性为

$$\frac{1/2(3.7143 - 3.2230)}{3.4686} \times 100\% = \frac{1/2 \times 0.4913}{3.4686} \times 100\% = 7.1\%$$

207. 当使用统计软件算出样本平均值和相对置信区间数据时，使用上述方法进行数据分析非常有用。

范例 2-炊事炉灶项目——参数的比例

208. 在本范例中的目标参数是炊事炉灶被分发到一个国家特定地区 3 年之后仍在正常使用的比例（或百分比）。

209. 样本总群数是 640 000 户家庭，每个家庭一台炊事炉灶。通过简单随机抽样调查了 274 户家庭，并对每个家庭的炉灶是否还在正常使用做了记录。

210. 目标参数——在整个总群样本中仍正常使用的炉灶比例（或百分比）——通过样本比例来进行估算。

211. 通常将该参数记作 p，计算公式为 $p = r/n$，其中，r 是"符合"的数量，在本范例中是指仍在正常使用的炉灶数量；而 n 是在样本中考察的炉灶总量。

212. 本范例的 274 个炉灶样本中有 159 个仍在正常使用，因此样本比例 $p = 159/274 = 0.5803$。四舍五入到小数点后两位为 0.58。换而言之，在炊事炉灶分发第 3 年后，还有 58% 的炉灶在正常使用。

置信度、精度和可靠性

213. 最好使用置信区间来表示抽样结果，而不仅仅是简单列出数据估算值。本范例中 90% 的置信区间是 0.5313 到 0.6293，这就是说，有 90% 的把握

确信样本总群中仍然正常使用的炊事炉灶的百分比在53%到63%之间。

214. 样本总群比例的90%的置信区间由下式得出：抽样比例±1.6449×该比例的标准误差[①]。

215. 如果调查的精度——即1.6449×该比例的标准误差——处于预设的可靠性精度之内，那么可以认为58%这个估算值是可靠的。对于小型项目，比例参数值的精度为10%。在本范例中就是±0.058（绝对数值），或者±5.8%。

216. 下面给出了详细计算过程。本范例计算得出的精度是样本比例值的8.5%，所以，58%的炊事炉灶仍在正常运行这个样本估算值是满足预定要求的。

可靠性检查

（i）参数比例值的标准误差

217. 通过简单随机抽样得到的比例值的标准误差计算公式为：

$$\sqrt{(1-f)\frac{pq}{n}}$$

f 是样本量分数——样本量占样本总群数的比例。

本范例为 $\dfrac{274}{640\,000} = 0.000\,43$

p 是样本量比例，即0.5803；$q = (1-p)$，它代表炊事炉灶分发三年之后没有正常使用的比例，该数据为0.4197；n 是样本量，即274。

218. 将上述信息整合，可得出：

$$\sqrt{(1-f)\frac{pq}{n}} = \sqrt{(1-0.000\,43)\frac{0.5803 \times 0.4197}{274}}$$

$$= \sqrt{0.00089} = 0.0298$$

219. 标准误差还可以通过样本总群的实际数量、样本量、正常使用的炉灶数量等来计算得到，即

$$\sqrt{(1-f)\frac{pq}{n}} = \sqrt{\left(\frac{640\,000-274}{640\,000}\right)\frac{\left(\frac{159}{274}\right)\left(\frac{115}{274}\right)}{274}} = \sqrt{0.000\,89} = 0.029\,8$$

---

① 比例值的置信区间是：样本比例±z 值 x 该比例的标准误差。z 值取决于置信度。如90%的置信度对应的 z 值为1.6449。

220. 参数比例值的标准误差为 0.0298，用百分比来表示就是 2.98%。

（ⅱ）精度

221. 参数比例值的精度是：z 值×该比例值的标准误差。本范例假定 90% 的置信度，那么仍在正常使用的炊事炉灶比例值的精度为：±（1.6449× 0.0298），即±0.0490。

222. 仍正常使用的炉灶比例值的相对比率为 0.0490/0.5803＝0.0845，所以其相对精度为 8.5%。该数据满足预定要求。

可靠性检验的其他方式

223. 置信区间的上下限是：抽样比例值±t 值×该比例值的标准误差，可以更一般的写为"抽样比例值±精度"，其下限是比例值减去精度，上限是比例值加上精度。

224. 于是可以使用以下算式来检验可靠性：

置信区间宽度的一半/比例值×100%

例如，本范例中仍正常使用的炊事炉灶比例为 0.5803，其 90% 的置信区间为 0.5313～0.6293。

因此，其可靠性为

$$\frac{1/2(0.6293-0.5313)}{0.5803}\times100\% = \frac{1/2\times0.0980}{0.5803}\times100\% = 8.5\%$$

225. 当使用统计软件生成相应的置信区间和抽样比例值来进行数据分析的时候，上述方法非常有用。

评论

226. 上述公式假设分布比例在正常范围内。如果抽样比例不是很小或者很大，并且样本量不是很小的话，这样的假设是可行的。

227. 如果抽样系数 f 较小，那么，在上述计算中的乘数（1-f）将会和 1 非常接近。因此，在一些情况中，用来计算比例值的标准误差的公式为保守公式 $\sqrt{\dfrac{pq}{n}}$[①]；

228. 如果使用统计软件来进行计算，可以采用精确公式来计算置信区间

---

① 这样计算是保守的，因为 $\sqrt{\dfrac{pq}{n}}$ 大于 $\sqrt{(1-f)\dfrac{pq}{n}}$。

（假设为对称的正态二项分布）。在这个范例中，可以使用基于置信区间宽度的公式来检验可靠性。

附录 1

抽样方案	优势	缺点
简单随机抽样：从样本总群中随机抽取样本	最容易理解和使用的方法。 适用于抽样单元之间特征基本相似的情况。	样本选取前，需要了解整个样本总群的信息。 如果样本总群覆盖很大的地理区域，通常会使得样本单元非常分散，这种情况通常会带来很高的抽样成本。该方案只适用于所调查的样本总群的目标参数特征相对一致的情况。
系统抽样 每 n 个单元抽取一个样本	简单易行。 当样本之间存在足够距离时经常使用。	会导致抽样单元分散在较大的地理区域，较大的地区分布通常带来较高的抽样成本。
分层随机抽样：根据总群中每个层级的权重，从各层级中随机抽取不同数量的样本单元。	如果各个层级之间存在差异，有助于提高估算值的精度（和简单随机抽样方案相比）。	计算较为复杂。 影响分层的因素通常都不明显。
整群抽样：对抽样总数中的 n 个群集中的每个单位进行抽样。	这是最经济的抽样形式，因为所有样本单元都按照统一标准进行了分组（通常以按照地理范围分组）。 有的时候会是唯一的抽样方式，因为无法获得所有家庭的清单，只能获得各个村庄的清单。一旦选定了村庄，就可以对其中的家庭进行抽样。该方法可以节省管理时间。	其结果通常都不是很"好"（即，由于在抽样次级群组中的特征的一致性，其估算值的标准误差偏高）。[但是，较大的样本量可以弥补这个缺点]。
多级抽样：在随机抽选的组群中随机抽取一定数量的样本单元。	在两个层面上实现抽样。 可以比较不同的情景——组群数量和组群内的单元数量——从而寻求成本效益最高的可靠方案。	分析和样本量计算比较麻烦。

文件历史信息

版本	日期	修订性质
01.0	2012 年 5 月 11 日	EB67，附件 6，首次采纳

决策等级：规则
文件类型：指南
业务功能：方法学

附：本文件中的中英文术语对照

序号	中文	英文
1	样本量	Sample size
2	可靠性	Reliability
3	样本总群	Population
4	简单随机抽样	Simple Random Sampling
5	系统抽样	Systematic Sampling
6	分层随机抽样	Stratified Random Sampling
7	整群抽样	Cluster Sampling
8	多级抽样	Multi-stage Sampling
9	炊事炉灶	cook stoves
10	节能灯	compact fluorescent lamps（CFL）
11	平均值	mean / mean value
12	置信度/置信水平	confidence / confidence level
13	精度/相对精度	precision / relative precision
14	标准差	standard deviation /SD
15	层（级）	strata
16	置信区间/误差范围	confidence interval / margin of error
17	组群	cluster
18	群组	group
19	方差	variance / variation /SD^2
20	单元（指样本个体）	unit
21	Z 值	Z value
22	标准误差	standard error

附

录

附录4　术　　　语

英文术语	参考翻译	备注
MoC，Modality of Communication	通信程式表格文件	
Communication with EB	与 EB 进行通信	
PoA，Programme of Activities	规划方案／规划项目	
CPA，CDM Project Activity，Component Project Activity	规划活动	
CME，Coordinating/Managing Entity	协调管理机构	
CPA-DD（Generic）	一般性规划活动设计文件	
CPA-DD（Real Case）	实例规划活动设计文件	
CER，Certified Emission Reductions	核证减排量	
record keeping system	记录保存系统	
cross effects，interactive measures	交叉影响	
eligibility criteria	纳入准则（合格性准则）	
Procedures for registration of a programme of activities as a single CDM project activity and issuance of certified emission reductions for a programme of activities（version 01）	将规划方案注册成为单个 CDM 项目活动及其减排量签发程序	EB33 Annex39
CDM Programme of Activities Design Document（PoA-DD）	规划方案设计文件	EB33 Annex41
CDM Programme Activity Design Document（CPA-DD）	规划活动设计文件	EB33 Annex42
Small-Scale CDM Programme of Activities Design Document（SSC-PoA-DD）	小型规划方案设计文件	EB33 Annex43
Small-Scale CDM Programme Activity Design Document（SSC-CPA-DD）	小型规划活动设计文件	EB33 Annex44
Procedures for registration of a Programme of Activities as a single CDM Project Activity and issuance of certified emission reductions for a Programme of Activities（version 04.1）	将规划方案注册成为单个 CDM 项目活动及其减排量签发程序（简称"PoA 程序"）	EB55 Annex38

英文术语	参考翻译	备注
Guidance on the registration of project activities under a programme of activities as a single CDM project activity	将规划方案下的项目活动注册成为单个 CDM 项目活动的指导意见	EB32 Annex38
Standard for demonstration of additionality of GHG emission reductions achieved by a programme of activities (version 01.0)	规划方案下温室气体减排的额外性论证标准	
Standard for the development of eligibility criteria for the inclusion of a project activity as a CPA under a PoA (version 01.0)	将项目活动作为 CPA 添加到 PoA 下的纳入准则开发标准	
Standard for application of multiple CDM methodologies for a programme of activities (version 01.0)	规划方案下多种 CDM 方法学应用标准	
Standard for demonstration of additionality, development of eligibility criteria and application of multiple methodologies for programme of activities (version 01.0)	规划方案的额外性论证、纳入准则开发和多种方法学应用标准（简称"PoA 标准"）	EB65 Annex3
Standard for sampling and surveys for CDM project activities and programme of activities (version 02.0)	CDM 项目活动及规划方案的抽样调查标准（简称抽样调查标准）	EB 65 Annex2
Best practices examples focusing on sample size and reliability calculations (version 01.0)	关于样本量和可靠性计算的最佳实践范例	EB67 Annex6
Simple Random Sampling	简单随机抽样	
Stratified Random Sampling	分层随机抽样	
Systematic Sampling	系统抽样	
Cluster Sampling	整群抽样	
Multi-Stage Sampling	多级抽样	
Designated Operational Entity, DOE	指定经营实体	
Designated National Authority, DNA	指定国家主管机构	
Validation	审定	
Verification/Certification	核查/核证	
Issuance	签发	
AMS- I. I. Biogas/biomass thermal applications for households/small users	农户/小用户的沼气/生物质热利用	
AMS-III. R. Methane recovery in agricultural activities at household/small farm level	家庭/小农场农业活动中的甲烷回收	

附

录